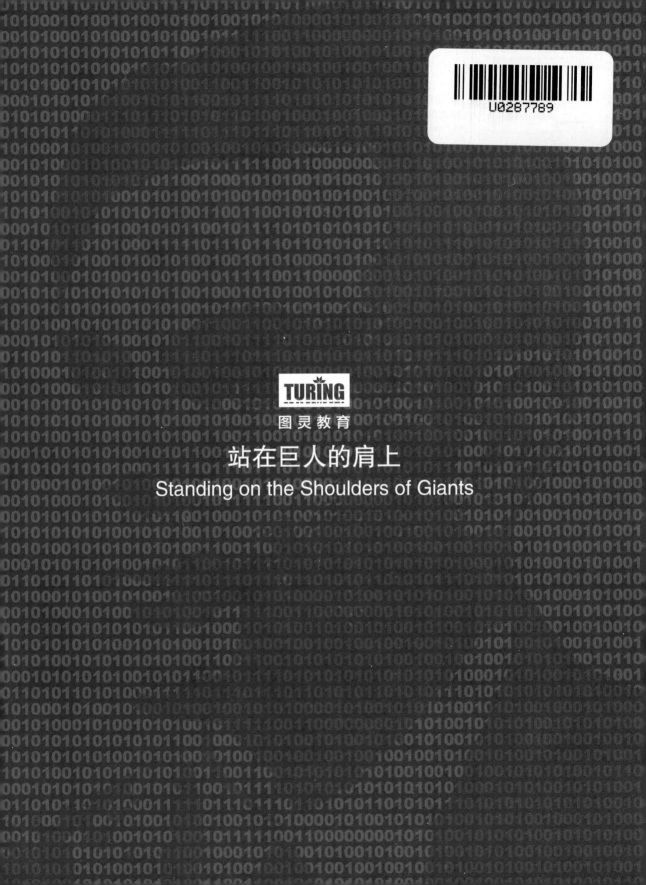

TURING

图灵教育

站在巨人的肩上

Standing on the Shoulders of Giants

TURING

图灵教育

站在巨人的肩上
Standing on the Shoulders of Giants

TURING 图灵程序设计丛书

Business Data Science

Combining Machine Learning
and Economics to Optimize,
Automate, and Accelerate
Business Decisions

用机器学习与统计学
优化商业决策

[美] 马特·塔迪 (Matt Taddy) 著

● 亚马逊北美首席经济学家
● 前芝加哥大学统计学教授

陈光欣 译

数据科学与商业分析

人民邮电出版社
北京

图书在版编目（CIP）数据

数据科学与商业分析 ：用机器学习与统计学优化商
业决策 /（美）马特·塔迪（Matt Taddy）著 ；陈光欣
译. -- 北京 ：人民邮电出版社，2021.3
（图灵程序设计丛书）
ISBN 978-7-115-55913-5

Ⅰ. ①数… Ⅱ. ①马… ②陈… Ⅲ. ①数据处理—关
系—商业信息—分析 Ⅳ. ①TP274②F713.51

中国版本图书馆CIP数据核字(2021)第032199号

内 容 提 要

大数据和机器学习等的兴起使得商业分析领域越来越倚重数据科学。本书详细介绍了商业数据科学中的关键元素，汇集了机器学习、经济学以及统计学领域的核心原则和最佳实践，内容涵盖识别商业政策中的重要变量、通过实验测量这些变量，以及挖掘社交媒体以了解公众对于政策修改的反应，为从事商业数据科学的数据科学家和商业人士提供了必备工具。书中通过大量数据分析示例讲解如何利用 R 语言编写脚本来解决复杂的数据科学问题。

本书适合对数据科学感兴趣的普通人，以及想掌握或提升数据科学技能的数据科学家和商业人士阅读。

◆ 著 [美] 马特·塔迪（Matt Taddy）
译 陈光欣
责任编辑 岳新欣
责任印制 周昇亮
◆ 人民邮电出版社出版发行 北京市丰台区成寿寺路11号
邮编 100164 电子邮件 315@ptpress.com.cn
网址 https://www.ptpress.com.cn
涿州市京南印刷厂印刷
◆ 开本：800×1000 1/16
印张：16.5
字数：390千字 2021年3月第1版
印数：1－4 000册 2021年3月河北第1次印刷
著作权合同登记号 图字：01-2020-4802号

定价：99.00元
读者服务热线：(010)84084456 印装质量热线：(010)81055316
反盗版热线：(010)81055315
广告经营许可证：京东市监广登字 20170147 号

版 权 声 明

本书献给 Kirsty、Amelia 和 Charlie。

对本书的赞誉

马特·塔迪撰写了一本关于在统计学基础上使用大数据的详尽而有深度的书。本书实战性强，案例丰富，充满真知灼见，是相当棒的参考资源。和很多机器学习图书不同，这本书提供了从数据中得出可靠见解的方法，解决了相关性不是因果关系的问题。

——Preston McAfee，微软公司前首席经济学家和公司副总裁，

雅虎公司首席经济学家，谷歌公司研究主任，加州理工学院教授及执行官

马特·塔迪是芝加哥大学布斯商学院的明星教师，并在微软和亚马逊带领数据科学团队。基于丰富的教学和工作经验，他为想在现代企业的数据驱动决策过程中一显身手的 MBA 和工程师编写了一本大师级著作。他将现代统计学、机器学习算法和社会科学因果模型中的重要概念巧妙地综合在一起，写出了一本通俗易懂的书。这本书有望成为该领域的标杆级著作。

——Guido Imbens，斯坦福大学商学院经济学教授，

Causal Inference for Statistics, Social, and Biomedical Science 合著者

在众多的数据科学教科书中，这本书格外突出。它将历史上多个独立的学科综合在一起，力图解决一个基本的商业现实问题：精确的预测本身并不是目的，而是采取高质量行动的一种手段。塔迪的文字浅显易读，又不失精确性。读者不需要很强的数据科学背景，就可以获得预测、因果关系以及决策制定等领域的最新知识。我向所有想把这些思想付诸实践的人推荐这本书。

——Jon McAuliffe，Voleon 集团联合创始人兼首席投资官

马特·塔迪是我见过的最优秀的教师之一。他那种将重要思想清晰地表达出来的能力，在这本书中体现得淋漓尽致。综合计算机科学、经济学和统计学中的各种知识，提高企业使用数据的能力，在这方面无出其右。所有人都应该读一读这本书。

——Jens Ludwig，芝加哥大学犯罪实验室主任

这是我读到的最激动人心的数据科学著作：实时、现代、通俗易懂、严谨、缜密，真是太棒了！

——Dirk Eddelbuettel，金融分析员，R 包作者，伊利诺伊大学厄巴纳–香槟分校统计学教授

如果你想知道如何使用数据分析驱动更好的决策过程，那么这本书不可不读。

——Emily Oster，布朗大学经济学教授，*Expecting Better* 和 *Cribsheet* 的作者

马特·塔迪对数据科学中的复杂概念做出了优雅的解释。通过这本书，所有人都可以了解他的思维方法，这真是太棒了！

——Jesse Shapiro，布朗大学 George S. and Nancy B. Parker 经济学教授

这本书介绍了对于解决现代商业中的数据问题来说非常重要的数学理论和实战方法。马特·塔迪是数据科学领域的一位世界级领袖，并且具有独特的思维方法。这本书既反映了他严谨的学术态度，又体现了他解决商业问题的经验和智慧。

——David Blei，哥伦比亚大学计算机科学与统计学教授

前　言

过去十年中，商业分析被一种新方法搅得天翻地覆。电子表格模型和数据透视表正在被用 R、Scala、Python 等语言编写的代码脚本取代。从前需要大量商业分析师才能完成的任务，已经被应用科学家和软件开发工程师自动化了。这种现代化的商业分析有望让公司领导者深入了解公司经营和客户行为的所有细节。借助机器学习提供的工具，我们不但可以跟踪商业活动，而且可以预测活动的结果。

大数据的兴起推动了这场革命，具体地说，就是互联网时代可追踪数字化信息的海量增长，以及适合存储和分析这种数据的工程系统的蓬勃发展。跨领域的知识融合——机器学习与计算机科学、现代计算理论与贝叶斯统计、数据驱动的社会科学与经济学——提升了所有领域中应用分析的质量和广度。机器学习专家研究如何对流程进行自动化和扩展规模，经济学家开发了工具来建立因果关系和结构化模型，统计学家则谆谆告诫所有人要跟踪不确定性。

数据科学这个名词已被广泛采用，用于描述这个不断变化、定义模糊的跨学科领域。和很多新兴领域一样，数据科学也经历了一个大肆炒作的阶段，一堆人把自己重新包装成数据科学家。只要与数据稍稍沾边的事情，都可以使用"数据科学"这个名词。实际上，对于在本书中是否使用这个名词，我踌躇良久，因为它被滥用了，含义难以统一。但是，在专门的商业分析领域，作为一种现代、科学、可伸缩的数据分析方法，数据科学的应用范围非常明确。在世界一流的企业和商学院中，**商业数据科学**已经成为数据分析的新标准。

本书是一本入门书，面向的是那些想在高端企业中担任数据科学家的读者。他们可以通过本书获得必要的技能，包括识别商业政策中的重要变量、通过实验测量这些变量，以及挖掘社交媒体以了解公众对于政策修改的反应。他们可以通过推荐系统中的微小变动感知客户体验的变化，并利用这些信息估计需求曲线。他们需要完成以上所有工作，并将其扩展到公司级别的数据中，还要精确地解释结论的不确定性程度。

这些超级分析师要使用来自统计学、经济学和机器学习领域的多种工具来实现目标。他们需要接收来自数据工程师的工作流，然后组织端到端的分析任务来提取和聚合所需数据，并编写能在新数据到达时自动重复执行的例程。在做这些工作时，他们应该对要测量的内容以及这些内容与企业决策制定的关系了然于胸。本书不专门讲述机器学习、经济学或统计学中的某一领域，也不会对数据科学进行整体概述，而是从这些领域中提取知识，为商业数据科学建立一个工具集。

这种数据科学紧密地集成在商业决策的制定过程中。先前的"预测性分析"（商业数据科学的前身）往往过于注重机器学习中花哨的演示功能，这些功能已经从制定商业决策所需的输入中移除了。以往数据中的模式检测非常有用，本书将介绍模式识别方面的多个主题；但对于更深层次的商业问题，必要的分析不是研究发生了**什么**，而是事情**为何**发生。因此，本书不仅会讨论相关性，还会讨论因果关系分析。相对于主流数据科学，本书更贴近经济学，旨在帮助你在工作中取得更加实际的效果。

本书不会面面俱到，这不是一本关于数据分析的百科全书。实际上，在当代机器学习和数据科学的不同领域中，都有很多非常优秀的图书[①]。本书介绍的是我认为的商业数据科学中的关键因素，并且精心组织了内容。希望你能从本书中获得一些最佳实践，能够确定该信任什么，如何使用它，并为继续学习打下基础。

在商业数据科学领域，我已浸淫十余年之久。我曾是一名教授，向 MBA 学生教授回归课程（后来是数据挖掘，再后来是大数据）；我也曾是一名研究人员，致力于将机器学习应用于社会科学；我还曾受雇于一些著名的大型高科技公司，在其中担任顾问。通过这些经历，我发现了一批跨领域通才，他们既能理解商业问题，也能深入数据，进行自己的分析。这些人就是时代精英，所有公司都需要这样的人才。通过本书，我希望能帮助更多这样的人脱颖而出。

本书的目标读者是那些想提高数据科学技能的科学、商业和工程领域的专业人员。因为这是一个全新的领域，所以几乎没有什么人拥有数据科学学位。他们基本来自其他领域，比如数学、程序设计和商务管理等，但需要一条进入数据科学领域的途径。我最初的数据科学教学经验来自芝加哥大学布斯商学院的 MBA 课程。我们成功地找到了一些方法，可以让商学院学生掌握深入研究大数据所必需的技术工具。但是我发现，在众多需要使用专业技能来解决商业问题的技术工作者中，面向未来的商业数据科学家的数量更大。其中很多是科学家，不仅是计算机科学家，还可能是生物学家、物理学家、气象学家和经济学家。随着机器学习技术在工程领域的成熟应用，还需要更多软件开发工程师。

我曾向有以上背景的众多人士做过介绍，只要他们有良好的数学基础以及一点点编程经验，就能够理解我讲授的知识。我在芝加哥大学教授 MBA 和转行者的经验表明，只要提供恰当的教学资料，非专业人士完全可以成为称职的数据科学家。首先，要明确和统一基本概念。在学术论文、会议期刊、技术手册和博客文章中，重要的数据科学名词常常混乱不清。新手经常完全摸不着头脑，尤其在文章作者想独辟蹊径、自己搞出一个"全新体系"的时候。好的工具不起作用的原因非常简单——只有少数几种稳健的方法可以成功地进行数据分析。例如，要确保模型在新数据上做出很好的预测，而不是用在拟合模型的数据上。本书会尽力找出这些方面的最佳实践，用明确的术语进行描述，并在所有新方法或应用中对其进行增强。

---

① 例如，*The Elements of Statistical Learning* 第 2 版是当代最著名的统计学参考书之一；*An Introduction to Statistical Learning* 具有相同的视角，但内容更简单一些；*Pattern Recognition and Machine Learning* 和 *Machine Learning: A Probabilistic Perspective* 则是对机器学习领域的综述。

　　另一个关键因素是内容要非常具体，要通过应用程序或模拟方法呈现一切，要尽可能将理论和思想以实际经验的方式直观地表达出来。例如，"正则化"的关键思想是建立偏向简单模型的算法，并且只在对强数据信号做出回应时才增加复杂性。在介绍这种思想时，我们会类比电话的降噪功能（或 VHF 收音机中的静噪功能），并在根据 Web 浏览器历史预测在线支出时说明它的效果。对于一些更抽象的内容，如主成分分析，本书会使用多个例子从多个角度解释同一理论。要点就是，尽管本书使用了一些数学知识（你必须尽可能理解它们），但并不会使用数学公式代替适当的解释。

　　最后一个关键因素是商业数据科学只能通过实践来学习，这也是阅读本书时必须做到的。这意味着你需要编写代码，对真实、混乱的数据运行分析程序。本书的大多数示例脚本是用 R 语言编写的①，并穿插在论述中。如果看不懂这些代码片段，就不能有效地阅读本书。在学习时，你必须自己编写代码和进行分析，而最简单的方法是改写书中的示例。

　　要强调的是，**这不是一本学习 R 语言的书**。要学习 R 语言，有很多优质资源。在芝加哥大学讲授这门课程时，我发现最好将 R 语言的基础知识从核心分析课程中抽离，本书也遵循该模式。要阅读本书，你需要通过一些教程和阅读材料达到 R 语言的初级水平，然后可以通过复制、修改和扩展书中的示例继续提高。要学习本书，你不必是 R 语言专家，但需要能够阅读代码。

　　以上就是关于本书我想说的。这是一本关于如何开展数据科学研究的书，它汇集了使用数据帮助现代企业运行的所有激动人心的内容。本书将阐述来自统计学、机器学习和经济学的多个核心原理和最佳实践，你可以通过大量真实的数据分析示例边做边学。本书旨在帮助科学、工程和商业领域中的专业人士成为真正的商业数据科学家。

马特·塔迪
于美国华盛顿州西雅图市

---

① 之所以使用 R 语言，是因为它是数据科学中最常用的语言之一。R 中有很多功能强大的统计学和经济学软件包，而且对于非计算机科学人士来说易于阅读。不过，在实际中，商业数据科学家可能需要阅读和修改多门语言——Python、Julia、SQL；如果需要经常处理原始数据，还需要使用 Scala 和 Java。一种好的方法是熟练掌握一门语言（比如 R），然后在需要时再学习其他语言。

常见符号的标准用法

≤ ....小于等于

< ....小于

≪ ....远小于

= ....等于

≈ ....约等于

∝ ....与……成正比

⊥⊥ ....独立于

𝔼 ....（平均）期望值

p(A) ....A 的概率

f(x) ....x 的广义函数

$\mathbb{E}[A\,|\,B]$ .....给定 B，A 的期望值

$\mathbb{1}_{[A]}$ ....如果是 A，指示变量等于 1，否则等于 0

log(a) ....以 e 为底 a 的对数

e ....欧拉数，约为 2.718 28

df ....模型自由度

lhd ....观测数据的似然

dev ....偏差，dev ∝ −2log lhd

MLE ....最大似然估计

OLS ....普通最小二乘，即线性回归的最大似然估计

n ....观测数量

p ....数据维度或随机变量（在 p-值中）

y ....目标响应变量

x ....回归的输入

β ....线性回归系数

ε ....回归中的独立可加误差

γ ....因果处理效果

Σ ....协方差矩阵

λ ....惩罚权重

$\sum_{i \in S} a_i$ ....对于集合 S 中的 i，a_i 值之和

$\prod_{i=1}^{n} a_i$ ....对于 i（从 1 到 n），a_i 值的积

◆ 在本书中，黑色菱形标志表示这部分内容更高深、更抽象。阅读本书，不要求你理解这些内容。

目　　录

第 0 章

引　言

从两张图说起

图 I-1 展示了 7 年间标准普尔 500（S&P 500）指数成分股的月收益率[①]。其中每条虚线表示的是单只股票的收益率序列，它们的加权平均（标准普尔 500 的值）用粗黑线表示，细黑线表示的是美国三月期国债（T-bills）收益率。

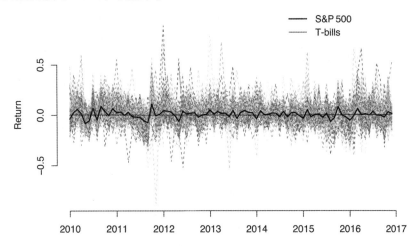

图 I-1　一张精美的图[②]：标准普尔 500 指数成分股的月收益率及其平均收益率（粗黑线），从中你有何收获？

这张图非常精美，其中有很多折线，看上去非常酷。某些在线券商平台的广告就是这样的。**如果我能独占这些信息，可就发财了！**

但实际上你能从图 I-1 中学到什么呢？可以看出，收益率在 0 附近上下波动[③]。你还可以从中

[①] 收益率是用差值除以上一个值：$(y_t - y_{t-1}) / y_{t-1}$。

[②] 请访问图灵社区（ituring.cn/book/2809）下载书中图片的彩色版本。——编者注

[③] 长期平均收益率肯定是远大于 0 的，参见 Carlos M. Carvalho 等人的论文 "On the long run volatility of stocks"。

找出波动性（方差）更大的时段，在这些时段标准普尔 500 指数的月度变动更为剧烈，它周围的单只股票收益率也更加分散。仅此而已，你搞不清**为何**这些时段波动性更大，也不知道未来何时这种时段会再出现。更重要的是，你从中找不出关于任何一只股票的有用信息。图中虽然有大量**数据**，但几乎没有有用信息。

下面不使用原始数据绘制图表，而是考虑一个简单的**市场模型**，将单只股票收益率与市场平均收益率联系起来。CAPM（capital asset pricing model，资本资产定价模型）在总体市场收益量度上对单项资产收益率进行了回归：

$$r_{jt} = \alpha_j + \beta_j m_t + \varepsilon_{jt} \tag{I.1}$$

其中**输出项** r_{jt} 是资产 j 在时刻 t 的收益率（实际上是超额收益率[①]）。**输入项** m_t 是时刻 t 的平均收益量度——市场收益率。可以把 m_t 看作标准普尔 500 收益率，它是按照企业市值（股票总值）加权后算出的。ε_{jt} 表示**误差**，它的均值为 0，而且与市场无关：$\mathbb{E}\left[\varepsilon_{jt}\right] = 0$ 且 $\mathbb{E}\left[m_t \varepsilon_{jt}\right] = 0$。

公式 I.1 是本书中的第一个回归模型，后面还有更多。这是**简单线性回归**（也称普通最小二乘，OLS），多数读者应该非常熟悉。公式中的希腊字母定义了一条直线，将单项资产收益率与市场收益率关联起来，如图 I-2 所示。一个较小的接近 0 的 β_j 表示该资产的市场敏感度较低。极端情况下，像 T-bills 这样的固定收益资产的 $\beta_j = 0$。$\beta_j > 1$ 则表示该股票的波动性大于市场波动性，通常是处于成长期且高风险的股票。α_j 是自由资金：$\alpha_j > 0$ 的资产会增值，无视剧烈的市场变动；$\alpha_j < 0$ 的资产则会贬值。

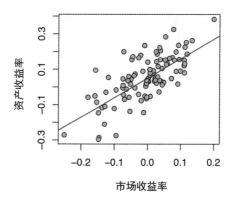

图 I-2　表示资产收益率与市场收益率关系的散点图，其中包含了使用公式 I.1 中模型拟合的回归直线

[①] 多数财务模型使用的是**超额收益率**：资产收益率减去无风险收益率（持有低风险债券的收益率）。无风险收益的常用量度是 T-bills（美国国债）的收益率，我们用 u_t 表示时刻 t 的 T-bills 收益率，这样 $r_{jt} = (y_t - y_{t-1}) / y_{t-1} - u_t$ 就表示 t 时刻资产 j 的收益率减去 T-bills 收益率的值。同样，市场收益率就是标准普尔 500 收益率减去 u_t。因为 u_t 比较小，所以几乎没有影响，通常被忽略。

　　图 I-3 在一个二维空间中展示了每只股票的代码。该二维空间是使用市场模型对图 I-1 中的 7 年数据进行拟合之后生成的，股票代码的字号大小与相应企业的市值成正比。CAPM 的两个参数（α 和 β）可以揭示大量信息，这些信息是关于每项资产的行为和业绩的。利用图 I-3 可以立刻评估市场敏感度和套利机会。例如，在这段时期，Amazon（AMZN）和 Microsoft（MSFT）的市场敏感度相似，但 Amazon 产出的与总体市场无关的金钱多得多。Facebook（FB）的市场敏感度非常低，但生成了一个非常大的 α。一些传统技术企业，比如 Oracle（ORCL）和 IBM，在这段时期似乎是贬值的（α 为负）。我们可以使用这些信息来建立投资组合，在未来不确定的市场形势下使收益率的均值最大而方差最小。这些信息还可以用于配对交易[①]。你可以找到 β 相同的两只股票，买入 α 较大的那只，而卖出（做空）另一只。

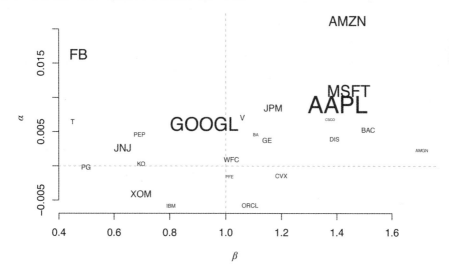

图 I-3　每只股票按照它们的拟合市场模型进行定位，其中 α 是不管市场如何变动你都能赚到的钱，β 表示对市场变动的敏感度。股票代码的字号大小与市值成正比。这张图就是信息可视化策略的一个例子，本书会一直强调这种策略：商业数据科学就是将决策问题提炼为几个变量，这些变量可以使用简单的统计图形进行比较

　　CAPM 是一种面世已久的财务分析工具，但它可以体现出我们在商业数据科学中所追求的目标——将原始数据转换为与决策制定直接相关的可解释模型。数据科学面临的挑战是，要处理的数据规模更大，结构化程度也更低（比如会包含文本和图像数据）。此外，CAPM 是根据有效市场理论的前提而推导出的，但在很多应用场景中，这种简化框架不适用。不过，基本原理仍然相同：将数据中的信息投影到一个低维空间中，该空间中包含做出决策所需的关键知识。这也是写作本书的目的：介绍一些工具和方法，以便快速地将混乱的数据转换为与商业决策直接相关的有用信息。

---

① Ganapathy Vidyamurthy. Pairs Trading: Quantitative Methods and Analysis. John Wiley & Sons, 2004.

大数据与机器学习

大数据与机器学习是过去十年中数据分析革命的两大推动力，它们是**现代数据分析区别于传统数据分析的两大主要因素**。数据科学就是统计学加上大数据与机器学习；如果再加上经济学和计量经济学，以及对商业相关问题和决策制定的重点关注，就是商业数据科学了。下面深入讨论大数据与机器学习，看看它们为何能改变游戏规则。

数据如何能称为"大"？**大数据**这个名词源于计算机工程学，用于描述那种规模过大以致不能载入内存，甚至不能保存在单台机器上的数据。在这种情况下，需要使用 Hadoop 和 Spark 以及一些**分布式算法**才能在多台独立计算机之间计算出数据摘要。数据大小主要由 n 决定，而 n 是记录的事件或观测的数量。大数据是体积非常大的数据。

这种**大**——分布式数据的大——无疑会在商业数据科学中扮演重要角色。在任何数据密集型企业中，都会有一些数据工程师，他们的主要工作就是创建各种"管道"，将大量分布式原始数据转换为易于理解的数据聚集和切片。商业数据科学家需要和这些数据工程师密切合作，一起实现数据处理流程。在此流程中，需要确定跟踪哪些变量和如何计算这些变量。

本书虽会谈及几个分布式数据概念（如 MapReduce 算法和可伸缩计算），但仍主要关注分析层面。在该层面上，我们通过统计建模与推理来使用数据。大数据在该层面上有另一种含义——**数据维度很高**，即数据具有高度复杂性。例如，在线浏览行为数据可能包括访问过的网站数量，这就会得到一个高维数据集（维数为网站数量，这是一个非常大的数）。另一个例子是文本分析，这种模型的维度是由词汇表的大小决定的，即语料库中唯一单词的数量。在以上所有情况下，你还会观测不同的人在不同时间和不同地点的数据，这会产生更多的复杂性维度。

这里给出的"大"的两种含义——体积和复杂性——往往是捆绑在一起的。这也是有原因的：要想了解复杂模型的方方面面，就需要大量数据。反之亦然，如果想了解一个简单的**低维**指标，根本不用花费成本去保存和操作大量数据①。而且，现在数据体积很大的一个主要原因是商业和社会的数字化：我们的购买、交谈、分享和生活行为都要依靠计算机和网络，这就产生了大量结构化很差的数据，包括用户行为的原始日志记录、沟通中使用的自然语言，以及越来越多的图像数据、视频数据和传感器数据。海量数据天然地具有高度复杂性和混乱的高维格式。

对于前几代数据工程师来说，他们的最终目标是将这些混乱的数据**归一化**，再将摘要统计量以标准记录格式填写到数据表格中。而现在，固定的表格结构已经完全不具有长期效用了。当代数据工程师的主要工作是为半结构化数据建立管道：变量可以定义得非常明确，但变量的值会非常多（并且会不断增加）。Web 浏览器和文本数据是极好的例子：你可以建立 URL 或单词的管道，但随着数据体积的增大，新的 URL 和单词会被不断添加到数据维度中。

---

① 例如，在基础统计学中，$\bar{y} = \sum_i y_i / n$ 是对随机变量 y 的均值的一个非常好的估计，它的标准误差等于 y 的样本标准差除以 $\sqrt{n}$。只需让 $\sqrt{n}$ 足够大，就可以使标准误差在当前应用允许的误差之内。

要分析这类数据，需要新的方法和工具。在经典统计学中，通常假定数据具有一个固定的较低维度，而它的体积会不断增大，这是大学统计课程中所讲的假设检验等方法的基础。但是，当数据**维度**特别高，而且会随着数据体积的增大而增加时，这些方法就失效了。在这种更加复杂的情况下，不能再依靠那些标准的低维方法了，比如对每个单独变量的假设检验（t 检验），或在一个小的候选模型集合中进行选择（F 检验）。同样，不能依靠标准的可视化方法和诊断工具来检验模型的拟合效果和具体设定。你需要一组全新的、在高维度上依然表现稳健的工具，即使数据看上去复杂得不可思议，这些工具仍能给出令人满意的答案。

机器学习领域追求的是自动地根据复杂数据做出稳健的预测。机器学习与现代统计学的联系非常紧密，很多优秀的机器学习思想也来自统计学（lasso、树、森林等）。然而，统计学家通常着重于**模型推断**——理解模型参数的意义（比如在回归模型中检验单个系数），机器学习社区则更重视提升**预测效果**这个单一目标。整个机器学习领域最关心的是"样本外"测试，因为它可以评估在一个数据集上训练出的模型对于新数据的预测效果。尽管最近有一些在机器学习中增加透明性的要求，但明智的实践者还是避免为他们的拟合模型赋予结构化含义。他们的模型都是黑盒，旨在很好地预测能与过去数据遵循同一模式的未来结果。

预测比模型推断更容易，这使得机器学习社区发展得非常迅速，并能处理更大、更复杂的数据。它还提高了人们对自动化算法的关注度。这些算法研究成功后，无须修改或仅需微调即可应用于不同类型的数据。过去十年中，通用的机器学习工具呈爆发式增长，它们可以应用于混乱的数据，并且能自动调整以获得最优的预测效果。

为了让讨论更加具体，看看下面的线性回归模型：

$$y_i \approx x_{i1}\beta_1 + x_{i2}\beta_2 + \cdots + x_{ip}\beta_p \tag{I.2}$$

假设使用具有 n 个观测的数据集来估计该模型，$\{x_i, y_i\}_{i=1}^n$，以得到 p 个拟合参数 $\hat{\beta}_j$ 以及对下一个观测的预测响应：

$$\hat{y}_{n+1} = x_{n+1,\,1}\hat{\beta}_1 + x_{n+1,\,2}\hat{\beta}_2 + \cdots + x_{n+1,\,p}\hat{\beta}_p \tag{I.3}$$

例如，每个 x_{ij} 都可以是一个二进制 0/1 变量，表示 Web 浏览器 i 是否访问了网站 j；响应变量 y_i 可以表示用户 i 在你的电商网站上花费的金额。如前所述，大数据样例不但有非常大的 n，而且有非常大的 p，甚至可能 $p > n$。换言之，可能涉及非常多的 Web 浏览器以及大量网站。

在过去 20 年中，统计学家和机器学习专家都研究了这种"大 p"问题，但他们的目的略有不同。统计学家致力于说明公式 I.3 中的 $\hat{\beta}_j$ 与公式 I.2 中的"真实" β_j 有多么接近，以及如何减小这种"估计误差"。这种模型推断非常困难，对于大 p 值实际上是不可能的，除非对现实世界的运行规律做出大量假设。统计学家付出了大量努力来探究这些估计值在罕见和极端困难的情形下表现如何。

而机器学习专家并不十分热衷于减小这种估计误差。在多数情况下，他们并不假定公式 I.2 中的模型确实是"真实"的；相反，他们只是想让 $\hat{y}_{n+1}$ 尽量接近真实的 y_{n+1}。对该目标的执着追求使得机器学习专家们不是那么关心公式 I.2 右侧模型的结构，还可以使用其他模型和估计算法进行快速测试。其结果就是机器学习取得了巨大成功，以至于对于几乎任何一类数据，都有现成可用的算法能识别其中的模式并做出高质量的预测。

当然，预测也有其局限性。机器学习通过学习预测出来的未来结果与过去非常相似。在前面的例子中，机器学习能够分辨哪种网络流量可能消费更多或更少；但如果换一组网站，或使用户浏览网站更加容易（如提高带宽），机器学习则不会告诉你会发生何种购买行为。经济学文献中更为明确地强调了这种局限性，其中最有名的当属芝加哥大学罗伯特·卢卡斯教授的著作《卢卡斯批判》。因为在宏观经济学领域的贡献，罗伯特·卢卡斯获得了诺贝尔经济学奖。他的贡献就包括反对使用宏观经济学变量过去的相关性来指导政策制定（比如，低通货膨胀伴随着高失业率，所以通过降低利率来创造就业机会），这在当时是一种常见的做法。相反，他认为除非对宏观经济进行**结构化**建模——从基础经济学理论进行推导——否则不能正确地理解单独的政策改变会对整个系统产生什么影响。

所以，预测并不能解决一切问题。但是，结构化的分析依赖强大的预测能力。你需要使用领域内的结构化知识将复杂问题分解为多个预测任务，即能使用简单、现成的机器学习工具解决的多个任务。好的数据科学就是找出哪些工作可以作为预测任务利用外部资源来完成，棘手的结构化问题则借助统计学和经济学来完成。这通常需要综合运用领域知识和分析工具，这也正是商业数据科学如此强大的原因。如果对商业问题缺乏理解，对于政策制定来说，机器学习工具就一无是处；但政策制定者如果能使用机器学习来解决他们面对的多种预测任务，就可以更快甚至自动地完成决策过程[①]。

本书会专门介绍预测和模式识别，特别是前面介绍回归、分类和正则化的部分。后面将介绍如何使用这些预测工具进行更复杂的结构化分析，比如理解特定问题处理措施的效果、拟合消费者需求函数，或作为某个人工智能系统的一部分。本书会说明各种工具的局限性并推荐其用法，还会量化与预测相关的不确定性。本书将介绍大量机器学习预测工具，你应该将它们集成到更大的系统中使用，这些系统的目标远不止单纯的预测。

计算

要学习本书内容，你需要能够编写和理解计算机代码，但不要求能编写面向对象的 C++ 代码、使用静态类型的 Scala 构建一个可移植应用，或者设计生产级质量的软件。作为商业数据科学家，

---

① 数据科学当前的一个活跃领域是在机器学习工具中加入计量经济学家长期研究的反事实推理。它将机器学习和统计学与经济学家的工作相结合。参见 Susan Athey 和 Guido Imbens 的论文 "Recursive partitioning for heterogeneous causal effects"、Jason Hartford 等人的论文 "Deep IV: A flexible approach for counterfactual prediction" 和 Susan Athey 的论文 "Beyond prediction: Using big data for policy problems" 中的综述。后文会介绍这些内容。

你不需要是软件工程师，但应该能阅读和编写一门高级**脚本**语言——一种能够描述数据分析过程的灵活代码。

这种与计算机进行交互的能力——输入命令，而不是只点击按钮或从菜单中选择——是基本的数据分析技能。编写命令脚本可以让你在无须做任何额外工作的情况下在新数据上重新执行分析，还可以通过对现有脚本做一些小的修改来适应新情况。实际上，非常希望你在学习本书内容时能做一些小的修改。本书配套资源①包含代码示例，你可以对这些脚本进行修改和扩展，来满足自己的数据分析需求。

用于数据科学和机器学习的语言正在变得越来越"高级"，也就是说你可以使用简短的语句做更多事情，而且很多实际的编程问题（如内存分配、数据分区、性能优化）可以在后台自动解决。按照这种模式所取得的最激动人心的进展在深度学习领域。深度学习是一种通用的机器学习方法，它推动了当前人工智能技术（见第 10 章）的发展。例如，Gluon 包装了 MXNet（围绕 MXNet 提供了更高级的功能），这是一种深度学习框架，利用它可以更快、更容易地建立深度神经网络。而 MXNet 本身包装了 C++（一种运行快速、内存使用高效的代码，必须编译后运行）。类似地，Keras 是一种 Python 扩展，包装了多个深度学习框架，比如谷歌的 TensorFlow。这些以及未来的许多工具可以创建一组非常友好的接口，方便快速、轻松地进行机器学习。

在本书示例中，所有分析都是用 R 语言进行的，这是一门用于数据分析的高级开源语言。R 在工业、政府和学术领域应用广泛。微软为 R 制作了一份官方增强版，并与其他公司一起销售用于管理数据分析的企业级产品。R 不是一种只有某些教授使用或用于教学目的的玩具语言，而是一门功能强大的语言。

对于基本的统计分析，没有能超越 R 的：用于线性建模和不确定性量化分析的工具正是 R 的主打功能②。R 对初学者相当友好。R 的强大之处在于它的贡献包生态系统，贡献包是对 R 核心功能的一种增强。例如，本书中要使用的所有机器学习工具几乎都是以包的形式提供的。与 R 的核心功能相比，包的质量参差不齐，但如果一个包的使用量很大，就可以放心地使用它的功能。

运行 R 有多种方式。有一个专门的 GUI（图形用户界面）可以在所有操作系统上使用。如果你下载并安装了 R，并通过生成的图标启动 R，那么使用的就是这个程序。或者，也可以像 Jupyter 项目③一样，通过**笔记本**环境来使用 R。笔记本中既有程序代码，也有 Markdown 代码。Markdown 是一种简单易用的语言，可以生成美观的 HTML 页面。这样你就可以将注释、代码和结果组合成一个文档，并可以使用任意一种 Web 浏览器进行查看。最后，因为 R 只处理文本命令，所以你可以在计算机的任何命令行环境或终端上运行 R，如图 I-4 所示。

---

① 请访问图灵社区下载：ituring.cn/book/2809，也可在此查看或提交本书中文版勘误。——编者注
② 唯一能与 R 匹敌的语言是 Python（配合 pandas 包），这两门语言都很优秀，多数数据科学家同时使用这两门语言。
③ Jupyter 整合了代码功能和文本内容，特别适合在学习时使用，建议试试这种笔记本接口。还有 RStudio 专门为 R 开发的笔记本环境，RStudio 是一个生产 R 相关工具的公司。

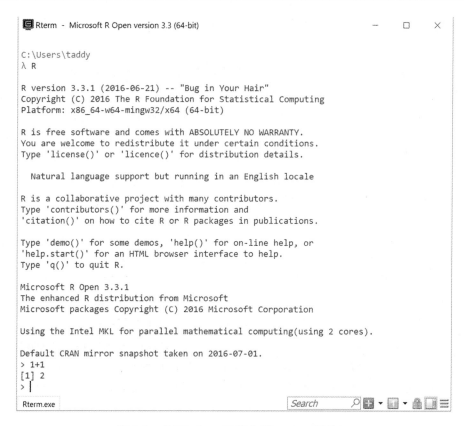

图 I-4　在 Windows 系统上用 cmder 启动 R

　　有很多地方可以学习 R 的基础知识,只要在网上简单地搜索一下 R,就能发现大量学习资源。网上还有很多优质教程,其中很多是免费的。要阅读本书,你不必是 R 语言专家,只要能理解 R 基础知识并愿意研究示例代码即可。请记住,可以使用帮助功能（输入?加函数名称来得到特定函数的帮助信息）,并经常使用输出功能查看对象的内容（要输出变量 A,只需输入 A 或 print(A) 即可）。遇到问题,还可以去网上搜索（Stack Overflow 是一个非常强大的信息资源网站）。刚开始时,学习曲线会有些陡峭,但一旦掌握其中要领,就得心应手了。

　　R 最基本的功能就是一个精致的计算器。一切都要从为变量赋值开始①。例如下面就是一个简单的带有变量和基本计算的 R 脚本:

```
> A <- 2
> B <- 4
> A*B
[1] 8
```

① 两种赋值方法 <- 与 = 的功能基本相同。我青睐前者,因为 = 不但可以给变量名赋值,还可以给函数参数赋值,但任何一种方法都可以写出很好的代码。

你还可以使用包含多个数值的**向量**（和矩阵）：

```
> v <- c(2,4,6) # c(x,y,z)用于创建一个向量
> v[1:2] # a:b是索引，表示"从a到b"
[1] 2 4
> v[1]*v[2]
[1] 8
```

这样的代码片段会贯穿本书。符号#表示注释，我们经常用它来解释代码。这种带有注释的代码片段用于说明数据分析例程的实际执行情况。

R并非十全十美，也不是适合所有情况的最佳语言。对于很多机器学习应用，尤其是涉及非结构化数据（如原始文本）的应用，Python更能胜任。对于大规模的机器学习，应该使用前面提到的机器学习框架，如Gluon或Keras。此外，大型数据集通常保存在专门的分布式计算环境中，这样就必须依靠像Spark这样的框架建立数据通道来对这类信息进行分片和聚合。Spark可以通过Scala或Python语言进行访问。如果要在这种大规模数据上执行机器学习例程，就需要考虑使用专门的框架，比如Spark.ML。如果你为大公司工作，可能需要学习一门为适合公司特殊数据管理需要而设计的专用语言。而几乎不可避免的是，在某些情况下，你需要编写SQL查询来从一个结构化数据库中"拉"数据。

这说明了一个重要问题：**没有一门语言能够胜任所有任务**。你或许有如下憧憬：只学习一门编程语言就够了，永远不需要再考虑其他语言。然而计算技术发展得太快了，这种想法很不现实。任何与数据打交道的人都需要持续学习并不断更新自己在计算（和方法）方面的技能[①]。因此，在为本书（以及芝加哥大学的MBA课程）选择语言时，问题就非常简单了：哪门语言最适合学习数据科学呢？经过一些思考和测试，我们选定了R语言。

R可以读取几乎所有数据格式。本书最常使用的是包含**逗号分隔值**的.csv文件。这是一种简单的文本文件，组织方式类似于电子表格，其中的值（记录单元）是用逗号进行分隔的。在图I-5的示例中，第1行是**标题行**，包含了每列的标题，其余行包含的是数据记录。

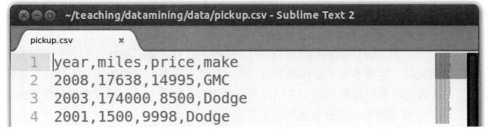

图I-5　pickup.csv文件的前几行

[①] 同样，最佳学习方法一般是动手实践，对现有脚本做一些小的修改，以此扩展自己的技能。这种过程通常是自然而然的：你需要使用某种工具，而它是用一门你不了解的语言编写的，于是你开始学习新知识以满足需求。一段时间之后，你就成了专家。在刚起步的时候，最重要的就是研究示例。

这种数据存储格式称为**平面文件**，因为只有两个维度：数据观测（行）和变量（列）。数据保存在一个简单的文本文件中，通常可以选择任意一种值**分隔符**（除了逗号，还可以使用制表符、管道符和空格）。本书使用.csv格式，因为它很常用，而且是微软 Excel 软件的默认文本文件。实际上，可以使用 Excel 打开任意.csv 文件。如果双击文件图标，你的计算机也很可能默认使用 Excel 来打开这种文件①。

平面文件不是一种好的数据存储与管理格式，很多公司不使用平面文件来存储数据，而使用各种存储平台来保存结构化数据和非结构化数据。结构化数据由多个定义良好的变量组成，可以使用传统的**关系型**数据库来保存，这种数据库中有多个互相连接的表。对于这种数据，可以使用 SQL 来访问：

```
select apple_id, apple_price from grocerylist
where apple_col = green
```

你所使用的 SQL 语法因访问的数据库品牌而异，例如 Microsoft SQL、Oracle、Teradata 和 SQLite。我们不能在数据库系统上进行数据分析，R 有很多接口可用于把数据从数据库直接拉到自己的工作空间中。更典型的工作流程是先使用 SQL 查询从数据库中提取数据（并按照具体需求进行聚合与分片），然后写入平面文件中供后续分析使用。本书中很多示例数据最初是以这种方式从数据库中提取的。

非结构化数据，特别是大型非结构化数据，保存在 DFS（distributed file system，分布式文件系统）中。这是一种通过网络将多台机器连接在一起的系统。数据被分割为多个**块**，保存在不同机器上。DFS 提供各种机制供你使用这种**分区**数据。你可以使用 DFS 处理因过大而无法保存在一台计算机上的数据。这种系统促进了互联网规模的分析——处理以前根本无法想象的规模的数据。Hadoop 就是一种 DFS 框架（你也许听说过），另一种常用的 DFS 是 Amazon S3，它是 AWS（Amazon Web Services）的基石。

这是真正的大数据。有多种分析平台可以整理和分析分布式数据，其中最著名的是 Spark。处理这等规模的数据，需要使用专门的算法，这种算法可以避免将数据一次性地读入计算机的**工作内存**中。例如 MapReduce 框架中包含很多算法，可以对数据进行准备和分组，使之成为相对较小的数据块（map），然后再在每个数据块上执行分析（reduce）。后文将介绍这种**分布式计算**以及一些工具，比如 R spark 和微软的 R Server，这些工具可以很容易地将本书介绍的方法应用于分布式计算环境中。尽管本书不会详细介绍分布式计算，但书中介绍的所有方法几乎都是**可扩展**的。换言之，即使你的数据集占用了工作内存的大部分，这些方法也可以在上面快速执行。它们在本质上并不依赖那种不适应分布式环境的串行算法。

不论你的数据来自哪里，也不论在分析之前需要做多少整理工作，你总能得到一个数据集，它保存为（或可以保存为）平面文件的形式，而且足够小（或可以分割为足够小的块），可以放

---

① 要小心 Excel 修改你的数据（比如自动格式化数字或去除行中的空格）。在使用本书中的示例时，数据被 Excel 破坏或重新保存是很常见的导致错误的原因。

入你的计算机内存。你要做的就是把这些数据读入 R 中。

　　R 有一个 read.csv 函数，可以从.csv 文件中将数据读入工作空间。新手经常遇到的一个问题是不知道如何找到自己的数据。R 有**工作目录**（working directory）的概念，你需要把它和你保存数据的位置关联起来。一种简单的做法是创建一些文件夹来保存数据和分析脚本①。当你打开 R 后，就把它的工作目录转到某个文件夹上。有很多方法可以修改工作目录，在 GUI 或 RStudio 中有相应的菜单选项，而且总是可以使用 setwd 命令设置一条明确的路径。工作目录设置正确之后，将数据文件名称传递给 read.csv 即可。

```
> trucks <- read.csv("pickup.csv")
> head(trucks)
  year   miles  price   make
1 2008   17638  14995    GMC
2 2003  174000   8500  Dodge
3 2001    1500   9998  Dodge
4 2007   22422  23950    GMC
5 2007   34815  19980    GMC
6 1997  167000   5000    GMC
```

其中 trucks 是一个数据框（dataframe），即一个带有名称的矩阵。我使用 head 命令输出了该矩阵的前 6 条记录。你可以使用索引名称和数值来访问数据。

```
> trucks [1,] # 第一个观测
  year  miles  price   make
1 2008  17638  14995    GMC
> trucks [1:3,] # 前三个观测
  year   miles  price   make
1 2008   17638  14995    GMC
2 2003  174000   8500  Dodge
3 2001    1500   9998  Dodge
> trucks [1:3,1] # 第一个变量（年份）的前三个值
[1] 2008 2003 2001
> trucks year [1:3] # 和上面一样
[1] 2008 2003 2001
> trucks [1:3, 'year'] # 还是和上面一样
[1] 2008 2003 2001
```

　　该数据框中每个值都有一个"类别"：price、year 和 miles 是连续的，而 make 是一个因子（分类变量），这是最常见的两个数据类别。

　　还可以在数据上调用函数。

```
> nrow(trucks)
[1] 46
> summary(trucks) # 每个变量的摘要统计
     year            miles           price          make
 Min.   :1978   Min.   :  1500   Min.   : 1200   Dodge :10
```

---

① 通常应该把代码和数据组织得井井有条。强烈建议使用版本控制平台来跟踪修改、与他人合作，以及分享工作（如果你想得到一份数据科学工作，这一点尤其重要）。很多人（包括我）使用 GitHub。

```
1st Qu. :1996    1st Qu. : 70958    1st Qu. : 4099    Ford  :12
Median  :2000    Median  : 96800    Median  : 5625    GMC   :24
Mean    :1999    Mean    :101233    Mean    : 7910
3rd Qu. :2003    3rd Qu. :130375    3rd Qu. : 9725
Max.    :2008    Max.    :215000    Max.    :23950
```

这些函数具有很多方便的绘图功能①。例如在下面的代码中，我们使用直方图（可以表示单个变量的分布）、箱线图（按照某个因子对连续变量进行比较）和散点图（两个连续变量之间的比较）将 trucks 数据快速地进行了可视化，如图 I-6 所示。

```
> hist (trucks$price) ## 直方图
> plot (price ~ make, data=trucks) ## 箱线图
> plot(price~miles, data=trucks, log="y", col=trucks$make) ## 着色
> ## 添加图例 (1、2、3 分别表示黑色、红色、绿色)
> legend ("topright", fill=1:3, legend=levels (trucks$make))
```

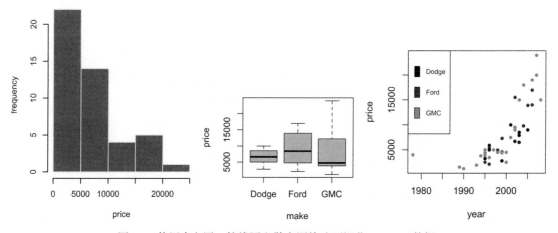

图 I-6　使用直方图、箱线图和散点图快速可视化 trucks 数据

还可以拟合**统计模型**，比如一个回归模型，将皮卡货车价格的对数表示为制造公司、行驶里程和出厂年份的函数。

```
> fit <- glm(log(price) ~ make + miles + year, data=trucks)
> summary (fit)

Call:
glm(formula = log(price) ~ make + miles + year, data = trucks)

Deviance Residuals:
     Min         1Q      Median         3Q         Max
 -0.91174   -0.22547    0.01919    0.20265    1.23474

Coefficients:
               Estimate Std. Error t value  Pr(>|t|)
```

① R 的一大优点就是可以轻松创建专业图表。

```
(Intercept)  -1.518e+02  2.619e+01   -5.797   8.41e-07 ***
makeFord      1.394e-01  1.780e-01    0.784   0.43780
makeGMC       1.726e-01  1.582e-01    1.091   0.28159
miles        -4.244e-06  1.284e-06   -3.304   0.00198 **
year          8.045e-02  1.306e-02    6.160   2.56e-07 ***
---
Signif. codes:  0 '***' 0.001 '**' 0.01 '*' 0.05 '.' 0.1 ' ' 1

(Dispersion parameter for gaussian family taken to be 0.1726502)

    Null deviance: 23.3852  on 45  degrees of freedom
Residual deviance:  7.0787  on 41  degrees of freedom
AIC: 56.451

Number of Fisher Scoring iterations: 2
```

其中 glm 表示"广义线性模型"（generalized linear model），符号~读作"回归于"。第 2 章会经常使用该函数，你将熟练掌握它的用法和解释方法。

　　基本介绍就是这些。正是这些丰富的数据处理函数使得 R 成了一款优秀的分析工具。如果你能阅读并理解前面这些代码片段，就完全可以继续学习本书余下的内容。后面将介绍这些函数的更多功能，并深入探讨它们背后的分析方法。工作流程基本相同：首先读取数据，然后使用函数来得到结果。一旦你体会到这种工作方式有多么强大，就会为之着迷。

## 第 1 章

不确定性

1

现实世界像一团乱麻，而成熟、有用的分析能够认识到这种混乱性，幼稚可笑的分析则不能。对于特别复杂的模型来说尤其如此，在这种模型中，非常容易将信号和噪声混淆，从而导致"过拟合"。在学习和运用数据科学时，为了避免陷入困境，最重要的就是要掌握处理混乱和噪声的能力。

在任何分析中，都包含有目标的未知和无目标的未知。前者可以构建到模型中，作为参数去估计，而且在决策过程中可以明确地使用这些估计值。后者则有不同的表现，可能是误差项，也可能是误差分布，在纯非参数分析中，也可能是一种未知的数据生成过程①。这些无目标的未知是一种**干扰**（nuisance），它们对分析没有直接影响，但如果你想推断目标参数，就必须考虑它们。这种干扰与具体应用有关——一种分析中的干扰可能是另一种分析中的目标。我们不可能同时对所有事情精确建模，所以需要谨慎地选择目标并认真对待。

本章介绍统计学上的不确定性，使用该框架来描述你所熟知的、以概率来表示的不确定性概念。在很多数据科学和机器学习实践中，我们力图设计一种能在不确定性存在的情况下良好运行的模型，并通过正则化（见第 3 章）和其他模型稳定工具来实现它。有时有必要全盘考虑不确定性，并为重要参数赋予概率分布。实际应用既需要量化稳定性，也需要量化不确定性。要掌握任何一种量化技术，都需要理解不确定性的基础知识。

不确定性的量化是数据科学中最困难和最抽象的内容之一，很多读者会选择先跳到第 2~4 章，然后再回来学习本章。

1.1 频率不确定性和 bootstrap 方法

首先回顾**频率不确定性**（frequentist uncertainty）的基础知识。几十年来，这种不确定性都属于统计学导论相关内容。它有一个典型的思想实验："如果我能得到数据的一份新样本，它是由

---

① 参数分析要先假定一个真实模型，然后才能对不确定性进行量化，非参数分析则允许模型误设。非参数推断的例子参见第 5 章、第 6 章和第 9 章（以及本章中关于 bootstrap 方法的内容）。

和当前数据相同的过程和情形生成的，那么我的估计会如何变动呢？"

我们从一个简单的分析开始，该分析是关于 1 万个家庭 1 年内的在线支出的。除了在线支出的总数额，数据集的每行记录中还包括每个家庭的一些基本信息，比如是否有小孩、是否使用宽带互联网，以及人种、族群和所在区域。

```
> browser <- read.csv("web-browsers.csv")
> dim(browser)
[1] 10000      7
> head(browser)
  id anychildren broadband hispanic   race region spend
1  1           0         1        0  white     MW   424
2  2           1         1        0  white     MW  2335
3  3           1         1        0  white     MW   279
4  4           0         1        0  white     MW   829
5  5           0         1        0  white      S   221
6  6           0         1        0  white     MW  2305
```

图 1-1 展示了在线支出的样本分布。

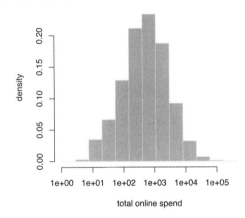

图 1-1　家庭支出。请注意，该分布在对数标度下大致是正态的（看 x 轴）

看看变量 spend 的无条件均值：美国家庭每年在线支出的平均金额。可以通过**样本平均数**估计均值：$\mu_{\text{spend}} = \mathbb{E}[\text{spend}]$。

```
> mean(browser$spend)
[1] 1946.439
```

不能认为 μ_{spend} 等于 \$1946.439，这只是一个合理的猜测，其真实值应该就在该值附近。

那么有多近呢？回顾一下统计学的基础知识。假设有 n 个独立的随机变量：$\{x_i\}_{i=1}^{n}$。对于本例，这意味着每个家庭都会花费一定金额（不考虑样本中其他家庭的在线支出）。那么样本均值就是

$$\bar{x} = \frac{1}{n} \sum_{i=1}^{n} x_i \tag{1.1}$$

可以如下所示计算该统计量的方差:

$$\text{var}(\overline{x}) = \text{var}\left(\frac{1}{n}\sum_{i=1}^{n} x_i\right) = \frac{1}{n^2}\sum_{i=1}^{n}\text{var}(x_i) = \frac{\sigma^2}{n} \tag{1.2}$$

其中 $\sigma^2 = \text{var}(x) = \mathbb{E}\left[(x - \mu_{\text{spend}})^2\right]$ 是随机抽取的家庭在线支出的方差。请注意,能把 $\text{var}(\cdot)$ 移动到求和符号中是因为变量的独立性。所以,可以用如下方式估计 $\overline{x}$:

```
> var(browser$spend)/1e4 # 因为有 1 万个家庭
[1] 6461.925
```

这意味着标准差在 $\sqrt{6462} \approx 80$ 附近。

非常重要的 CLT(central limit theorem,中心极限定理)表明,如果样本容量"足够大",那么独立随机变量的平均值呈正态分布(高斯分布,也称"钟形曲线")。假设 $n = 10\,000$ 足够大,那么最终结果就是,在线支出样本的平均数呈正态分布,均值为 1946,标准差为 80。可以把它写作 $\overline{x} \sim \text{N}(1946, 80^2)$。图 1-2 绘制出了该分布。

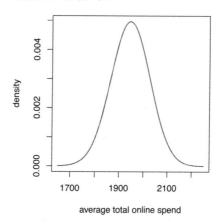

图 1-2 $\overline{x}$ 的抽样分布。这幅图表明,如果有一个 1 万个家庭的新样本,那么新样本的平均支出预计为$1946±$160

这种分布是什么? 它是对**抽样分布**的最佳猜测。它捕获了思想实验描述的不确定性:"如果能从同样的**数据生成过程**得到观测的新样本,那么新样本平均数的概率分布是怎样的? "这就是所谓的"频率不确定性",属于统计学基础课程内容。考虑如下对置信区间的常见描述:

民意调查预测 49%的合格选民会投赞成票,该数值可以精确到 95%±3%。

这份声明描述了在对选民的不同随机集合进行重复调查的思想实验中,总票数的估计值是如何变动的。同样,我们熟知的假设检验逻辑——"如果 p-值小于 0.05,则拒绝原假设"——对应这样一条规则:如果样本平均数的值落在图 1-2 中抽样分布曲线远离中心的两个尾部,则拒绝均值为 μ_0 这个原假设。

　　bootstrap 是一种用于建立抽样分布的计算方法。之所以使用 bootstrap，是因为经典统计学所依赖的**理论**抽样分布（从 CLT 推导出的高斯分布，如图 1-2 所示）不适用于商业数据科学中的各种复杂情况。需要另外一种方法的主要原因是，模型构建有很多传统方法没有考虑的阶段（比如变量选择、近似计算等），而且这些步骤中的不确定性需要一直传递到最后的分析中。此外，当相对于观测数量来说，模型参数的数量非常多时，CLT 在实际工作中的表现非常差。

　　bootstrap 方法不依赖理论上的近似，而是**从当前样本中重抽样**来模拟抽样分布。回想一下抽样分布的定义：它是一个估计值（$\hat{\beta}$）的分布，我们在来自总体的容量为 n 的多个数据集上重新估计 β，以此得到估计值。图 1-3 展示了该过程。

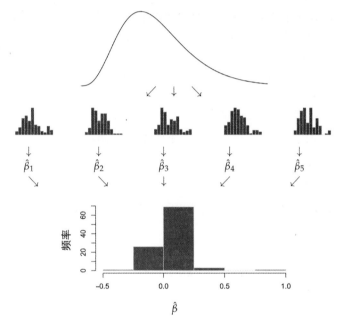

图 1-3　抽样分布图解。中间的每个直方图都是来自总体的一个样本，下面的直方图展
　　　　示了最终估计值 $\hat{\beta}$ 的分布

　　算法 1 中的 bootstrap 模拟了图 1-3 中的过程，它不是从总体中进行抽样，而是从样本中**重抽样**[1]。这里必须使用**有放回抽样**（with-replacement sampling）。这意味着在重抽样时，每个观测可以被多次选择。举例来说，如果对一个有 5 个元素的集合{1, 2, 3, 4, 5}进行有放回抽样，就可能重新抽取出{1, 1, 3, 3, 4}和{2, 2, 2, 3, 5}这样的样本。如果用常见的"从桶中取小球"来类比，就是在每次取出一个小球之后再把它放回去。这种抽样方法在重抽样时引入了**可变性**。在本例中，无放回抽样总是会得到集合{1, 2, 3, 4, 5}。

---

[1] 有多种 bootstrap 方法，这里只介绍两种主要方法。Anthony Christopher Davison 和 David Victor Hinkley 所著的 *Bootstrap Methods and Their Application* 对 bootstrap 方法做了全面而实用的介绍。

算法 1   非参数 bootstrap

给定数据 $\{z_i\}_{i=1}^n$，对于 $b = 1, \cdots, B$：

❑ 使用有放回方式重新抽取 n 个观测 $\{z_i^b\}_{i=1}^n$；

❑ 使用此次重抽样得到的集合计算估计值 $\hat{\beta}_b$。

那么 $\{\hat{\beta}_b\}_{b=1}^B$ 就是 $\hat{\beta}$ 的一个近似抽样分布。

这样得到的 bootstrap 抽样分布可以像理论上的抽样分布一样使用。例如，标准误差（抽样分布的标准差）的近似值可以使用 bootstrap 样本的标准差近似计算，如下所示：

$$\mathrm{se}\left(\hat{\beta}\right) \approx \mathrm{sd}\left(\hat{\beta}_b\right) = \sqrt{\frac{1}{B}\sum\nolimits_b \left(\hat{\beta}_b - \hat{\beta}\right)^2} \tag{1.3}$$

其中 $\hat{\beta}$（没有下标）是使用全部初始样本估计出的一个参数。只要该估计值是**无偏的**（unbiased），即 $\mathbb{E}\left[\hat{\beta}\right] = \beta$，就可以使用该标准误差来建立常用的 95% 置信区间：

$$\beta \in \hat{\beta} \pm 2\mathrm{sd}\left(\hat{\beta}_b\right) \tag{1.4}$$

回到在线支出示例，可以为其中的抽样分布写一个简单的 bootstrap。

```
> B <- 1000 # bootstrap 样本数量
> mub <- c() # 用于包含样本均值的向量
> for (b in 1:B) {
+     samp_b <- sample.int(nrow(browser), replace=TRUE)
+     mub <- c(mub, mean(browser$spend[samp_b]))
+ }
> sd (mub)
[1] 80.23819
```

循环结束时，能得到一个向量 mub，其中是一组 $\bar{x}_b$ 值，每个值对应不同的数据重抽样。请注意，标志 replace=TRUE 表示在观测索引上使用有放回抽样方法。

```
> sort(samp_b)[1:10]
[1] 1 1 2 2 4 4 5 7 8 9
```

图 1-4 给出了使用 bootstrap 方法得到的抽样分布估计。可以看出，它与理论上由 CLT 推导出的高斯抽样分布非常接近（bootstrap 抽样分布的标准差 80 也与理论上的标准误差非常匹配）。这是可以理解的：我们有一个大的样本（$n = 10\,000$），并想得到一个简单统计量（$\bar{x}$），所以应用了 CLT，而且理论上的分布也是正确的。bootstrap 方法的优势是，它可以在该理论无法应用或不正确的很多情况下发挥作用。

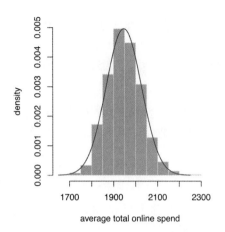

图 1-4　家庭在线支出示例中使用 bootstrap 方法得到的抽样分布（直方图），并加上了
　　　　图 1-2 中理论上的抽样分布

bootstrap 的工作方法是将总体分布替换为**经验数据分布**（empirical data distribution）——为每个观测数据点加上 $1/n$ 的概率，即可得到这种分布。图 1-5 演示了这种近似方法，可以和图 1-3 做比较：只是将分布换成了直方图。

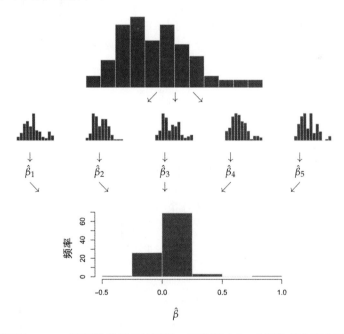

图 1-5　使用 bootstrap 近似抽样分布的图解。相比图 1-3，中间的每个直方图都是对观
　　　　测的一次有放回重抽样，下面的直方图是最后估计值的分布

bootstrap 估计出抽样分布与真实情况有多接近呢？这依赖观测样本对总体分布的代表程度。

一般说来，维度非常重要：可以对低维统计量（如 $\bar{x}$）使用 bootstrap 方法，但维度超过三个时，不要指望使用重抽样来得到抽样分布。例如，可以对单独的回归系数使用 bootstrap，还可以使用这些结果来估计两个系数之间的抽样协方差，但需要大量数据才能得到可靠结果，还要对估计值的可靠性持谨慎态度。

下面看一个更复杂的例子，对支出金额的对数使用线性回归（最小二乘法），使它成为家庭是否使用宽带互联网（broadband）和是否有小孩（children）的一个函数。我们使用以下回归模型来拟合参数：

$$\log(\text{spend}) = \beta_0 + \beta_1 \mathbb{1}_{[\text{broadband}]} + \beta_2 \mathbb{1}_{[\text{children}]} + \varepsilon \tag{1.5}$$

其中指示函数 $\mathbb{1}_{[\text{broadband}]}$ 和 $\mathbb{1}_{[\text{children}]}$ 创建了两个二进制的虚拟变量，值为 1 时分别表示家庭使用了宽带和有小孩，否则值为 0。这里的误差项 ε 包含了在线支出对数值中没有被回归输出解释的所有变动。

> 本书中的对数都是以 e 为底的，所以 $\log(a) = b \Leftrightarrow e^b = a$。变量之间的变化是倍数关系时，比如"使用宽带的家庭的在线支出高出 75%"，经常在对数标度上建立线性模型。详见第 2 章。

要在 R 中拟合该回归模型，我们使用 glm 命令，它表示"广义线性模型"。glm 命令可用于拟合公式 1.5 中的线性回归模型（也可以使用 R 中的 lm 命令来拟合），也可以拟合非线性模型，比如逻辑回归。要使用 glm 命令，只需告诉 R 回归公式和所用的数据框：

```
> linreg <- glm(log(spend) ~ broadband + anychildren, data=browser)
> summary(linreg)

Call:
glm (formula = log(spend) ~ broadband + anychildren, data = browser)

Deviance Residuals:
    Min      1Q   Median      3Q      Max
-6.2379  -1.0787   0.0349   1.1292   6.5825

Coefficients:
            Estimate Std. Error t value Pr(>|t|)
(Intercept)  5.68508    0.04403 129.119   <2e-16 ***
broadband    0.55285    0.04357  12.689   <2e-16 ***
anychildren  0.08216    0.03380   2.431   0.0151 *
---
Signif. codes: 0 '***' 0.001 '**' 0.01 '*' 0.05 '.' 0.1 ' ' 1

(Dispersion parameter for gaussian family taken to be 2.737459)

    Null deviance: 27828 on 9999 degrees of freedom
Residual deviance: 27366 on 9997 degrees of freedom
AIC: 38454

Number of Fisher Scoring iterations: 2
```

其中很多地方需要解释，第 2 章会详细讨论 glm 命令的输出。如果仔细看系数，就会看到既有估计值 $\hat{\beta}_j$，也有标准误差 $\mathrm{se}(\hat{\beta}_j)$，它们是这些估计值的理论抽样分布的中心点和标准差。根据 CLT，这些抽样分布应该近似于高斯分布。例如，宽带系数的一个 95% 置信区间如下所示：

```
> 0.55285 + c(-2,2)*0.04357
[1] 0.46571 0.63999
```

要得到抽样分布的 bootstrap 估计，只需在初始数据的有放回重抽样上重复同样的回归：

```
> B <- 1000
> betas <- c()
> for (b in 1:B) {
+    samp_b <- sample.int(nrow(browser), replace=TRUE)
+    reg_b <- glm(log(spend) ~ broadband + anychildren,
   data=browser[samp_b,])
+    betas <- rbind(betas, coef(reg_b))
+ }
> betas [,1:5]
     (Intercept) broadband   anychildren
[1,]    5.728889 0.5736488   0.02465046
[2,]    5.672288 0.5457318   0.06641667
[3,]    5.612364 0.6175716   0.09134826
[4,]    5.677401 0.5712354   0.07893055
[5,]    5.650967 0.5743827   0.08233983
```

矩阵 betas 的每一行都提取自 3 个回归系数的**联合**分布。我们可以计算出宽带系数和小孩系数之间的样本相关度：

```
> cor(betas[,"broadband"], betas[,"anychildren"])
[1] -0.01464454
```

这两个系数之间的相关性非常弱。换言之，估计出的在线支出和宽带之间的关系与估计出的在线支出和小孩之间的关系基本上是独立的。

我们还可以比较系数的**边际**（单变量）抽样分布和理论抽样分布。图 1-6 给出了宽带系数的比较结果，理论上的分布和 bootstrap 分布再一次吻合。不过，在本例中，两种抽样分布测量的是两种关于 $\hat{\beta}_1$ 中不确定性的思想实验。在理论情形中，我们希望对于**同样的** [broadband$_i$，anychildren$_i$] 输入，新的 spend$_i$ 还在初始样本中，这称为**固定设计**。在 bootstrap 情形中，我们希望输入和输出都是从总体中重新提取的，即提取一个新的家庭样本，这称为**随机设计**。在图 1-6 中，可以看出二者几乎没有区别；不过，随着输入维度的增加，两种分布会互相偏离。

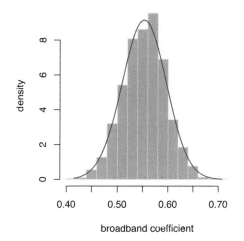

图 1-6   公式 1.5 中宽带回归系数 $\hat{\beta}_1$ 的 bootstrap 抽样分布（直方图），还加上了理论抽样
分布 N(0.55, 0.044²)

最后，看看宽带对支出的**乘法**效应，$\exp\left[\hat{\beta}_1\right]$。这是 $\hat{\beta}_1$ 的一种**非线性**变换。一般说来，这种变换之后的估计值分布我们不得而知。但是，我们可以简单地将重抽样得到的 $\hat{\beta}_{1b}$ 指数化，来得到变换后估计值的分布。图 1-7 给出了这种结果：有宽带的家庭的在线支出要高出 60%~90%。

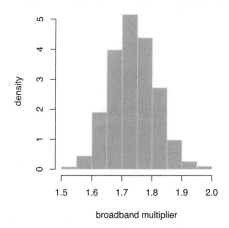

图 1-7   宽带对支出的乘法效应的 bootstrap 抽样分布：$\exp\left[\hat{\beta}_1\right]$。请注意，在本例中，
因为 $\hat{\beta}_1$ 接近正态分布，所以 $\exp\left[\hat{\beta}_1\right]$ 接近对数正态分布

bootstrap 并不完美，在很多情况下它是有问题的。如果经验数据分布对总体的近似不佳，或者目标统计量需要关于完整总体分布的大量信息，bootstrap 就会出问题。例如，bootstrap 方法对高维参数的估计结果往往不可信，因为联合抽样分布是总体中所有变量之间相关性的一个函数。或者，当数据总体具有重尾性（有一些数量稀少但很大的值）时，在对均值进行 bootstrap 时就

会遇到麻烦，因为一些极端值对分布的估计有显著影响[①]。

尽管如此，一般说来 bootstrap 还是一种值得信赖的不确定性量化工具，建议经常使用它。通常，对于低维统计量都可以使用 bootstrap 方法，除非数据中有些奇怪之处。如果 bootstrap 方法失败，那么理论上的标准误差一般也不会太好。如果发生这种情况，可以试试另一种 bootstrap 方法。例如，不从初始数据中重抽样，而是使用一种**参数** bootstrap 方法从一个拟合模型中进行抽取，为每个 bootstrap 样本生成新数据[②]。

看看前面例子中在线支出的边际分布。在这个例子中，我们使用公式 1.2 计算了在线支出均值的标准误差，大约是$80。另一种方法是使用一个参数 bootstrap，从一个假定模型（如 $x \sim N(\hat{\mu}, \hat{\sigma}^2)$）的估计值中持续抽取数据，使用得到的样本均值的标准差作为标准误差的估计值。

```
> xbar <- mean(browser$spend)
> sig2 <- var(browser$spend)
>
> B <- 10000
> mub <- c()
> for(b in 1:B){
+    xsamp <- rnorm(1e4, xbar, sqrt(sig2))
+    mub <- c(mub, mean(xsamp))
+}
> sd(mub)
[1] 79.70425
> sqrt(sig2/1e4)
[1] 80.3861
```

这种方法得到的结果与前面的理论标准误差以及非参数 bootstrap 的结果基本上完全匹配。但是，参数 bootstrap 方法有一个很强的假设：数据是正态分布的。在其他方法中不需要这种假设。通过对特定模型的估计，参数 bootstrap 对总体分布进行近似，以此估计高维的目标参数——因为有了完整的概率模型，所以不需要那么多数据来知道总体分布——但结果会对模型对现实的代表程度非常敏感。

在本书中，黑色菱形标志表示这部分内容更高深、更抽象。阅读本书，不要求你理解这些内容。

◆**本节最后讨论一个高级主题：使用带有有偏估计的 bootstrap 方法**，即该过程得到的 $\hat{\beta}$ 满足 $\mathbb{E}\left[\hat{\beta}\right] \neq \beta$。你或许从未遇到过这种估计值，因为在完美世界中偏差是可以避免的。然而商业数据科学的环境并不完美，为了减少估计值中的噪声，你经常会宁愿引入一点儿偏差（例子见第 3 章）。如果担心估计值会有一些偏差，就应该将算法 1 替换为稍微复杂一点儿的 bootstrap 算法，这种算法直接以置信区间为目标（省略了计算标准误差的中间步骤）。

[①] Matt Taddy, Hedibert Lopes, Matt Gardner. Scalable semi-parametric inference for the means of heavy-tailed distribution, 2016.

[②] 参见第 3 章中关于不确定性量化的内容，其中使用了参数 bootstrap 方法为 lasso 算法提供推断。

算法 2 与前面的 bootstrap 方法非常相似，差别在于它的目标是误差分布——估计值比目标值大多少或小多少——而不是估计值本身的分布。在该算法中，样本估计值 $\hat{\beta}$ 是真实 β 值（未知）的一个替代。在你估计时，如果 $\hat{\beta}_b$ 的值倾向于大于 β，就应该假设 $\hat{\beta}$ 大于 β。请注意，公式 1.6 中区间的下界是通过减去最大（第 95 个百分位）误差定义的，上界则是减去最小的误差。

算法 2　用于置信区间的非参数 bootstrap

给定数据 $\{z_i\}_{i=1}^n$ 和参数 β 的全样本估计值 $\hat{\beta}$，对于 $b = 1, \cdots, B$：

❑ 使用有放回方式重新抽取 n 个观测 $\{z_i^b\}_{i=1}^n$；

❑ 使用此次重抽样所得集合计算估计值 $\hat{\beta}_b$；

❑ 计算**误差**，$e_b = \hat{\beta}_b - \hat{\beta}$。

$\{e_b\}_{b=1}^B$ 就是估计值和目标值之间误差的一个近似分布。要得到真实 β 的 90% 置信区间，就应该计算 $\{e_b\}_{b=1}^B$ 的第 5 个和第 95 个百分位：$t_{0.05}$ 和 $t_{0.95}$，并设置区间为

$$\left[\hat{\beta} - t_{0.95},\ \hat{\beta} - t_{0.05}\right] \tag{1.6}$$

要了解这种方法的实际效果，先回想一下，样本方差 $s^2 = \sum_i (x_i - \bar{x})^2 / n$ 是真实的总体方差 $\sigma^2 = \mathbb{E}\left[(x - \mu)^2\right]$ 的一个有偏估计。要证明这一点[1]，可以计算 s^2 的期望，从中可以看出 $\mathbb{E}\left[s^2\right] \neq \sigma^2$：

$$\mathbb{E}\left[s^2\right] = \mathbb{E}\left[(x - \mu)^2\right] - \mathbb{E}\left[(\bar{x} - \mu)^2\right] = \sigma^2 - \sigma^2 / n \tag{1.7}$$

这就是通常使用 $\sqrt{s^2 n / (n-1)}$ 作为样本标准差无偏估计值的原因。看看如下估计标准差的方法，它仅使用一个包含 100 个浏览器的子样本[2]。

```
> smallsamp <- browser$spend[sample.int(nrow(browser), 100)]
> S <- sd(smallsamp) # 样本方差
> S
[1] 7572.442
> sd(browser$spend)
[1] 8038.61
> s/sd(browser$spend)
[1] 0.9420089
```

---

[1] 完成计算该标准差的全部过程，是对比总体期望和样本期望的一个很好的练习。

[2] 子样本容量 $n = 100$ 足够小，偏差的影响会非常大。对于全部样本，n 足够大，因此偏差基本不会造成什么差别，故不必担心。本书中的多数应用均如此。

我们发现，小样本的标准差 s 比全样本标准差（有 1 万个观测，与真实的 σ 非常接近）小了 5% 还多。可以使用算法 2 中的 CI bootstrap 方法基于 s 得到 σ 的一个置信区间，而且修正了偏差。

```
> eb <- c()
> for (b in 1:B){
+     sb <- sd(smallsamp[sample.int(100, replace=TRUE)])
+     eb<- c(eb, sb-s)
+ }
> mean(eb)
[1] -407.8306
```

请注意，bootstrap 误差的均值 $B^{-1}\sum_b e_b \approx -408$ 和 0 相差很远，这说明得到了一个有偏差的估计值。而从全样本估计值 s 中减去这些误差，可以有效地**消除偏差**。也就是说，我们能够估计偏差并修正它。例如，$s - e_b$ 的均值就与全样本标准差（对 σ 的最佳猜测）相当接近。

```
> mean (s - eb)
[1] 7980.273
> sd(browser$spend)
[1] 8038.61
```

而且，这样得到的 90% 置信区间是以 σ 为中心的：

```
> tvals <- quantile(eb, c(0.05, 0.95))
> tvals
        5%        95%
-4667.349 3161.858
> s - tvals[2:1] # 90% CI
4410.584 12239.792
```

尽管这只是本书的第 1 章，但 bootstrap 方法确实是相当高级的内容。如果感觉这部分内容有点不好理解，也不要担心。开篇就介绍这部分内容的一个原因是它提供了一种**模拟抽样分布的方法**，由此可以对不确定性进行实际观测。希望你在学习本书余下内容时能尝试这种模拟，它有助于你理解算法稳定性以及在实际工作中这些算法的作用。

1.2 假设检验和错误发现率控制

再看看回归的结果，除了说明抽样分布性质的 `Estimate` 和 `Std.Error`，还有两列。

```
Coefficients:
             Estimate Std. Error t value Pr(>|t|)
(Intercept)   5.68508    0.04403 129.119  <2e-16 ***
broadband     0.55285    0.04357  12.689  <2e-16 ***
anychildren   0.08216    0.03380   2.431  0.0151 *
```

`t value` 和 `Pr(>|t|)` 表示什么？为什么后面还有若干星号？相信很多读者知道，这些都是与**假设检验**（hypothesis testing）相关的内容。

Pr(事件)是 R 表示概率函数的方法，概率函数可以将一个事件映射为它发生的概率。我们把它写作 p(事件)，符号 p 有两重含义，既表示概率质量函数（对于离散事件），也表示概率密度函数（对于连续事件）。

假设检验是一种工具，用于在两个本质不同的事件之间做出决定。第一个事件选项称为**原**（null）**假设**，这是你的"安全选择"，它是现状或稳定状态，通常对应于把某个参数设为 0。**备择**（alternative）**假设**是一组可能值。当你想"拒绝原假设"而接受备择假设时，就需要算出某个参数的样本估计值。

在原假设和备择假设之间的选择是基于**样本统计量**（sample statistic）的。该统计量可以测量原假设描述的事实与样本参数估计值之间的差别。对于原假设为 $\beta = 0$、备择假设为 $\beta \neq 0$ 的这个假设检验，你的检验统计量为 $z_\beta = \hat{\beta} / \mathrm{se}(\hat{\beta})$。它可以表示用标准误差（抽样分布的标准差）进行测量时，样本估计值距 0 有多远。这就是回归输出结果中标有 t value 的那一列，我们称其为 **z 统计量**（z statistic）[①]。

假设检验将这个检验统计量转换为一个概率，称为 *p*-值，表示在原假设为真的情况下样本的罕见或奇特程度。*p*-值给出了检验统计量出现比观测值更大的值的概率。或者，从另一个角度来说，如果观测到的检验统计量足够让你接受备择假设，*p*-值就表示你错误地拒绝了原假设的次数比例。

在回归示例中，*p*-值为 $\mathrm{p}(|Z| > |z_\beta|)$，其中 $Z \sim N(0, 1)$。Z 遵循正态分布还是根据 CLT：标准差等于 1 是因为除以了标准误差，均值为 0 是我们的原假设。如图 1-8 所示，*p*-值表示观测到的检验统计量两侧的尾部概率质量。

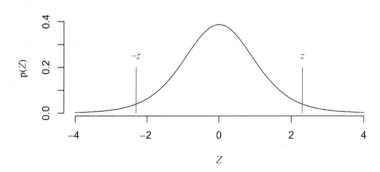

图 1-8　一个正态分布的检验统计量。对于"双侧"备择假设 $\beta \neq 0$，*p*-值就是 z 的右侧和 −z 左侧的曲线尾部下的面积

①　多数统计学导论图书用了大量篇幅来介绍 z 统计量和 t 统计量之间的区别，前者遵循正态分布，而后者遵循 Student's t 分布。在本书中，样本足够大，在需要考虑二者之间的区别时，都可以近似为正态分布。当分布不是正态时，也不会是 Student's t 分布，这时就要依靠 bootstrap 方法了。

最后，一般检验过程是，为 p-值 p 选择一个截止点 α，并得出 $p<\alpha$ 的"显著性"（一个非零回归系数），这可以看作我们能接受的假阳性（得到一个其实不存在的真实回归关系）概率最大为 α。例如在一次回归中，对于每个系数，只有当 p-值小于错误发现的可接受风险时，才能认为 $\beta \neq 0$。如果你能容忍该风险为 1%，即 $\alpha=0.01$，那么对于在线支出的回归，可以认为在工作模型中，宽带是具有非零效果的（ p-值为 2e–16，即 $2/10^{16}$，实际上就是 0），而 $\beta_{anychildren}=0$（因为它的 p-值大于 0.01）。

多重性问题（the problem of multiplicity）打破了 p-值和可靠性之间这种看似简单的联系。在一般检验过程中，α 是对于单次检验的，如果重复多次检验，就有大约 $\alpha \times 100\%$ 的真实原假设信号（例如，对应不存在的关系的回归系数）错误地表现出显著性，这就会使你从大量虚假噪声中寻找稀有的真实信号时得到奇怪的结果。

假设有一个回归估计问题，100 个系数中有 5 个与结果具有真实的关系，我们可以说真实系数集是**稀疏**的：多数 β_j 是 0。在最理想的情况下，进行假设检验可以找到这 5 个真实信号（没有假阴性）。假设你确实找到了这 5 个真实系数，并接着使用 $\alpha=0.05$ 的显著性来检验余下 95 个。在这种情况下，就有可能错误地认为 95 个无用的变量中还有 5% 的显著性，从而在最终模型中包含 $4.75 \approx 5$ 个虚假回归因子。最终结果是得到了一个有 10 个输入的模型，但其中 50% 是无用变量，它们与你的响应变量无关。这种错误发现不但无用，反而坏事：它们向模型中加入了噪声，并降低了预测的质量。

这种"发现"中有很大比例是假阳性的情况，会随着信噪比的降低变得更糟。例如，如果使用 $\alpha=0.05$ 这个截止值对 1000 个假设进行检验，而其中只有 1 个是真实信号，就会有 $0.05 \times 999 \approx 50$ 个错误发现，**错误发现比例**（false discovery proportion，FDP）就为 $50/51 \approx 98\%$。这听起来有点极端，但是像数字广告这种应用中，真实信号比例远低于 1/1000，网站浏览历史中能指示出未来购买倾向的真实信号简直就是沧海一粟。

一般说来，我们使用

$$FDP = \frac{假阳性数量}{表现出显著性的检验数量}$$

作为测量虚假噪声数量的指标，这些噪声是通过错误发现引入模型中的。FDP 是拟合模型的一种属性。你不可能知道它的值：你可能是对的，也可能是错的。但是，你可以控制它的期望值，即**错误发现率**（false discovery rate，FDR）：

$$FDR = \mathbb{E}[FDP] = \mathbb{E}\left[\frac{假阳性数量}{表现出显著性的检验数量}\right]$$

它用于多次检验的总体结果，类似于单次检验中的假阳性概率。因为概率是一个二进制随机变量的期望值，所以单次检验的 FDR 就等于假阳性概率——前面称之为 α。

就像在单次检验中使用一个 α 的截止值来控制假阳性率一样，我们也可以保证对于某些选定的 q 截止值（常使用 0.1），FDR $\leqslant q$。BH（Benjamini-Hochberg）算法[1]在一个按值排序的 p-值列表上定义截止值，以此控制 FDR。

算法 3   BH FDR 控制

对于 N 个检验，p-值为 $\{p_1, \cdots, p_N\}$，目标 FDR 为 q：

❑ 将 p-值从小到大排列为 $p_{(1)}, \cdots, p_{(N)}$；

❑ 设定 p-值截止值为 $p^* = \max\left\{ p_{(k)} : p_{(k)} \leqslant q\dfrac{k}{N} \right\}$。

则拒绝区（rejection region）为所有 p-值 $\leqslant p^*$ 组成的集合，这就可以保证 FDR $\leqslant q$。

请注意，$p_{(k)}$ 表示排序后的第 k 个统计量。

BH 方法的过程通过可视化方式最易于理解。下面看一个新的在线支出回归，这次协变量集合中增加了人种、族群和所在区域：

```
> spendy <- glm(log(spend) ~ .-id, data=browser)
> round (summary(spendy)$coef,2)
              Estimate  Std. Error  t value  Pr(>|t|)
(Intercept)     5.86       0.16      36.34     0.00
anychildren     0.09       0.03       2.54     0.01
broadband       0.52       0.04      11.93     0.00
hispanic       -0.18       0.04      -4.30     0.00
raceblack      -0.25       0.18      -1.41     0.16
raceother      -0.41       0.31      -1.32     0.19
racewhite      -0.21       0.15      -1.36     0.17
regionNE        0.26       0.05       4.98     0.00
regionS         0.01       0.04       0.13     0.90
regionW         0.18       0.05       3.47     0.00
> pval <- summary(spendy)$coef[-1, "Pr(>|t|)"]
```

在代码的最后一行，我们提取了 9 个回归系数（除了截距）的 p-值。在图 1-9 中，我们按照从小到大的顺序绘制出了这些值，其中直线的斜率是 0.1/9，对应 BH 中 $N=9$ 和 $q=0.1$ 的截止直线。这样算法 3 中的过程就非常简单了：找到直线下面最大的 p-值，称它和所有小于它的 p-值为"显著的"。图 1-9 中表示出了这 5 个点，可以期望其中大概有 $q=0.1$ 的比例（0 或 1 个）是假阳性。

---

① Y. Benjamini, Y. Hochberg. Controlling the false discovery rate: A practical and powerful approach to multiple testing. Journal of the Royal Statistical Society, 1995.

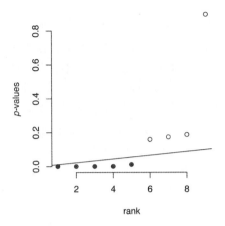

图 1-9　9 个协变量的在线支出回归 FDR 控制的 BH 算法。9 个 p-值是按照从小到大的
顺序绘制的，直线的斜率是 0.1/9。直线下方的 5 个 p-值是 "显著的"，这种显
著性定义过程的 FDR 是 10%

◆BH 算法为何有效？该解释需要一点儿概率论知识。首先要知道，真实原假设的 p-值遵循
均匀分布。要明白这一点，看一个随机的 p-值 $p(Z)$，它对应原假设分布中的一个检验统计量 Z。
$p(Z)$ 的累积分布函数就是 $\mathrm{p}(p(Z) < p(z))$，$p(z) \in (0, 1)$。这意味着

$$\mathrm{p}\big(p(Z) < p(z)\big) = \mathrm{p}\big(|Z| < |z|\big) = p(z) \tag{1.8}$$

因此原假设 p-值就是一个随机变量 U，满足 $\mathrm{p}(U < u) = u$。这就是均匀随机变量——具体而言，一
个 $U(0, 1)$ 随机变量——的定义，图 1-10 给出了它的概率密度。

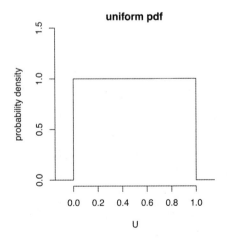

图 1-10　$U(0, 1)$ 均匀随机变量的概率密度函数，它的定义是 $\mathrm{p}(U < u) = u$，$u \in [0, 1]$

其次需要知道的是，N 个独立均匀分布样本的顺序统计量的期望值总是 $\mathbb{E}\left[p_{(k)}\right] = k / (N+1)$，这是因为均匀分布平均地分布在 0 和 1 之间。因此，就期望值来说，原假设的 N 个 p-值应该在一条斜率为 $1/(N+1)$ 的直线上，如图 1-11 中的黑点所示。图 1-11 中的小三角表示从在线支出回归中观测到的 p-值。这些观测到的 p-值（除了最大的 $p_{(9)}$）都比从原假设 U(0, 1) p-值分布中预期取到的值要小。也就是说，它们提供了一些与原假设**相悖**的测量证据。

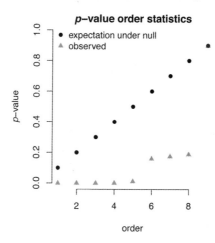

图 1-11   均匀分布顺序统计量的期望值 $\mathbb{E}\left[p_{(k)}\right]$ 和它们的秩 k。为了比较，还加上了图
1-10 中的 p-值顺序统计量

观测 p-值顺序统计量和斜率为 $1/(N+1)$ 的原假设直线之间的差别给出了一种量度，能够反映出数据中有多少非零信号。但是，这种差别多大才算"显著"呢？根据 BH 算法，如果 p-值在斜率为 q/N 的直线之下，就可以视为"显著"，它的 FDR 不大于 q。对此的一个简单证明需要假设**检验之间是独立的**，如图 1-12 所示。然而检验之间的独立性是一个不现实的假设。例如，它在多重回归示例中就不成立：如果从回归中去除一个变量，那么其他系数的 p-值都会改变。因此，后续章节会采取其他方法（比如 lasso 方法）来选择变量。在本章中，可以把 BH 方法看作一种较好的（但通常是保守的）FDR 猜测方法。如果你得到了一些 p-值，但几乎没有其他背景信息，那么 BH 就是量化 FDR 的首选方法。

本章要说明的一个重点是，只要与数据进行交互，就要做很多决定。问题不能只靠单一的检验来解决，多重性问题永远存在。下面介绍如何通过给定的 α（p-值的截止点）来得到较大的 FDR：$\alpha \rightarrow q(\alpha)$，并以此介绍多重性。通过 BH 方法，我们已经完成了反向的映射。BH 是一种得到 $\alpha(q)$ 的方法，用它可以得到任意想要的 FDR q：$q \rightarrow \alpha(q)$。在这两种情况下，FDR 都是在有多个检验时对风险进行总结的方法。每次检验的结果永远不会相同。

N 是检验总数，N_0 是其中真实原假设的数量，$R(u)$ 是 p-值 $\leqslant u$ 的数量，$r(u)$ 是其中对应真实原假设的数量。

p-值截止点为 u 的 FDR 为

$$\text{FDP}(u) = \frac{r(u)}{R(u)}$$

BH 算法选择了一个截止点 u^*，使得

$$u^* = \max\left\{ u : u \leqslant q\,\frac{R(u)}{N} \right\}$$

这意味着 $1/R(u^*) \leqslant q/(Nu^*)$，因此截止点 u^* 上的 FDR 为

$$\text{FDR}\,(u^*) = \mathbb{E}\left[\frac{r(u^*)}{R(u^*)}\right] \leqslant \mathbb{E}\left[\frac{r(u^*)}{Nu^*}\right] = q\,\frac{N_0}{N} \leqslant q$$

这是因为对于 N_0 个来自真实原假设检验的独立均匀分布 p-值，$\mathbb{E}\big[r(u)/u\big] = N_0$。

图 1-12　证明 BH 方法中的 FDR（FDP 的期望值）小于 q

下面介绍一个规模更大的 FDR 示例，看看它在统计遗传学中的应用。这种方法称为 GWAS（genome-wide association studies，全基因组关联研究），它扫描与疾病相关的大型 DNA 序列，希望识别出一些有研究价值的 DNA 位置，进而在实验室中进行研究。因为这种实验的成本非常高昂，所以在报告有价值的 DNA 位置列表时，理解 FDR 非常重要。在这种情况下，FDR 就是进一步研究的预期失败率。

SNP（single-nucleotide polymorphism，单核苷酸多态性）是染色体之间不同的成对 DNA 位置。出现频率最高的等位基因称为主等位基因（用符号 A 表示），其他称为次等位基因（a）。例如，我们常用 MAF（minor allele frequency，次等位基因频率）表示 SNP 的主要信息。

$$\text{MAF}: \quad AA \to 0 \quad Aa/aA \to 1 \quad aa \to 2 \tag{1.9}$$

在这种情况下，一个简单的 GWAS 问题就是："哪种 SNP MAF 分布是随着疾病的变化而变化的呢？" MAF 与疾病状态之间的显著依赖可以标记出该位置是值得研究的。

论文 "Discovery and refinement of loci associated with lipid levels" 介绍了对于胆固醇水平的 GWAS 元分析。我们重点关注"不好的" LDL 胆固醇。对于每 250 万个 SNP，都拟合一个简单的线性回归：

$$\mathbb{E}[\text{LDL}] = \alpha + \beta\text{AF}$$

其中 AF 是性状增长等位基因的频率（可以把它看作 MAF）。论文作者 Cristen J. Willer 等人使用了 250 万个 SNP 位置，这意味着要对 $\beta \neq 0$ 做 250 万次检验，因此有 250 万个 p-值。

图 1-13 绘制出了这个 p-值集合。回忆一下，原假设（在本例中，就是 $\beta=0$ 和疾病与 AF 之间不存在关联）的 p-值是均匀分布的。图 1-13 中的直方图看起来几乎就是均匀的，除了 0 附近**非常小**的 p-值有一个较小的峰值。该峰值区间内的 p-值看起来比从真实原假设中得出的要小，它们是得出发现的唯一希望。

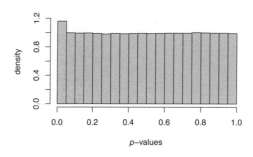

图 1-13　胆固醇 GWAS p-值：哪些是显著的？

这个例子中的 BH 算法应用如图 1-14 所示。尽管图 1-13 中的分布几乎是均匀的，但在最小的 p-值中仍有很多信号。在全部 250 万次检验中，我们发现在 $q=10^{-3}$（0.1%）这样一个微小的 FDR 水平上，大约有 4000 个 p-值是显著的。这意味着这 4000 个 p-值中可能只有 4 例假阳性，所以这是一个研究高胆固醇遗传学根源备选位置的强大集合。

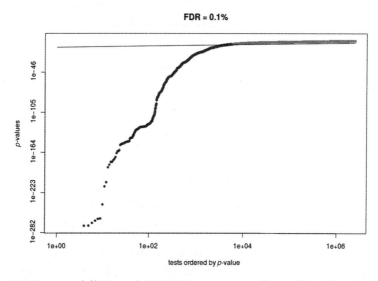

图 1-14　在胆固醇 GWAS 中使用 BH 方法的图示，$q=0.001$。其中绘制出了定义拒绝区的直线，斜率为 $0.001/N$。直线下方大约 4000 个 p-值，它们在 FDR < 0.001 时是显著的

相关性不是因果关系，例如很多遗传因素还可能与影响饮食和健康的社会因素或经济因素相关。

1.3 贝叶斯推断

到目前为止，对不确定性的所有讨论都集中于**频率**不确定性。它对应一种思想实验：重复地从一个假定的固定结果总体中进行抽取。这只是两种主要的不确定性之一。另外一种不确定性称为**贝叶斯不确定性**（Bayesian uncertainty），它通过模型和参数描述概率，基于主观判断，而不是重复试验[①]。

在此基础上的决策制定过程称为**贝叶斯推断**（Bayesian inference）。贝叶斯方法和思想的细节超出了本书范畴。如果想学习这些知识，建议参考《贝叶斯数据分析》以及 Peter D. Hoff 的 *A First Course in Bayesian Statistical Methods*。虽然本书不会详细介绍什么是贝叶斯推断，但这种关于不确定性的思考方式是本书大多数内容的基础。实际上，与频率思想相比，贝叶斯思想在商业数据科学实践中的重要性有过之而无不及。很多现代机器学习方法受到了贝叶斯推断思想的启发，而正规的决策理论——风险量化和预期收益——在本质上就是贝叶斯思想。对贝叶斯框架的基本理解有助于你掌握这些方法是如何实现的以及是如何产生效果的。

贝叶斯推断是关于信念的一种数学框架，它形式化了这样一种过程："如果你相信 A，然后观测到了 B，就应该将你的信念更新为 C。"这有时称为**主观概率**（subjective probability），但不需要任何人持有这种框架有效的特殊信念。相反，贝叶斯推断提供了一种框架，将**假设**（和对这些假设的置信度）与证据结合在一起。当这些假设都清晰之后，贝叶斯推断就完全透明了：你知道了决策过程的所有输入，加在与先验知识相对的数据上的相对权重也明确了。

具体而言，贝叶斯推断使用一种先验分布和似然的组合来进行工作。正如第 2 章将详细介绍的，似然是在给定一组固定的模型参数的情况下，观测到某种数据的概率。对于数据 X 和参数 Θ，似然就是 $p(X|\Theta)$，其中|表示"给定"或"在……条件下"。**先验分布** $\pi(\Theta)$ 是在观测到任何数据之前 Θ 的概率分布。这种对先验概率的选择是你在分析中的一种假设，就像定义似然的模型一样。然后就可以根据贝叶斯定理计算出**后验分布**（posterior distribution）——在观测到数据之后参数的概率分布：

$$p(\Theta \mid X) = \frac{p(\Theta \mid X)\pi(\Theta)}{p(X)} \propto p(\Theta \mid X)\pi(\Theta) \tag{1.10}$$

其中 $\propto$ 表示"与……成正比"。**边际似然**

$$p(X) = \int p(\Theta \mid X)\,\pi(\Theta)\mathrm{d}\Theta$$

是在平均了所有可能的 Θ 后，数据在假定似然模型中的概率。因为它不依赖 Θ（名义上的推断目标），所以 $p(X)$ 对于贝叶斯推断更多是一种麻烦。通过马尔可夫链蒙特卡洛方法（MCMC[②]）估计

[①] 参考 Ian Hacking 的著作 *The Emergence of Probability*，这本书对概率的概念以及频率学派和贝叶斯学派的起源做了非常细致、有趣的研究。

[②] Alan E. Gelfand, Adrian F. M. Smith. Sampling-based approaches to calculating marginal densities. Journal of the American Statistical Association, 1990.

公式 1.10 的计算策略是一种成功的尝试，它避免了明确计算 p(X) 的需要。贝叶斯推断在 20 世纪 90 年代和 21 世纪前 10 年中的爆发式发展在很大程度上就是因为这种方法。

直观理解贝叶斯推断的一种好方法是研究**共轭模型**（conjugate model）。这是一种先验概率和似然的组合。随着数据的积累，后验分布仍然与先验分布是同一种分布，可以明确给出后验更新的机制。一个直观例子是 Beta–二项分布模型，其中的二项试验具有固定的成功概率 q，q 的先验分布就是 Beta 分布：

$$\pi(q) = \text{Beta}(q; \alpha, \beta) \propto q^{\alpha-1}(1-q)^{\beta-1} \mathbb{1}_{[q \in (0,\, 1)]} \tag{1.11}$$

例如，由 Beta(1, 1) 的先验分布可以得出 $\pi(q) = \mathbb{1}_{[q \in (0,\, 1)]}$，即我们熟悉的均匀分布。同样，注意符号 $\propto$ 表示"与……成正比"，而且在公式 1.11 中，我们忽略了一个归一化常数，它可以保证对于所有 $\alpha, \beta > 0$，$\int_0^1 \pi(q)\mathrm{d}q = 1$。

可以把每个二项分布看作多个伯努利试验（比如掷一个带权重的硬币）的组合，其中 $x = 1$ 的概率为 q，$x = 0$ 的概率为 $1 - q$。如果 q 的先验分布是 Beta(a, b)，那么经过一次对 x 的伯努利试验之后，q 的后验概率就变为

$$p(q \mid x) = \text{Beta}(a_1 = a + x,\ b_1 = b + 1 - x) \tag{1.12}$$

以这种方式经过 n 次试验的更新后，a_n 就可以表示在 n 次试验中观测到"成功"的次数，b_n 则是观测到"失败"的次数。如果试验更多次（抛更多次硬币），这些参数就会不断改善，而关于 q 的不确定性则会减小。举例来说，因为 Beta(α, β) 分布的均值是 $\alpha/(\alpha+\beta)$，所以在 Beta(1, 1) 的先验概率下，一次成功试验可以得出均值 $\mathbb{E}[q \mid x_1] = 2/3$，另一次成功试验可以得出 $\mathbb{E}[q \mid x_1, x_2] = 3/4$。图 1-15 演示了 Beta–二项分布经过一系列模拟二项试验后的后验更新过程，它从平直的均匀分布先验概率开始，经过 100 次试验后，变成了峰值在 1/3 真实概率附近的类似高斯分布。

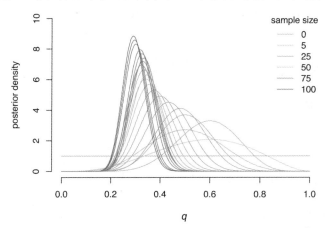

图 1-15　q 是一系列伯努利试验（掷硬币）中的成功概率，图中为 q 的后验概率密度函数，在 Beta(1, 1) 的先验概率下，它是样本容量（抛掷次数）的一个函数。"真实"概率为 1/3

正如这个例子所演示的，贝叶斯推断本质上是**参数化**的：你确定了一个依赖一组参数的模型，公式 1.10 中的更新规则确定了关于这些参数的不确定性是如何随着观测数据而发生变化的。这与**非参数**推断的思想截然不同。在非参数推断中，你可以量化给定过程结果的不确定性，而无须假设该过程背后的模型的正确性。虽然有一个领域叫作"非参数"贝叶斯分析，但这个名称是不恰当的[①]。该领域更接近**半参数化**（semiparametric）：它使用灵活性较强的模型，放松了一些常见的假设（比如线性），但仍然依赖约束模型结构，以便在高维度上进行推断（见第 9 章）。

Bradley Efron[②]比较了贝叶斯推断和参数 bootstrap 方法，这种比较有助于你直观理解贝叶斯推断的实际应用。他说明了在某些常用的先验分布中，参数 bootstrap 方法可以得出一个与相应的贝叶斯后验分布类似的抽样分布。回顾一下前面的内容，参数 bootstrap 与非参数 bootstrap 类似，都多次重用模型拟合来量化不确定性。但是，参数 bootstrap 不是从初始数据中重抽样，而是先使用完整样本**估计**模型，然后根据该拟合模型进行**模拟**来为之后的每次模型拟合生成数据。因此，参数 bootstrap 是通过对假设的**参数**模型进行模拟来量化不确定性的。

如果这种假设模型是不正确的，参数 bootstrap 方法的结果就可能与现实没有什么联系。与之相反，前面详细介绍的非参数 bootstrap 可以为你的估计给出精确的不确定性量化结果，即使你的估计是基于一些愚蠢的假设。但是，参数 bootstrap 需要的数据要少得多，而且在超高维度的数据上也是有效的，只要你的模型是正确的。在没有更稳健的方法时，它就是一个非常实际的选择。在很多贝叶斯方法的应用中，也有同样的特点。

在进行商业决策时，理想情况是一切都是非参数的：总是可以积累足够多的数据，所以先验信念已经不重要了，而且工作方式也对模型假设不敏感。当然，现实情况是所有决策都涉及不确定性，都要基于你的直觉（先验概率）和数据。但本书关于因果关系和结构化推断的内容（第 5 章和第 6 章）会重点探讨稳健的推断，尽管它不总是非参数的，但至少能在模型不是非常正确时保证一定的有效性。这是一个非常好的特性，而且当推断目标是低维度的（通常是单变量的）并且有大量样本数据时，在因果关系推断中这种特性也是可以实现的。

然而无须建模的推断只有在富数据前提下——有大量观测（大 n）和低维推断目标（小 p）时——才能实现。根据前面对非参数 bootstrap 方法的讨论，如果你观测到的数据不能很好地反映总体分布，非参数方法就会失败。在高维情况下，频率推断通常会变得很难，前面对多重检验的讨论体现了这一点，这时你能期望的最好情况就是能控制某种平均 FDR。在本书中，很多现代数据科学问题是在特别高的维度环境中发生的。在这种情况下，不要奢望非参数方法能够奏效；相反，为了得到可行的结果，需要对模型做出一些假设，并对这些模型的参数做出一些合理的预测。贝叶斯方法非常适合该过程。

---

① "非参数"贝叶斯简称 npBayes，这是我的博士论文所研究的领域。在 21 世纪前 10 年中，机器学习和 npBayes 之间有很多跨学科交流：它们致力于建立能在超高维度模型中给出合理推断结果的、在计算上可行的算法。在现在的深度学习社区中，很多人出身于 npBayes 社区，或者与该社区有紧密联系。

② Bradley Efron. Bayesian inference and the parametric bootstrap. The Annals of Applied Statistics, 2012.

　　本书后面的内容虽然没有明确提及贝叶斯方法的名称，但会经常体现出这种思想。例如，第 3 章中的惩罚项可以解释为贝叶斯先验分布的效果，第 9 章中随机森林背后的集成方法就是一种贝叶斯模型平均。后面通常不会直接讨论贝叶斯推断，而会设计方法，使它在存在大量不确定性的高维环境中也能生成表现良好的点估计。这就是贝叶斯推断的强大之处，也是模型构建者经常运用贝叶斯思想的原因。如果想在处理"一团乱麻"的非结构化数据时设计有效的学习算法，就需要这样一种框架。它既能利用以前的经验，也能将数据和信念透明地结合在一起。

第 2 章

回　归

数据科学应用中的大部分问题需要使用回归模型，即有一个**响应变量**（y），需要使用一个**输入**（或协变量）向量（x）的函数对其进行建模或预测。本章介绍回归的基本框架和语言，本书余下内容以这部分内容为基础。

2.1　线性模型

一个基本却强大的回归策略是使用**平均数**和**直线**。对于给定 x，我们对 y 的条件均值建模如下：

$$\mathbb{E}[y \mid x] = f(x'\boldsymbol{\beta}) \tag{2.1}$$

其中 $x = [1, x_1, x_2, \cdots, x_p]$ 是一个协变量向量，$\boldsymbol{\beta} = [\beta_0, \beta_1, \beta_2, \cdots, \beta_p]$ 是相应的系数向量。向量表示法 $x'\boldsymbol{\beta}$ 是两个向量之间元素乘积之和的简写：

$$x'\boldsymbol{\beta} = \beta_0 + x_1\beta_1 + x_2\beta_2 + \cdots + x_p\beta_p \tag{2.2}$$

方便起见，该公式包括了 $x_0 = 1$，用于表示截距（有时用 $\alpha = \beta_0$ 来明确地表示截距）。符号 $\mathbb{E}$ 表示期望，因此 $\mathbb{E}[y \mid x]$ 读作"给定输入 x 时响应变量 y 的均值"。函数 $f(\cdot)$ 表示任意一种函数，我们会考虑使用该"链接函数" f 的各种形式来解释不同类型的响应变量 y。

回归其实就是找出"在给定 x 时 y 的**条件概率分布**"，我们把这个概率写作 $\mathrm{p}(y \mid x)$。图 2-1 比较了这种条件分布和边际分布。之所以称为**边际分布**，是因为它对应一个数据矩阵的某个边际（列）的非条件分布。**边际均值**是一个简单的数值，**条件**均值则是一个函数（如 $x'\boldsymbol{\beta}$）。数据随机地分布在这些均值周围，要对这些分布做出假设，然后才能继续推进估计和预测策略。

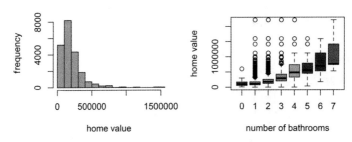

图 2-1　房价的边际分布和条件分布。在左侧，所有房价都堆在一起；在右侧，房价分布按照浴室数目进行了分组

下面要研究的第一个模型是基本线性回归模型。这是数据科学中使用最广泛的模型。它拟合的速度非常快（不论是对于分析者还是对于计算时间来说），在各种情况下都能给出合理的答案（只要你知道如何提出正确的问题），而且非常容易解释和理解。

模型如下：

$$\mathbb{E}[y \mid \boldsymbol{x}] = \boldsymbol{x}'\boldsymbol{\beta} = \beta_0 + x_1\beta_1 + \cdots + x_p\beta_p \tag{2.3}$$

这相当于在公式 2.1 的回归模型中使用了一个链接函数 $f(z)=z$。通过唯一的输入变量 $\boldsymbol{x}$，可以把模型写作 $\mathbb{E}[y \mid \boldsymbol{x}] = \alpha + \boldsymbol{x}\beta$，并在图 2-2 中绘制出该模型。在这里，$\boldsymbol{x}$ 每增加一个单位，$\mathbb{E}[y \mid \boldsymbol{x}]$ 就增加 $\boldsymbol{\beta}$ 个单位，α 是**截距**：$\alpha = \mathbb{E}[y \mid \boldsymbol{x} = 0]$。

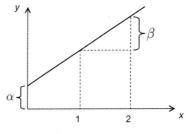

图 2-2　简单线性回归

在估计回归模型（拟合系数 $\boldsymbol{\beta}$）时，除了均值为 $\mathbb{E}[y \mid \boldsymbol{x}]$，还需要对完整条件**分布**做出一些假设。线性回归通常使用高斯条件分布进行拟合：

$$y \mid \boldsymbol{x} \sim \mathrm{N}(\boldsymbol{x}'\boldsymbol{\beta}, \sigma^2) \tag{2.4}$$

也就是说，y 作为 $\boldsymbol{x}$ 的函数，它遵循均值为 $\mathbb{E}[y \mid \boldsymbol{x}] = \boldsymbol{x}'\boldsymbol{\beta}$、**方差**为 σ^2 的正态分布。该模型通常还会加上一个误差项：

$$y = \boldsymbol{x}'\boldsymbol{\beta} + \varepsilon \quad \varepsilon \sim \mathrm{N}(0, \sigma^2) \tag{2.5}$$

公式 2.4 和公式 2.5 描述的是同一个模型。

下面看一个具体的例子，Dominick 商店的橘子汁（oj）销售数据。Dominick 是芝加哥的一家连锁商店。这份数据收集于 20 世纪 90 年代，由芝加哥大学布斯商学院的 Kilts 中心公开发布。数据包括了芝加哥 83 家连锁商店 3 种橘子汁品牌（Tropicana、Minute Maid 和 Dominick's）每周的价格和销量（单位为大包装箱），还有一个标志列 feat，表示每个品牌在该周之内是否做过（店内或户外）广告。

```
> oj <- read.csv("oj.csv")
> head(oj)
  sales price      brand feat
1  8256  3.87  tropicana    0
2  6144  3.87  tropicana    0
3  3840  3.87  tropicana    0
4  8000  3.87  tropicana    0
5  8896  3.87  tropicana    0
6  7168  3.87  tropicana    0
> levels (oj$brand)
[1] "dominicks" "minute.maid" "tropicana"
```

图 2-3 按品牌对价格和销量进行了分组。可以看出，每个品牌都占据了一个明显的价格范围：Dominick's 位于低价区，Tropicana 位于高价区，Minute Maid 则在二者之间。在图 2-3 的右半部分，可以清楚地看出销量随着价格的提高而减少。这是合理的：需求呈下降趋势，价格越高，销量就越少。具体而言，销量的对数与价格的对数大致呈线性关系，这一点非常重要。如果你想使用线性模型（加性模型），就应该尽可能地在能找到线性关系的空间中工作。如果变量相对于其他因子**成倍地**发生变化，通常要使用对数标度。

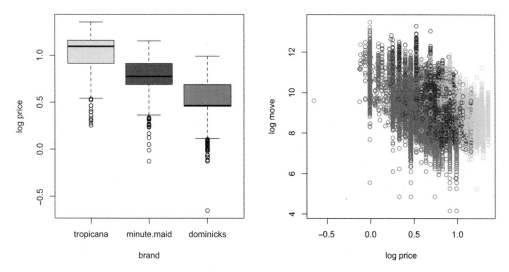

图 2-3　按品牌分组的 Dominick 商店橘子汁价格和销量（move，大包装箱）。注意，这两个连续变量都使用了对数标度

回顾一下对数的定义：

$$\log(a) = b \Leftrightarrow a = e^b \tag{2.6}$$

这里，$e \approx 2.72$，是自然对数的底。本书始终使用自然对数。e 在科学和动态系统建模领域有重要作用，因为 e^x 的导数就是它本身：$de^x/dx = e^x$。在对数响应变量的线性模型中，x 每增加一个单位，$\log(y)$ 就增加 β 个单位：

$$\log(y) = \alpha + \beta x \tag{2.7}$$

对数空间的使用使得该模型对 y 来说是一种**倍增**关系。回顾一下对数和指数的一些基本定理：$\log(ab) = \log(a) + \log(b)$，$\log(a^b) = b \log(a)$，以及 $e^{a+b} = e^a e^b$。对公式 2.7 的两端都进行指数化：

$$y = e^\alpha e^{\beta x} \tag{2.8}$$

令 $x^* = x + 1$，有

$$y^* = e^\alpha e^{\beta x^*} = e^\alpha e^{\beta x + \beta} = y e^\beta \tag{2.9}$$

因此，x 每增加一个单位，y 就**乘以**一个因子 e^β。

在对变量建模时，怎样才能知道它是以倍数关系变化的呢？一种办法就是根据对变量的日常描述。要注意那些一般以百分比而不是以绝对值来描述变化的变量。例如以下两种典型的应该在对数空间中建模的情况。

- ❑ 价格：抵押房产以 20%~30% 的折扣出售。
- ❑ 销量：各个型号的年销售额增加了 20%。

一般说来，那些严格非负的变量（如速度，错误或事件的数量，降雨量）通常以在对数标度下线性变化的方式来处理。

另一种常见情况是对成倍数变化的两个变量之间的关系进行建模。例如，图 2-4 展示了几个国家的 GDP 和进口额之间的关系。在左侧图中拟合一条直线的想法很不明智，因为这样一条直线的斜率将完全取决于美国 GDP 和进口额之间的微小变化。而从右侧图可以看出，在对数空间中，GDP 和进口额显示出了明显的线性关系。

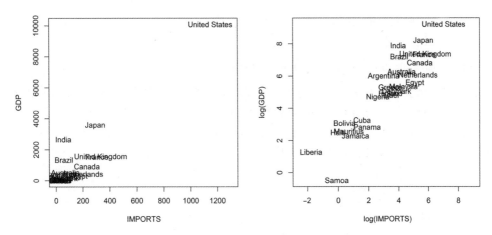

图 2-4　国家 GDP 和进口额之间的关系，采用初始值和对数标度值

回到橘子汁的例子。从图 2-3 可知，这种 log-log 模型对于橘子汁销量（sales）和价格（price）之间关系的分析或许是合适的，那么一个可能的回归模型就是：

$$\log(\text{sales}) = \alpha + \beta \log(\text{price}) + \varepsilon \tag{2.10}$$

该公式表示，如果不考虑品牌，价格的对数每增加一个单位，销售额的对数就增加 β 个单位。

log-log 模型通常还有更直观易懂的解释：价格每提高 1%，销售额就增加 $\beta\%$。要证明这一点，可写 $y = \exp[\alpha + \beta \log(x) + \varepsilon]$，在这个式子的两边都对 x 进行微分：

$$\frac{\mathrm{d}y}{\mathrm{d}x} = \frac{\beta}{x} \mathrm{e}^{\alpha + \beta \log(x) + \varepsilon} \Rightarrow \beta = \frac{\mathrm{d}y / y}{\mathrm{d}x / x} \tag{2.11}$$

这样，β 就表示 y 的比例变化与 x 的比例变化的比值。在经济学中，这个 β 有一个特殊名称：**弹性**。本书的很多分析涉及弹性概念。

图 2-3 中右侧的图清晰地显示 3 种品牌（brand）的 log-log 销售额–价格分布分别集中在 3 条直线附近。如果你怀疑每个品牌的弹性 β 值相同，而截距不同，就应该使用一个更复杂的模型：

$$\log(\text{sales}) = \alpha_{\text{brand}} + \beta \log(\text{price}) + \varepsilon \tag{2.12}$$

这里 α_{brand} 是简写，对于每个橘子汁品牌都有一个单独的指示变量，其完整形式是

$$\alpha_{\text{brand}} = \alpha_d \mathbb{1}_{[\text{brand=dominicks}]} + \alpha_m \mathbb{1}_{[\text{brand=minutemaid}]} + \alpha_t \mathbb{1}_{[\text{brand=tropicana}]}$$

因此，公式 2.12 表明，即使所有品牌的价格弹性相同，但在同一价格下销量期望值会不同。

要想在 R 中运行这个回归，可以使用 glm 命令[①]。如前所述，glm 表示"广义线性模型"，

---

① lm 命令同样适用于这个例子。

可用于进行线性回归和逻辑回归。该命令的用法非常简单：使用 data 参数传递给它一个数据框，再提供一个定义回归的公式。

```
> reg <- glm(y ~ var1 + ... + varP, data=mydata)
```

拟合对象 reg 是一个列表，里面包含了很多有用信息（可以使用 names(reg)命令查看）。有一些函数可以查看其中的结果：summary(reg)可以输出大量信息，coef(reg)可以给出系数，predict(reg, newdata=mynewdata)可以进行预测[①]。下面的代码使用 glm 命令对公式 2.12 中的回归进行拟合，并给出了拟合后的系数：

```
> reg <- glm(log(sales) ~ brand + log(price), data=oj)
> coef(reg) ## 拟合后的系数
    (Intercept)  brandminute.maid  brandtropicana    log(price)
     10.8288216         0.8701747       1.5299428    -3.1386914
```

有几点需要说明。首先，可以看到价格对数的 $\hat{\beta} \approx -3.1$，这说明价格每提高 1%，销量就减少约 3%。其次，我们注意到 Minute Maid 和 Tropicana 都有一个确定的模型系数，而 Dominick's 没有。glm 命令的第一步是创建一个**模型矩阵**（又称**设计矩阵**）来定义数值输入 x，它是通过调用 model.matrix 函数来完成这一任务的。你可以单独执行这一步骤看看它做了什么：

```
> x <- model.matrix( ~ log(price) + brand, data=oj)
> x[c(100,200,300),]
    (Intercept) log(price) brandminute.maid brandtropicana
100           1  1.1600209                0              1
200           1  1.0260416                1              0
300           1  0.3293037                0              0
```

因为 brand 不是一个数值，所以 model.matrix 把它的 3 个类别表示为一组虚拟变量。例如，brandtropicana 为 1 时，表示该行的 brand 值为 Tropicana；如果为 0，就是其他值。为了进行比较，看看初始数据框中相同位置的行：

```
> oj[c(100,200,300),]
    sales price       brand feat
100  4416  3.19    tropicana    0
200  5440  2.79  minute.maid    0
300 51264  1.39    dominicks    1
```

没有 branddominicks 指示变量是因为只需 3 个变量就能表示 3 个类别：当 brandminute.maid 和 brandtropicana 都是 0 时，intercept 的值就是 Dominick's 橘子汁在对数价格为 0 时的对数销量。每个因子的参照水平都被截距吸收了，其他系数是"相对于参照而变化的"（这里的参照就是 Dominick's）。如果想检查因子的参照水平[②]，可以使用 levels(myfactor)命令。第一个水平就是参照。如果想改变参照水平，可以使用 myfactor=relevel(myfactor, "myref")。

图 2-5 给出了公式 2.12 中回归的拟合值和初始数据。可以看到，根据品牌标识有 3 条平行的

[①] 要进行预测，mynewdata 必须是和 mydata 相同格式的数据框（变量名称和因子水平相同）。

[②] 如果想在系数上加入惩罚效果，就不能再使用参照水平了，所有类别都会有一个明确的系数。

直线。**价格相同时**，Tropicana 的销量最高，Minute Maid 次之，Dominick's 的销量最少。这是完全合理的：Tropicana 是一种"奢侈品"，价格相同时人们当然更喜欢买它。

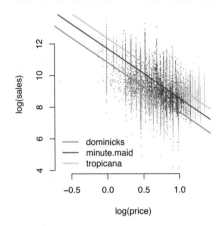

图 2-5　橘子汁数据以及公式 2.12 中模型的每个品牌的拟合均值

图 2-5 中所有直线的斜率都相同，用经济学术语来说，就是模型假设 3 个品牌的消费者的价格敏感度相同。这似乎不太现实：就平均水平而言，相比于 Dominick's 的消费者，Tropicana 的消费者的消费水平更高。如果想把这种信息构建到回归中，可以考虑对数价格与品牌之间的**交互作用**。

交互项是两种输入的乘积上的系数：

$$\mathbb{E}[y \mid \boldsymbol{x}] = \cdots + \beta_k x_k + \beta_j x_j + x_j x_k \beta_{jk} \tag{2.13}$$

在该公式中，x_j 每增加一个单位的效果是 $\beta_j + x_k \beta_{jk}$，因此它依赖 x_k。交互作用在科学和商业问题中非常重要。例如：

❑ 受教育程度对工资的影响是否因性别而异？
❑ 在服用了某药物后，病人是否康复得更快？
❑ 消费者价格敏感度是如何随着品牌的不同而改变的？

在上述每种情形中，你想知道的是一个变量是否会影响另一个变量的效果。你想知道的不是女性是否比男性薪酬低（从平均数来看确实存在差别），而是在同样的教育水平和工作经验之下，女性的薪酬是否与男性不平等。类似地，在很多医疗案例中，如果有足够的时间，病人会自愈，那么问题就是，治疗措施能否加速康复。

在价格敏感度的例子中，我们想在回归中加入每个品牌指示变量与对数价格之间的相互作用。要想做到这一点，可以在 glm 的输入公式中使用交互项（用*表示）①：

---

① 请注意，*也会加入主项效果，即公式 2.12 中的那些项。

```
> reg_interact <- glm(log(sales) ~ log(price)*brand, data=oj)
> coef(reg_interact)
               (Intercept)                    log(price)
                10.95468173                   -3.37752963
            brandminute.maid                brandtropicana
                 0.88825363                    0.96238960
   log(price):brandminute.maid  log(price):brandtropicana
                 0.05679476                    0.66576088
```

下面使用独立的截距和斜率为每个品牌 b 都拟合一个模型，如图 2-6 所示。

$$\mathbb{E}\big[\log(y)\,|\,\boldsymbol{x}\big] = \alpha_b + \beta_b \log(\texttt{price}) \tag{2.14}$$

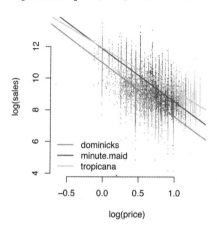

图 2-6　公式 2.14 中模型的拟合结果。请注意，如果外推得过远，这种线性假设就会得
　　　　出在同一价格时 Tropicana 销量不如 Minute Maid 的结论。需要注意，线性模型
　　　　是一种近似模型，在远离观测数据中心点时要慎重使用

和之前一样，参照水平还是 Dominick's，该品牌的效果被吸收在对数价格的截距和主斜率项
中。通过在主斜率上添加交互作用项 log(price):brand，可以找出其他品牌的弹性，最终结果
见表 2-1。可以看出，Tropicana 消费者的价格敏感度要比其他两个品牌消费者的价格敏感度低一
些：它的价格弹性是 –2.7，而其他两个品牌的价格弹性大约是 –3.3。公式 2.10 中模型的价格敏感
度是 –3.1，这是两种消费人群的平均结果。

表 2-1　公式 2.14 中模型拟合出的价格弹性

Dominick's	Minute Maid	Tropicana
–3.4	–3.3	–2.7

看看广告在价格与销量之间的关系中所起的作用，以此结束对线性模型的介绍以及对橘子汁
案例的研究。回想一下，橘子汁数据中包含了一个 feat 虚拟变量，它表示在记录了销量和价格
的一周内，一个特定品牌是否采用了店内促销或外发广告等措施。无论价格高低，打广告都可以
使销量增加，可以改变价格敏感度，还可以对特定品牌同时实现这两点：

$$\mathbb{E}\big[\log(y)\,|\,\boldsymbol{x}\big] = \alpha_{b,feat} + \beta_{b,feat}\log(price) \tag{2.15}$$

该模型体现了 price、brand 和 feat 这 3 个变量之间的相互作用。

```
> ojreg <- glm(log(sales) ~ log(price)*brand*feat, data=oj)
> coef(ojreg)
                   (Intercept)                        log(price)
                   10.40657579                       -2.77415436
              brandminute.maid                    brandtropicana
                    0.04720317                        0.70794089
                          feat         log(price):brandminute.maid
                    1.09440665                        0.78293210
        log(price):brandtropicana                   log(price):feat
                    0.73579299                       -0.47055331
             brandminute.maid:feat                brandtropicana:feat
                    1.17294361                        0.78525237
   log(price):brandminute.maid:feat  log(price):brandtropicana:feat
                   -1.10922376                       -0.98614093
```

表 2-2 总结了品牌和广告共同作用的具体弹性系数。

表 2-2　与品牌和广告相关的弹性系数。从 R 的输出信息中找出这些数值，测试自己对回归公式的理解

	Dominick's	Minute Maid	Tropicana
没做广告	−2.8	−2.0	−2.0
做广告后	−3.2	−3.6	−3.5

可以看出，做广告总是会导致价格敏感度升高。做广告后，Minute Maid 和 Tropicana 的价格弹性从−2.0 分别降到−3.6 和−3.5，而 Dominick's 从−2.8 降到了−3.2。为何会出现这种情况？一个可能的解释是广告会提升品牌关注度，进而扩大市场份额。品牌忠诚者会经常主动购买橘子汁，而广告可以吸引价格敏感度更高的消费者。实际上，如果你观测到消费者的价格敏感度有所升高，就说明营销活动扩大了消费者基数。这就是 Marketing 101 建议广告宣传通常要配合价格下调的原因。还有一种解释：因为广告产品经常是打折的，而需求曲线是非线性的——在低价区间，一般消费者的价格敏感度更高。而真正的效果可能是以上两种情况的结合。

最后，在表 2-1 中，Minute Maid 的价格弹性与 Dominick's 的基本相同——它似乎就是一种低价商品。但是，在表 2-2 中，Minute Maid 和 Tropicana 的价格弹性几乎相同，都与 Dominick's 相差较大。这是为何？

答案就是公式 2.14 中的模型过于简单，这就造成广告效应和品牌效应**混淆**。由图 2-7 可知，Minute Maid 的广告活动比 Tropicana 的频繁得多。这会使消费者的价格敏感度升高，所以当没有考虑到广告效应时，Minute Maid 就表现出了不真实的更大的价格弹性。公式 2.15 中的模型在回归中加入了 feat 变量，修正了这一点。如果没有正确**控制**变量，变量的效果就可能混淆，后面讨论因果关系和结构化推断时要特别注意这种现象。

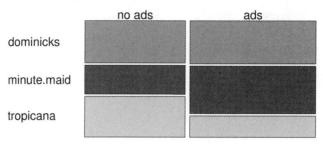

图 2-7　各品牌广告量的马赛克图

2.2　逻辑回归

线性回归只是线性建模框架中的一种方法，另一种建模技术（实际上可能应用得更为普遍）是**逻辑**回归。这种建模策略是面向**二元**响应变量的：y 不是 0 就是 1（真或者假）。

二元响应变量源于很多实际的预测问题。

- 某人会支付这笔账单，还是会违约？
- 这份报告会获得赞成还是反对？
- 在这次游戏中，Edmonton Oilers 会获胜还是会失败？
- 这位作者是共和党人还是民主党人？

即使目标响应变量不是二元的（如收入），有时与决策相关的信息也是二元的（如盈利还是亏损），而且以这种方式进行思考也是最简单的。

回顾一下线性模型的一般定义：$\mathbb{E}[y \mid \boldsymbol{x}] = f(\boldsymbol{x}'\boldsymbol{\beta})$。当响应变量 y 是 0 或 1 时，条件均值就变为以下形式：

$$\mathbb{E}[y \mid \boldsymbol{x}] = \mathrm{p}(y=1 \mid \boldsymbol{x}) \times 1 + \mathrm{p}(y=0 \mid \boldsymbol{x}) \times 0 = \mathrm{p}(y=1 \mid \boldsymbol{x})$$

因此，要建模的期望就是一个**概率**，这意味着需要选择一个**链接函数** $f(\boldsymbol{x}'\boldsymbol{\beta})$，它的值在 0 和 1 之间：

$$\mathrm{p}(y=1 \mid \boldsymbol{x}) = f(\beta_0 + \beta_1 x_1 + \cdots + \beta_p x_p)$$

逻辑回归使用的是 logit 链接函数：

$$\mathrm{p}(y=1 \mid \boldsymbol{x}) = \frac{\mathrm{e}^{\boldsymbol{x}'\boldsymbol{\beta}}}{1 + \mathrm{e}^{\boldsymbol{x}'\boldsymbol{\beta}}} = \frac{\exp\left[\beta_0 + \beta_1 x_1 + \cdots + \beta_p x_d\right]}{1 + \exp\left[\beta_0 + \beta_1 x_1 + \cdots + \beta_p x_d\right]} \tag{2.16}$$

图 2-8 展示了一个 logit 函数的图像。要想知道该链接函数是如何工作的，可以看看 $\boldsymbol{x}'\boldsymbol{\beta}$ 的极值。在负无穷上，$f(-\infty) = 0/(1+0) = 0$，$y=1$ 的概率为 0。在正无穷上，$f(\infty) = \infty/(\infty+1) = 1$，$y=1$

是必然的。因此，logit 函数将"实数轴"上的全体数值映射到了[0, 1]这样一个概率空间。

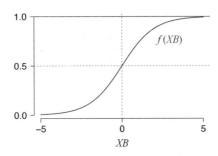

图 2-8 一个逻辑回归的链接函数

如果想解释 β 系数，通过对 $p = p(y = 1 \mid \boldsymbol{x})$ 做简单的代数变换，可知：

$$\log\left[\frac{p}{1-p}\right] = \beta_0 + \beta_1 x_1 + \cdots + \beta_p x_p$$

因此，逻辑回归是**对数发生比**的一个**线性模型**。一个事件的**发生比**（odds）是它发生的概率与它不发生的概率的比值。如果一个事件发生的概率是 1/4，那么它的发生比就是 1/3。我们应该习惯于用发生比来考虑不确定性，因为很多模型基于此概念。前面介绍过对数线性模型，按照同样的逻辑，e^{β_k} 就可以解释为 x_k 增加一个单位时，作用于事件 $y = 1$ 的**发生比**上的**乘法效应**①。

作为第一个逻辑回归示例，我们将构建一个垃圾邮件过滤器，筛掉那些无意义的邮件。每当收到一封邮件，收件箱都将执行一次二元回归：这封邮件是不是垃圾邮件？我们对以前的邮件拟合一个逻辑回归模型，以此训练邮件过滤器。

作为训练数据，spam.csv 中有关于 4600 封邮件（其中有约 1800 封垃圾邮件）的信息，包括表示 54 个关键词或关键字符（如 free 或!）是否存在的指示变量、大写字母数量（总数和连续大写字母最大长度），还有一个 spam 变量表示每封邮件是否被人工标注为垃圾邮件。

```
> email[c(1,4000), c(16,56,58)]
     word_free capital_run_length_longest spam
1            1                         61    1
4000         0                         26    0
```

看看第一封邮件，它包含关键词 free，而且有一个长度为 61 的连续大写字母块，被标注为垃圾邮件。而第 4000 封邮件有一个长度适中的 26 个大写字母的字母块，被标注为非垃圾邮件。

用 R 语言实现逻辑回归非常容易：和线性回归一样使用 glm 命令，只是响应变量是二元的，所以要加上参数 family='binomial'。响应变量可以有多种形式：数值型（0/1）、逻辑型

---

① 如果 $\beta_k = 0$，会发生什么？什么都不会发生。

（TRUE/FALSE）、因子（如 win/lose），甚至可以是一个两列的二元矩阵。在电子邮件数据中，$y=1$ 表示垃圾邮件，$y=0$ 表示重要邮件。

```
> spammy <- glm(spam ~ ., data=email, family='binomial')
```

请注意，公式"y~."是一种简写，表示"使用数据中所有变量对 y 进行回归"。看看拟合后的一个最大的正系数：

```
> coef(spammy)["word_free"]
 word_free
 1.542706
> exp(1.542)
[1] 4.673929
```

因此，如果邮件中包含单词 free，该邮件是垃圾邮件的**发生比**就会提高几乎 5 倍。另外，如果邮件中还包含单词 george，那么是垃圾邮件的发生比就会下降到低于原来的 1/300。

```
> coef(spammy)["word_george"]
 word_george
  -5.779841
> 1/exp(-5.78)
[1] 323.7592
```

这是一个旧数据集，收集自一个名叫 George 的人的收件箱。20 世纪 90 年代中期，垃圾邮件制造者们还不是那么工于心计，所以包含真实人名的邮件大都不是垃圾邮件。

当运行垃圾邮件回归时，R 会警告说 fitted probabilities numerically 0 or 1 occurred。无须担心，这只是说在回归中**精确地**拟合了某些数据点。例如，模型判断一封垃圾邮件有 100% 的概率为垃圾邮件。这种情况称为**完美分类**（perfect separation），它有可能影响标准误差，但一般危害不大。它是一种**过拟合**的信号，第 3 章将介绍过拟合。

和线性回归一样，在使用 glm 命令拟合模型之后，逻辑回归的预测是非常容易的。在拟合得到的 glm 对象上调用 predict 函数，并使用 newdata 提供一些预测所用的新数据，新数据的变量名称与训练数据应该相同。输出结果就是新数据中每行 x 的 $x'\hat{\beta}$。

```
> predict (spammy, newdata=email[c(1,4000),])
        1         4000
 2.029963  -1.726788
```

当然，这些结果不是概率。要想得到概率，需要使用 logit 链接函数 $e^{x'\hat{\beta}}/(1+e^{x'\hat{\beta}})$ 进行变换。R 的 predict 函数可以通过参数 type='response' 得到符合响应变量形式（[0, 1]概率空间）的预测值。

```
> predict(spammy, newdata=email[c(1,4000),], type='response')
        1         4000
0.8839073  0.1509989
```

第一封电子邮件（确实是垃圾邮件）有 88%的可能性是垃圾邮件，而第 4000 封邮件（不是垃圾邮件）有 15% 的可能性是垃圾邮件，换言之，有 85% 的可能性它是 George 想阅读的一封重要邮件。

逻辑回归与线性回归非常相似。还是使用 glm 命令，但要调整思维方式，使用发生比而不是均值。稍后将介绍偏差和似然这两个重要思想，它们将线性回归与逻辑回归背后的估计技术统一到了一个完整框架中。对于后面研究惩罚模型和机器学习来说，掌握这种统一思想非常必要。

2.3 偏差与似然

在拟合出来的 glm 对象上调用 summary 函数时，会得到关于估计系数的很多信息，还有一些关于总体模型拟合的信息（比如图 2-9 中展示的那些信息）。底部的模型拟合信息对于线性回归和逻辑回归都是相同的，非常有用。例如，以下为橘子汁线性回归的信息：

```
summary(oj reg) ...
(Dispersion parameter for gaussian family taken to be 0.48)
    Null deviance: 30079 on 28946 degrees of freedom
Residual deviance: 13975 on 28935 degrees of freedom
AIC: 61094
```

以及垃圾邮件逻辑回归的信息：

```
summary(spammy) ...
(Dispersion parameter for binomial family taken to be 1)
    Null deviance: 6170.2 on 4600 degrees of freedom
Residual deviance: 1548.7 on 4543 degrees of freedom
AIC: 1664.7
```

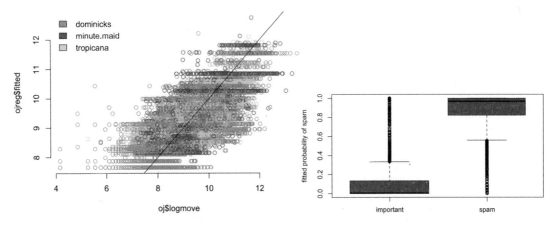

图 2-9　$\hat{y}$ 与 y 的拟合关系图，左侧为橘子汁线性回归，右侧为垃圾邮件逻辑回归。因为垃圾邮件逻辑回归的真实 y 值是一个二元函数，所以绘制了箱线图，而非散点图。一般说来，绘制出 $\hat{y}$ 与 y 的关系图是很好的做法，它可以检查模型的错误设定和其他问题。作为一种直觉检验，可以想象一下，对于这两种回归，完美拟合（$\hat{y} = y$）会是什么样子

这些统计量都有什么意义？首先介绍两个相辅相成的概念。

❑ **似然**是在给定参数时数据发生的概率，你希望它尽可能地大。
❑ **偏差**是数据和拟合值之间的距离量度，你希望它尽可能地小。

这两个量互为镜像，它们可以通过一个数学关系式联系在一起：

$$\text{偏差} = -2\log[\text{似然}] + C \tag{2.17}$$

更确切地说，偏差是拟合模型的对数似然与"全饱和"模型的对数似然之差与 -2 的乘积，全饱和模型是参数数量与观测数量相同的模型。全饱和模型对应的项目都被包装在 C 中，C 是一个通常可以忽略的常数。可以将偏差看作一种需要最小化的成本，这也是模型估计方法背后的指导性原则。如果不考虑模型选择和正则化（见第 3 章）的复杂性，并使用 $\text{lhd}(\boldsymbol{\beta})$ 表示似然函数，那么模型系数拟合的目标就是：

$$\hat{\boldsymbol{\beta}} = \arg\min\left\{-\frac{2}{n}\log\text{lhd}(\boldsymbol{\beta})\right\} \tag{2.18}$$

因为偏差和似然之间的关系，这种偏差最小化策略通常也称为**最大似然估计**（maximum likelihood estimation，MLE）。

下面看一个例子。这是一个误差遵循高斯（正态）分布的线性回归，它的概率模型为 $y \sim N(\boldsymbol{x}'\boldsymbol{\beta}, \sigma^2)$，其中高斯分布的概率密度函数为：

$$N(\boldsymbol{x}'\boldsymbol{\beta}, \sigma^2) = \frac{1}{\sqrt{2\pi\sigma^2}}\exp\left[-\frac{(y - \boldsymbol{x}'\boldsymbol{\beta})^2}{2\sigma^2}\right] \tag{2.19}$$

给定 n 个**独立观测**[①]，那么似然（这份数据的概率）为：

$$\prod_{i=1}^{n} p(y_i \mid \boldsymbol{x}_i) = \prod_{i=1}^{n} N(y_i; \boldsymbol{x}_i'\boldsymbol{\beta}, \sigma^2) = (2\pi\sigma^2)^{-\frac{n}{2}}\exp\left[-\frac{1}{2\sigma^2}\sum_{i=1}^{n}(y_i - \boldsymbol{x}_i'\boldsymbol{\beta})^2\right] \tag{2.20}$$

使用公式 2.17，可以得到以下偏差：

$$\text{dev}(\boldsymbol{\beta}) \propto \sum_{i=1}^{n}(y_i - \boldsymbol{x}_i'\boldsymbol{\beta})^2 \tag{2.21}$$

其中符号 $\propto$ 表示"与……成正比"。换言之，忽略了与 $\boldsymbol{\beta}$ 无关的乘法项和加法项[②]。

由公式 2.21 可知，要使偏差最小化，需要最小化**误差平方和**（sum of squares errors）。$\boldsymbol{\beta}$ 的最

[①] 回想一下，独立随机变量具有这种性质：$p(y_1, \cdots, y_n) = p(y_1) \times p(y_2) \times \cdots \times p(y_n)$。因此，似然是每个独立观测的概率的乘积。

[②] 负值的对数似然也是 σ^2 的函数，它与 $n\log(\sigma^2) + \sum_{i=1}^{n}\frac{1}{\sigma^2}(y_i - \boldsymbol{x}_i'\boldsymbol{\beta})^2$ 成正比。

小偏差估计——MLE——其实就是**最小二乘**估计。因此，标准（或正态）线性回归就是 OLS（ordinary least-squares，普通最小二乘）回归的同义词[①]。

　　既然线性回归的最小偏差估计与最小二乘估计是一回事，为何本书还不厌其烦地介绍似然和偏差这两个概念呢？这是因为这两个概念还可以应用于另一种概率模型——逻辑回归模型。对于概率 $p_i = p(y_i = 1)$ 的二元响应变量，它的似然是：

$$\text{lhd} = \prod_{i=1}^{n} p(y_i \mid \boldsymbol{x}_i) = \prod_{i=1}^{n} p_i^{y_i} (1 - p_i)^{1-y_i} \tag{2.22}$$

根据 p_i 的逻辑回归公式，该公式可以变换为：

$$\text{lnd}(\boldsymbol{\beta}) = \prod_{i=1}^{n} \left(\frac{\exp\left[\boldsymbol{x}_i'\boldsymbol{\beta}\right]}{1 + \exp\left[\boldsymbol{x}_i'\boldsymbol{\beta}\right]} \right)^{y_i} \left(\frac{1}{1 + \exp\left[\boldsymbol{x}_i'\boldsymbol{\beta}\right]} \right)^{1-y_i} \tag{2.23}$$

取对数再乘以–2，就可以得到逻辑回归的偏差：

$$\text{dev}(\boldsymbol{\beta}) = -2 \sum_{i=1}^{n} \left(y_i \log(p_i) + (1 - y_i) \log(1 - p_i) \right)$$
$$\propto \sum_{i=1}^{n} \left[\log(1 + e^{x_i'\beta}) - y_i \boldsymbol{x}_i'\boldsymbol{\beta} \right] \tag{2.24}$$

这就是 glm 对逻辑回归的最小化函数。

　　对 glm 对象的摘要会输出两种偏差：

```
> summary(spammy)...
(Dispersion parameter for binomial family taken to be 1)
    Null deviance: 6170.2 on 4600 degrees of freedom
Residual deviance: 1548.7 on 4543 degrees of freedom
AIC: 1931.8
```

残差偏差（residual deviance），即 $D = \text{dev}(\hat{\boldsymbol{\beta}})$，就是公式 2.21 或公式 2.24 中拟合模型的偏差，它是 glm 在拟合 $\hat{\boldsymbol{\beta}}$ 时需要最小化的。**零偏差**（null deviance），即 $D_0 = \text{dev}(\boldsymbol{\beta} = 0)$，是"零系数模型"或基础模型的偏差[②]。这种模型中所有的 $\beta_j = 0$，也就是说，零偏差是模型中不使用 $\boldsymbol{x}$ 而是令所有 $\hat{y}_i = \bar{y}$ 时的偏差：

❑ 在线性回归中，$D_0 = \sum (y_i - \bar{y})^2$；

❑ 在逻辑回归中，$D_0 = -2 \sum \left[y_i \log(\bar{y}) + (1 - y_i) \log(1 - \bar{y}) \right]$。

D 和 D_0 之间存在差别是因为协变量中包含了一些信息。回归拟合紧密程度的一个重要指标

---

① 经济学家特别喜欢使用 OLS 这个名称，本书 OLS 和 MLE 兼用。

② 这种说法源于原假设（又称零假设）的思想。

是 x 能够解释的偏差的比例, 通常用 R^2 来表示:

$$R^2 = \frac{D_0 - D}{D_0} = 1 - \frac{D}{D_0} \tag{2.25}$$

它反映了有多大比例的响应变量的变动可以通过模型来解释, 模型是回归输入的一个函数。在前面的两个例子中:

❑ 垃圾邮件过滤器, $R^2 = 1 - \dfrac{1549}{6170} \approx 0.75$;

❑ 橘子汁, $R^2 = 1 - \dfrac{13\,975}{30\,079} \approx 0.54$ 。

所以, 我们的输入能分别解释垃圾邮件判定和橘子汁销量中大约 3/4 和 1/2 的变动。

这些 R^2 计算公式看起来很眼熟。根据公式 2.21, 线性回归的偏差就是误差平方和。这意味着残差 (或拟合) 偏差就是**误差平方和统计量** (sum-squared-errors statistic, SSE), 零偏差就是**总误差平方和** (sum-squared-total, SST)。因此, **仅对于线性回归**, 有

$$R^2 = 1 - \frac{\text{SSE}}{\text{SST}} \tag{2.26}$$

这就是统计学导论课堂上教过的 R^2 公式[①]。用偏差概念重新解释 R^2 的好处是使它成为了更通用的拟合统计量, 可以应用于**几乎任何机器学习模型**中。可以把偏差看作平方误差的一种有用的泛化, 旨在更灵活地建模。

glm 对象的 summary 命令输出中还有两个统计量需要讨论。看看下面的 glm 对象摘要信息:

```
> summary(ojreg)...
(Dispersion parameter for gaussian family taken to be 0.48)
Null deviance: 30079 on 28946 degrees of freedom
Residual deviance: 13975 on 28935 degrees of freedom
AIC: 61094
```

分散参数 (dispersion parameter) 是衡量拟合后条件均值变动性的一个指标。基本上, 只需要知道对于高斯分布族 (线性回归) 来说, 分散参数是对误差方差 σ^2 的估计即可。因此, 在橘子汁回归中, R 通过计算拟合残差的方差对分散参数进行了估计:

$$\hat{\sigma}^2 = \text{var}(\varepsilon_i) = \text{var}(y_i - \boldsymbol{x}'\hat{\boldsymbol{\beta}}) = 0.48 \tag{2.27}$$

在逻辑回归中, 没有相应的 "误差项", 所以 R 只是输出了 Dispersion parameter for binomial family taken to be 1。如果没有看到这行输出, 可能是因为忘记了 type=binomial 参数。

---

① 回想一下, 在线性回归中 $R^2 = \text{cor}(y, \hat{y})^2$, 其中 $\hat{y}$ 表示 "拟合值", $\hat{y} = f(\boldsymbol{x}'\hat{\boldsymbol{\beta}}) = \boldsymbol{x}'\hat{\boldsymbol{\beta}}$ 。该性质只对线性回归成立。

R 输出中需要说明的最后一项是"自由度"（degree of freedom，*df*）。在这里，这个概念有些混淆，因为这个输出中所说的自由度更确切地说是"残差自由度"，即观测数量减去参数数量。后面将使用 *df* 表示"模型自由度"，即**模型中参数的数量**。因此，在本书中，R 的残差自由度可以表示为 *n* − *df*。

2.4 ◆回归不确定性

我们感兴趣的不仅是对回归参数的点估计，还包括这些估计的**不确定性**。回归系数不确定性的一般量化方式就是软件输出中的标准误差。只要模型大致能够表示真实的数据生成过程，这些"标准的"标准误差便可以满足多种用途。但是，R 给出的标准误差（实际上其他任何软件包也会给出）对于模型错误设定非常敏感。也就是说，它的理论依据是建立在某个回归模型是真实的基础之上的。例如在线性回归中，如果存在异方差性错误，即对于所有 ε_i，没有一个相同的方差 σ^2，那么标准误差通常就是错误的。而且，不论在线性回归还是逻辑回归中，如果观测之间存在任何依赖，那么标准误差也是错误的。

要得到更稳健的标准误差，需要使用**非参数**方法，这种方法会考虑模型不是完美拟合的概率。正如第 1 章介绍的，非参数方法的一个有用工具是 bootstrap 方法，利用这种方法可以对数据进行重抽样（有放回模式），并使用样本之间的不确定性作为对实际样本方差的估计。可以使用 bootstrap 方法对与回归系数相关的不确定性进行量化。例如前面预测在线支出时，有一个表示是否使用宽带的指示变量。对于该指示变量的系数，我们就比较了它的不确定性的参数估计和非参数估计。

在 OLS（线性回归）的特殊情况下，还可以使用一些理论工具来获取稳健的标准误差，其中最重要也最有用的一种工具就是所谓的**三明治方差估计器**。看看线性回归分布的多元表示方法：

$$y \sim \mathrm{N}(X\beta, \Sigma) \tag{2.28}$$

其中 $X\beta$ 是一个矩阵和向量的乘积，结果是一个向量，向量元素 $\hat{y}_i = x_i'\beta$，即线性回归中的条件均值[①]。在通常的**同方差性**线性回归设定中，条件方差矩阵为 $\Sigma = \sigma^2 I$（对角线上的元素为 σ^2，其余元素均为 0），而且假定每个观测都是独立的且方差相同。先不说明公式 2.28 中 Σ 的含义，以便将一般线性回归**扩展**到具有不同误差结构的情形。

三明治方差估计器基于公式 2.28 中的模型。对于该模型，回归系数的样本方差可以写作：

$$\mathrm{var}(\hat{\beta}) = (X'X)^{-1} X'\Sigma X (X'X)^{-1} \tag{2.29}$$

这样，误差的方差矩阵 Σ 就被投影矩阵 $X(X'X)^{-1}$ 夹在中间，像"三明治"一样。要想直观地看出这个结果是如何得出的，可以扩展一般的 OLS 公式，得到系数估计值：

① 请注意，这里的 X 包括截距。

$$\hat{\boldsymbol{\beta}} = (\boldsymbol{X}'\boldsymbol{X})^{-1}\boldsymbol{X}'\boldsymbol{y} = (\boldsymbol{X}'\boldsymbol{X})^{-1}\boldsymbol{X}'(\mathbb{E}[\boldsymbol{y}] + \boldsymbol{\varepsilon}) = \boldsymbol{\beta} + (\boldsymbol{X}'\boldsymbol{X})^{-1}\boldsymbol{X}'\boldsymbol{\varepsilon} \tag{2.30}$$

其中 $\hat{\boldsymbol{\beta}}$ 是真实系数向量加上一个误差项与投影矩阵 $\boldsymbol{X}(\boldsymbol{X}'\boldsymbol{X})^{-1}$ 的乘积，那么对于固定向量 $\boldsymbol{a}$ 和随机向量 $\boldsymbol{\varepsilon}$，标准误差就是 $(\boldsymbol{a}'\boldsymbol{\varepsilon}) = \boldsymbol{a}'\mathrm{var}(\boldsymbol{\varepsilon})\boldsymbol{a}$，这就得到了公式 2.29。

考虑一般的同方差模型，其中 $\boldsymbol{\Sigma} = \sigma^2 \boldsymbol{I}$。在这种情况下，公式 2.29 就变为了 $\sigma^2 (\boldsymbol{X}'\boldsymbol{X})^{-1}(\boldsymbol{X}'\boldsymbol{X})$ $(\boldsymbol{X}'\boldsymbol{X})^{-1} = \sigma^2 (\boldsymbol{X}'\boldsymbol{X})^{-1}$，这就是 OLS 样本方差的标准公式（R 就是使用该公式来计算标准误差的）。对于更一般的模型，可以使用公式 2.29 来量化在**异方差**情况下的不确定性，此时每个观测的误差方差不同。也就是说，$\boldsymbol{\Sigma} = \mathrm{diag}(\boldsymbol{\sigma}^2) = \mathrm{diag}\left(\left[\sigma_1^2,\ \sigma_2^2,\ \cdots,\ \sigma_n^2\right]\right)$，每个观测都有不同的对角线元素。这种**异方差一致**（heteroskedastic consistent，HC）[1]的标准误差是可以构建的，方法是使用一个异方差性估计矩阵来代替公式 2.29 中的 $\boldsymbol{\Sigma}$：

$$\hat{\boldsymbol{\Sigma}}_{\mathrm{HC}} = \begin{bmatrix} e_1^2 & 0 & & \\ 0 & e_2^2 & & \\ & & \ddots & 0 \\ 0 & & & e_n^2 \end{bmatrix} \tag{2.31}$$

其中 $e_i = y_i - \boldsymbol{x}_i'\hat{\boldsymbol{\beta}}$ 是拟合后的回归残差。HC 方法使用这些残差的平方作为具体观测方差 σ_i^2 的估计值，以得到满足这种异方差性的标准误差。

使用 AER 包可以让你不费吹灰之力地计算出 HC 标准误差。下面看一个使用纽约空气污染数据的例子，该数据包括 1973 年 5 月 1 日到 9 月 30 日的十亿分之一（ppb）臭氧浓度测量值。在这个例子中，我们将控制温度和太阳辐射（日照量）变量，只看风力（单位为英里[2]/时，MPH）对臭氧浓度的影响。进行一次简单的 OLS 回归后，我们发现风力增加 1 MPH 会导致臭氧浓度下降 3 个 ppb，标准误差约为 0.65。

```
> data(airquality)
> fit <- glm(Ozone ~ ., data=airquality)
> summary(fit)$coef["Wind",]
     Estimate     Std. Error        t value       Pr(>|t|)
-3.318444e+00  6.445095e-01   -5.148789e+00   1.231276e-06
```

AER 包中的 vcovHC 函数只需使用拟合出的 glm（或 lm）对象作为输入，就可以返回 $\mathrm{var}(\hat{\boldsymbol{\beta}})$ 的一个估计值，该估计值对于异方差性是稳健的：

```
> library(AER)
> bvar <- vcovHC(fit)
> round (bvar, 1)
            (Intercept) Solar.R  Wind  Temp  Month  Day
```

---

[1] Halbert White. A heteroskedasticity-consistent covariance matrix estimator and a direct test for heteroskedasticity. Econometrica, 1980.

[2] 1 英里约等于 1.6 千米。——编者注

```
(Intercept)      432.9      0.1 -13.3  -3.6     -3.2  0.3
Solar.R            0.1      0.0   0.0   0.0      0.0  0.0
Wind             -13.3      0.0   0.8   0.1     -0.2 -0.1
Temp              -3.6      0.0   0.1   0.1     -0.1  0.0
Month             -3.2      0.0  -0.2  -0.1      1.8  0.0
Day                0.3      0.0  -0.1   0.0      0.0  0.1
```

这就是系数的样本**协方差**矩阵，对角线上是方差。要得到标准误差，也就是样本**标准差**，需要计算出对角线上方差估计值的平方根。

```
> sqrt(bvar["Wind","Wind"])
[1] 0.9128877
```

这个数值**远大于** R 输出信息中的标准误差 0.645。同方差假设导致了一个虚假、较小的不确定性估计。为了说明出现这种情况的原因，看看图 2-10 所示的拟合残差：异方差性非常明显，在低风力的那些日子，残差明显增大。

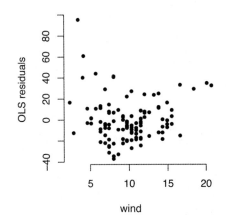

图 2-10　airquality 数据 OLS 回归的拟合残差

HC 标准误差很有用，本书会经常使用。HC 标准误差与 bootstrap 方法还有一种很有趣的关系。人们发现，对于 OLS，使用非参数 bootstrap 方法估计出的参数方差实际上可以通过 HC 方法近似得到[1]。也就是说，可以使用 HC 标准误差作为一种快速方法，替代用于 OLS 的 bootstrap 方法。这种关系还说明公式 2.28 中的正态分布假设对于 HC 标准误差并不十分重要——这种误差对于高斯分布中的偏差是稳健的。为了说明这一点，可以对 airquality 数据进行一次快速 bootstrap。

```
> B <- 10000
> beta <- vector (length=B)
> n <- nrow(airquality)
> for (b in 1:B) {
+   bs = sample.int (n,n,replace=TRUE)
+   bsfit <- lm(Ozone ~., data=airquality, subset=bs)
```

① Dale J. Poirier. Bayesian interpretations of heteroskedastic consistent covariance estimators using the informed Bayesian bootstrap. Econometric Reviews, 2011.

```
+    beta[b] <- coef(bsfit) ["Wind"]}
> sd(beta)
[1] 0.8753398
```

如果只保留一位小数，该标准误差就与 HC 方法的结果是一致的，它们的抽样分布如图 2-11 所示。

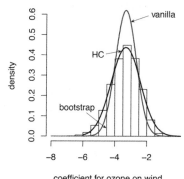

图 2-11   airquality 回归中 wind 系数估计值的抽样分布。HC 表示异方差一致性方法，
vanilla 表示依赖同方差性的一般性结果

至此，讨论过的所有不确定性估计方法（都显示在图 2-11 中）都假定观测之间是独立的。例如，HC 方法要求 Σ 矩阵中不在对角线上的元素都是 0。如果观测之间存在**依赖性**，还可以使用其他方法和工具。第 5 章将讨论允许依赖性的三明治估计器，有时也称**集群标准误差**（clustered standard error）；在估计随机控制试验中的干预效果时，经常使用这些方法。你还可以在进行回归时向模型中加入依赖性，方法是将依赖性包含在观测之间的均值函数中，明确地表示它们之间的依赖性。下面讨论在空间和时间的特殊背景下，如何对这种依赖性建模。

2.5   空间和时间

本书多数内容是针对**独立观测**的。例如，前面对偏差和似然的研究中，独立性就是一个关键假设。然而很多事件的发生地点在地理上彼此接近，或者是一个接一个的，这样就可能产生依赖。例如销量在春夏季比较高，或者，当一家餐馆夜间非常繁忙，没有位置招待更多客人时，附近的餐馆会获得一些客流量。接下来讨论如何处理这些存在依赖的信息。

好在处理这种空间–时间依赖的主要方法也可以包含在标准回归框架中。只需在输入集合中包含一些能表示依赖性的变量，以此控制时间（如月份）和空间（如区域位置）趋势以及自回归，自回归可以反映出相邻结果之间的依赖性。

传统的统计方法需要花费大量时间仔细地手动构建这些趋势和自回归效果。好在后面关于正则化和模型选择的内容中，可以非常简单地包含大量可能的空间/时间变量，而且根据数据就能知道哪些变量的效果最好。因此，本节后面的重点是帮助你系统地理解空间/时间效果，而不是告诉你如何做出选择。

看一个简单的例子。图 2-12 给出了一系列按月份统计的国际航班旅客总数。可以看出，在整体向上的趋势下，每月的波动也逐渐增大。如果想进行**线性**回归，因为似乎噪声随着时间的推移而增加，所以可能需要做一些变换。旅客数与销量类似，总为正，而且通常以百分数进行讨论，这说明我们应该使用对数坐标。实际上，从图 2-13 可以看出，取对数之后的旅客总数基本上有一个固定的波动范围，而且有明显的线性趋势。

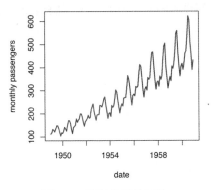

图2-12　国际航班旅客数

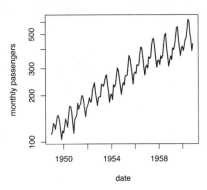

图2-13　对数坐标下的国际航班旅客数

加入连续的时间变量 t（日期 1, 2, 3, $\cdots$）以及表示时间 t 所在月份的变量 m_t，那么包含**线性时间趋势和月度固定效果**的回归模型就是：

$$\log(y_t) = \alpha + \beta_t t + \beta_{m_t} + \varepsilon_t$$

在创建了时间变量和生成了表示月份的因子之后，就可以使用 glm 命令在 R 中拟合模型了：

```
month <- factor(airline$Month)
time <- (year-min(year))*12 + airline$Month
air <- glm(log(passengers) ~ time + month)
```

图 2-14 给出了这次回归的拟合值，似乎线性趋势和月度效果非常好地反映了客流量（在对数坐标下）。

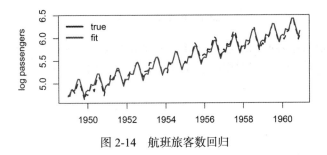

图 2-14　航班旅客数回归

消除趋势非常简单。如果数据中包含日期，就应该为每年、每月、每日都创建指示变量。最需要注意的是**按层次进行**：如果想包括 1981 年 5 月的效果，就应该既包括 5 月的效果，也包括 1981 年的效果。这样可以让模型以 1981 年的效果作为基准，1981 年 5 月的效果就是在此基准之上去总结偏差。用第 3 章中的语言来说，1981 年 5 月会向 5 月和 1981 年的基准水平"收缩"。对于空间数据也同样处理：如果想研究县的效果，就应该包括州和地区的效果。

一个更微妙的问题是**自相关**（autocorrelation）。看看图 2-15 中旅客回归的残差，这个序列中似乎存在一种黏性：当某月的残差非常大时，次月的残差一般也很大。误差似乎与时间相关，以致 ε_t 与 ε_{t-1} 是相关的。这种关系违背了我们基本的**独立假设**，即对于所有 $j \neq i$，都有 $\varepsilon_i \perp\!\!\!\perp \varepsilon_j$。

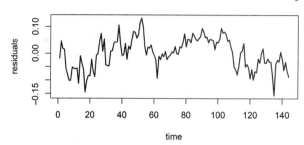

图 2-15   航班旅客回归的残差对数值

这些现象称为**自相关**，即与自己相关。时间序列数据只是一个随着时间推移收集而来的观测集合，例如 $y_1, \cdots, y_T$ 可以是每周销售额、每日温度或每 5 分钟的股票收益。在每种情况下，时间 t 的事件都有可能与时间 $t-1$ 的事件相关。举个例子，假设你测量了数年的每日温度，那么以下哪种方法能更好地估计今日温度呢？

❑ 去年的平均温度？
❑ 昨日温度？

在多数情况下，昨日温度更有价值，这说明你认为数据的局部依赖关系比范围更广的年度模式更重要。

可以使用自相关函数（autocorrelation function，ACF）来表示这种相关性，它可以跟踪"一阶延迟"的相关性：

$$\mathrm{acf}(l) = \mathrm{cor}(\varepsilon_t, \varepsilon_{t-1}) \tag{2.32}$$

图 2-16 给出了航班旅客回归残差的 ACF，它确认了我们对残差时间序列的肉眼观察结果：存在显著的相关性。y_t 与 y_{t-1} 之间的相关系数约为 0.8，已经相当大了。

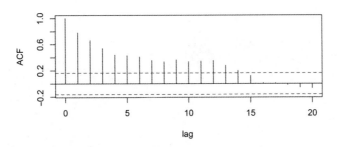

图 2-16   图 2-15 中残差时间序列的 ACF。请注意 acf(0) = 1，因为这是 y_t 和它本身的相关性。虚线是"强"相关性的一种启发式标准

如何对这种数据建模呢？看一个简单的误差累积过程：

$$y_1 = \varepsilon_1$$
$$y_2 = \varepsilon_1 + \varepsilon_2$$
$$y_3 = \varepsilon_1 + \varepsilon_2 + \varepsilon_3 + \cdots$$

每个 y_t 都是它前面一直到时刻 0 的所有观测的一个函数。好在有

$$y_t = \sum_{i=1}^{t} \varepsilon_i = y_{t-1} + \varepsilon_t$$

所以，要预测时刻 t 的结果，只要知道 $t-1$ 时刻的结果就可以了。具体而言，在此过程中，有 $\mathbb{E}[y_t \mid y_{t-1}] = y_{t-1}$。这称为 y_t 的**随机游走模型**：将要发生的事情的期望值总是那些最近发生的事情。

随机游走模型只是一般 AR（autoregressive，自回归）模型的一种。在一阶 AR 模型中，总有以下关系成立：

$$\text{AR}(1): y_t = \beta_0 + \beta_1 y_{t-1} + \varepsilon_t \tag{2.33}$$

这只是 y_t 在延迟 y_{t-1} 上的回归，相应的随机游走模型的 $\beta_1 = 1$，不为 0 的 β_0 表示一种漂移。要拟合这种 AR(1)模型，需要创建延迟形式的响应变量并把它们包含在回归中，这通常需要从训练数据中移除第一个观测。例如，可以重新运行航班旅客回归，这次包含一个 AR(1)项：

```
> lag <- head(log(passengers), -1) # 见 help(head)
> passengers <- passengers [-1]
> month <- month [ - 1]
> time <- time [-1]
> summary(airAR <- glm(log(passengers) ~ time + month + lag))
...
lag          0.7930716   0.0548993   14.446   < 2e-16   ***
```

图 2-17 给出了最后的残差和它们的 ACF 图。现在一切都看起来不错，而且是线性的，似乎一个延迟项就解决了所有自相关问题。

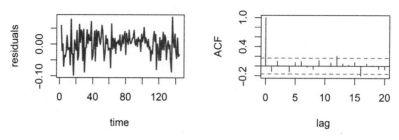

图 2-17　包含 AR(1)项之后的航班旅客回归残差

AR(1)模型虽然简单，但是非常强大。如果你怀疑存在自相关，那么包含延迟响应变量作为协变量是一种非常好的做法。该延迟变量的系数可以提供时间序列相关属性的重要信息：

- 如果 $|\beta_1| = 1$，就是随机游走；
- 如果 $|\beta_1| > 1$，序列就会爆炸；
- 如果 $|\beta_1| < 1$，就会均值回归。

在一个随机游走模型中，序列只是随意地变动，自回归在长时间内保持较高水平（见图 2-18 和图 2-19）。更精确地说，序列是不稳定的：它不会收敛到一个平均水平，而是分散到空间各处。例如，看看图 2-20 中 2000 年到 2007 年的每月道琼斯综合指数（DJA），这个指数似乎就是随意变动的。果然，回归拟合结果就是 $\beta_1 \approx 1$ 的随机游走：

```
> summary(ARdj <- glm(dja[2:n] ~ dja[1: (n-1)]))
...
Coefficients:
               Estimate  Std. Error  t value  Pr(>|t|)
(Intercept)    7.05419     4.00385     1.762    0.0782 .
dja[1: (n - 1)]  0.99764     0.00121   824.298   <2e - 16 ***
```

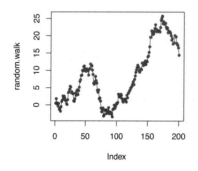

图2-18　随机游走

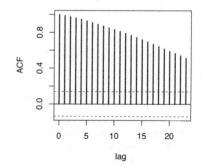

图2-19　随机游走的ACF

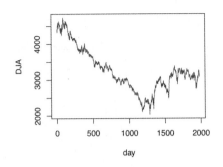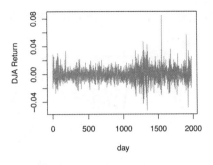

图 2-20 道琼斯指数

但是，当把价格换为收益时，即$(y_t - y_{t-1})/y_{t-1}$，数据就更像是白噪声。重新对收益进行回归，发现 AR(1)是不显著的：

```
> returns <- (dja[2:n] - dja [1:(n-1)])/dja[1:(n-1)]
> summary( glm(returns[2:n] ~ returns[1: (n-1)]) )
...
Coefficients:
                     Estimate Std. Error t value Pr(>|t|)
(Intercept)        -0.0001138  0.0002363  -0.482    0.630
returns[1:(n - 1)] -0.0144411  0.0225321  -0.641    0.522
```

可以用随机游走序列来说明该特性：y_t 和 y_{t-1} 之间的**差**是独立的。如果有一个随机游走序列，就应该执行这种收益变换来获取一些更容易建模的数据。

对于系数大于 1 的 AR(1)项，问题就更复杂了。这种情况会导致所谓的**爆炸式**序列，因为相比于 y_1，y_t 的值是呈指数型增长的。例如，图 2-21 展示了即使当 $\beta_1 = 1.02$（非常接近 1）时，观测变化得有多么迅速。因为这种序列爆炸，所以对它们进行建模和预测都是没有用的。如果你运行了一个回归，然后发现了一个这样的 AR(1)项，很可能丢掉了一个需要包含在回归中的趋势变量。

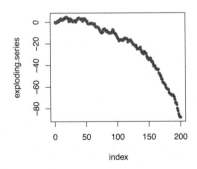

图 2-21 AR(1)系数 $\beta_1 = 1.02$ 的爆炸式序列

最后，AR(1)项系数介于 –1 和 1 之间的序列是最有趣的，这种序列是**稳定的**（stationary），因为它总是被拉回到均值附近，这是一种最常见也最有用的 AR 序列。在一个稳定序列中，过去很重要，但也有一个限度，自相关效果减弱得非常快（见图 2-22、图 2-23 和图 2-24 ）。

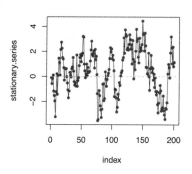

图2-22　稳定的（均值回归）时间序列，$\beta_1 = 0.8$

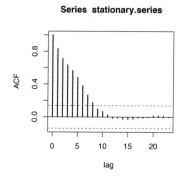

图2-23　稳定序列ACF

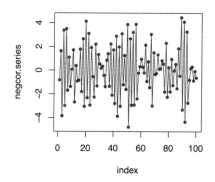

图 2-24　$\beta_1 = -0.8$ 的稳定序列。这可能是一个具有负自相关的 AR(1)序列，但在实际中
　　　　很少出现这种序列

稳定序列的一个重要特性是均值回归。下面通过序列的均值 μ 对 y_t 和 y_{t-1} 同时进行平移：

$$y_t - \mu = \beta_1(y_{t-1} - \mu) + \varepsilon_t$$

因为 $|\beta_1| < 1$，所以 y_t 应该比 y_{t-1} 更接近 μ。均值回归是很常见的，可以通过它来预测未来的行为。

还可以将 AR 扩展到更高阶的延迟：

$$\mathrm{AR}(p): Y_t = \beta_0 + \beta_1 Y_{t-1} + \cdots + \beta_p Y_{t-p} + \varepsilon$$

高阶自回归的缺点是不能使用假设检验方法来选择加入模型的合适延迟阶数（原因在于多重共线性）。但是，使用第 3 章中的模型选择方法可以非常简单地让数据选择合适的延迟。使用这些工具，可以非常自由地考虑在 AR(p)中使用更大的 p。唯一的问题是，如果使用了高阶延迟，那么就不能这么简单地解释 β_1 了。此外，需要使用高阶延迟有时表明没有在数据中发现更持续的趋势或周期性效果。

　　最后，如何处理空间数据？空间数据和时间数据非常相似，只是带有不同的维度。前面讨论了带有地理效果的消除趋势方法。要处理空间自相关，只需为建模地点附近的 s 加上一个 y_s。例如，可以根据地图上邻近州的平均数或一张图片上邻近像素的平均值来进行处理。这种模型称为 SAR（spatial autoregressive，空间自回归）模型，就像在时间 AR 中一样，通过仅包含近邻就能处理大部分相关性。本书不会详细介绍这种技术，但是，你可以使用第 9 章中的加州房屋数据来研究 SAR 建模。第 9 章也会概述 GP（Gaussian Process，高斯过程）模型，它通常用于对有空间依赖的数据进行建模。要使用 GP 建立 SAR 模型，只需添加"空间"（如经度和纬度）变量作为 GP 回归函数的输入。

## 第 3 章

正 则 化

3

在高维情况下，可以在模型中包含很多可能的信号，你需要仔细选择出最佳模型来预测**未来数据**并避免过拟合。要完成这项任务，首先要通过各种方法得到一个很好的模型候选阵列，然后从中选出在预测新数据时能够使误差率的估计值最小化的模型。本章介绍一些用于高维建模的重要工具。

3.1 样本外预测效果

第 2 章以**偏差**作为测量手段，表示模型对训练数据拟合的紧密程度。但在使用模型进行预测和制定决策时，实际上你并不关心**样本内**（in-sample，IS）偏差，重要的是**样本外**（out-of-sample，OOS）偏差，即模型对**新数据**的拟合效果。

你唯一真正关心的 R^2 是样本外 R^2。样本内 R^2 和样本外 R^2 之所以存在差别，是因为用于拟合 $\hat{\boldsymbol{\beta}}$ 的数据和用于计算偏差的数据不同。假设有一份数据$[\boldsymbol{x}_1, y_1], \cdots, [\boldsymbol{x}_n, y_n]$，你使用这些数据在一个线性回归中拟合了 $\hat{\boldsymbol{\beta}}$，那么样本内偏差就是：

$$\text{dev}_{\text{IS}}(\hat{\boldsymbol{\beta}}) = \sum_{i=1}^{n} (y_i - \boldsymbol{x}_i'\hat{\boldsymbol{\beta}})^2 \tag{3.1}$$

对于样本外 R^2，$\hat{\boldsymbol{\beta}}$ 还是一样的（仍通过观测 1, $\cdots$, 观测 n 拟合出来），但偏差是使用新观测来计算的。例如：

$$\text{dev}_{\text{OOS}}(\hat{\boldsymbol{\beta}}) = \sum_{i=n+1}^{n+m} (y_i - \boldsymbol{x}_i'\hat{\boldsymbol{\beta}})^2$$

这种区别非常重要。当数据规模非常大，输入非常多时，很容易导致对训练数据**过拟合**，以致模型被噪声驱动，无法应用于未来的观测中。这就给预测增加了误差。如果使用这种过拟合模型，结果很可能还不如不使用模型。

以来自某个半导体制造过程的质量控制数据为例。这种工业过程包括很多复杂操作，对误差的容忍度很低。生产线上有成百上千个诊断传感器，用于测量生产过程中的各种输入和输出。我们的目标是建立一个模型，使用这些传感器数据预测芯片失效（fail），标注有失效风险的芯片，以进行进一步（昂贵的人工）检测。

在训练数据中，我们有 1500 个观测，诊断信号 $\boldsymbol{x}$ 是一个长度为 200 的向量，还有一个二进制数据表示芯片是否失效[①]。

逻辑回归模型为：

$$p_i = \mathrm{p}\big(\mathtt{fail}_i \mid \boldsymbol{x}_i\big) = \frac{e^{\alpha + \boldsymbol{x}_i'\beta}}{(1 + e^{\alpha + \boldsymbol{x}_i'\beta})} \tag{3.2}$$

我们用 R 拟合该模型，并使用 glm 计算样本内偏差[②]。

```
> full <- glm(FAIL ~ ., data=SC, family=binomial)
Warning message:
glm.fit: fitted probabilities numerically 0 or 1 occurred
> 1 - full$deviance/full$null.deviance
[1] 0.5621432
```

可知这个回归的 R^2 约为 56%——这 200 个诊断信号解释了芯片失效与否超过一半的变动。请注意，因为是逻辑回归，所以这个 R^2 使用了公式 2.24 中的**二项偏差**（binomial deviance）。

半导体回归中对原假设 $\beta_k = 0$ 有 200 次检验，图 3-1 给出了这些检验中 p-值的分布。回想一下第 1 章中关于 FDR 的讨论，原假设 p-值应该遵循均匀分布。但在这个例子中，0 附近有一个峰值（说明这是有用的诊断信号），其他 p-值则零散地延伸到 1（很可能对预测芯片失效无用）。可以使用 BH 算法得到一个更小、控制了 FDR 的模型。图 3-2 演示了 10% FDR 的过程，它得到了 $\alpha = 0.0122$ 的 p-值拒绝截止点，说明有 25 个回归系数是显著的（预估其中有 22~23 个真实信号）。

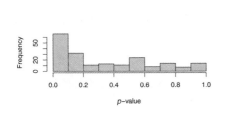

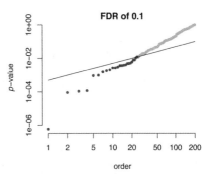

图3-1　半导体回归系数的 p-值直方图　　图3-2　半导体 p-值的FDR，直线下面的点是FDR为10%时显著的25个 β_k

---

[①] 这里的输入数据 x_{ij} 实际上是正交的：它们是来自一个更大集合的前 200 个主成分方向（见第 7 章关于数据分解的内容）。

[②] 在 R 中运行这个回归时，会得到和垃圾邮件回归中相同的完美拟合警告。回想一下，这是可能存在过拟合的信号。

我们可以找出这 25 个显著的信号，只使用这些变量重新运行一次 glm，得到一个更简洁的模型。

```
> signif <- which (pvals <= 0.0122)
> head (signif) # 前 5 个
SIG2 SIG17 SIG19 SIG20 SIG22 SIG24
   2    17    19    20    22    24
> cutvar <- c("FAIL", names (signif)) # 保留的变量
> cut <- glm (FAIL ~ ., data=SC[,cutvar], family="binomial")
> 1 - cut$deviance/cut$null.deviance # 新的样本内 R²
[1] 0.1811822
```

请注意，只使用 25 个信号的修剪模型的 $R_{\text{cut}}^2 \approx 0.18$，远小于完整模型的 $R_{\text{full}}^2 \approx 0.56$。一般说来，样本内 R^2 总是会随着协变量数量的增加而增大。这种样本内 R^2 就是 MLE 的 $\hat{\beta}$ 要去最大化的，所以如果你在 glm 命令中加入更多解释变量（更多的 $\hat{\beta}_k$），就会得到更紧密的拟合。这就是我们不关心样本内 R^2 的原因——只要在设计模型时添加无用变量，就可以使该 R^2 达到任意看起来不错的值。真正的问题是，模型在新数据上预测效果如何？

当然，你无法知晓模型在未知数据上的表现，因为没有这些数据。但是，可以通过在训练样本时留出的数据上评估模型，以此模拟在未知数据上的预测。算法 4 详细列出了这种实验的步骤。

算法 4 K 折样本外验证

给定一个有 n 个观测的数据集 $\left\{ \left[\boldsymbol{x}_i, y_i \right] \right\}_{i=1}^n$：

❏ 将数据随机地分成 K 个容量均匀的子集（**折**）；
❏ 对 $k = 1, \cdots, K$，

  ■ 使用除第 k 折数据外的所有数据拟合系数 $\hat{\boldsymbol{\beta}}$；
  ■ 使用留出的第 k 折数据验证模型，记录相应的 R^2。

这样会得到一个包含 K 个样本外 R^2 值的样本，这就是对模型在新数据上预测效果分布的一个估计。

对于半导体数据，我们可以对**全回归模型**和**修剪后**的回归模型都做一次样本外验证。要完成该验证，首先需要定义一些函数来计算偏差和 R^2：

```
> ## 预测值必须是一个遵循二项分布的概率 (0<pred<1)
> deviance <- function (y, pred, family=c ("gaussian", "binomial")){
+     family <- match.arg (family)
+     if (family=="gaussian"){
+         return ( sum( (y-pred) ^2 ) )
+     }else{
+         if (is.factor(y)) y <- as.numeric (y)>1
+         return ( -2*sum( y*log(pred) + (1-y)*log(1-pred) ) )
```

```
+       }
+ }
>
> ## 计算零偏差，并返回 R²
> R2 <- function(y, pred, family=c("gaussian","binomial")){
+     fam <- match.arg(family)
+     if (fam=="binomial"){
+         if (is.factor(y)){ y <- as.numeric(y)>1 }
+     }
+     dev <- deviance(y, pred, family=fam)
+     dev0 <- deviance(y, mean(y), family=fam)
+     return (1-dev/dev0)
+ }
```

这些函数既可以用于线性回归，也可以用于逻辑回归。后续章节中将使用 R 包中自带偏差计算的函数，但自行编码也是非常好的。下面将数据分割为若干折。

```
> n <- nrow(SC) # 观测数量
> K <- 10 # 折的数量
> # 创建一个包含折中成员的向量
> foldid <- rep(1:K,each=ceiling(n/K))[sample(1:n)]
> # 创建一个空数据框，保存结果
> OOS <- data.frame(full=rep(NA,K), cut=rep(NA,K))
```

最后，用一个 for 循环运行样本外验证：

```
> for(k in 1:K){
+     train <- which(foldid!=k) # 在除第 k 折数据外的所有数据上训练
+
+     ## 拟合两个回归
+     rfull <- glm(FAIL~., data=SC, subset=train, family=binomial)
+     rcut <- glm(FAIL~., data=SC[, cutvar], subset=train, family=binomial)
+
+     ## 进行预测：type=response, 所以得到的是概率
+     predfull <- predict(rfull, newdata=SC[-train,], type="response")
+     predcut <- predict(rcut, newdata=SC[-train,], type="response")
+
+     ## 计算对数 R²
+     OOS$full[k] <- R2(y=SC$FAIL[-train], pred=predfull, family="binomial")
+     OOS$cut[k] <- R2(y=SC$FAIL[- train], pred=predcut, family="binomial")
+
+ ## 打印过程
+ cat(k, " ")
+ }
1 2 3 4 5 6 7 8 9 10
```

当绘制出得到的样本外 R^2 样本时，结果令人震惊。如图 3-3 所示，全模型实际上得到了一个负的 R^2。这是为何？看看 R^2 的公式：$1-\text{dev}(\hat{\boldsymbol{\beta}})/\text{dev}(\boldsymbol{\beta}=\mathbf{0})$。如果拟合出的模型表现还不如零模型，即估计出的 $\hat{y}$ 距离真实值比总体平均数 $\bar{y}$ 更远，那么 R^2 就会是负的。在这个例子中，基于过拟合的全模型所进行的某个决策过程，结果还不如简单地抛 15 次硬币。

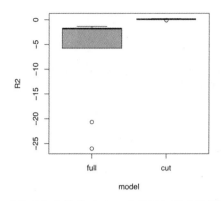

图 3-3　全变量（200 个信号）和修剪后（25 个信号）的半导体逻辑回归的样本外 R^2

你可能从未见过负的 R^2，若是如此，那是因为你只关注样本内的预测效果。然而样本外的负 R^2 比你预想的更为普遍。在这个例子中，全模型样本外 R^2 的平均值是–6.5（–650%），修剪模型样本外 R^2 是 0.09。所以，尽管修剪模型样本外的预测效果不如样本内的预测效果（约为 1/2），但总算比零模型高 9%。

这个例子很好地诠释了这一基本原则：只有样本外 R^2 才是重要的。不用关心样本内 R^2，因为只要添加无用变量增大过拟合，R^2 的值就会变好。使用样本外验证来选择最优模型的方法称为**交叉验证**（cross validation，CV）。这种方法在本书中非常重要，因为使用数据来选择"最优"模型的方法是所有现代分析的核心。但在开始选择之前，要先设法构建一个好的候选模型集合，再从中选择。

> **请注意，这里要了个花招**：使用全样本选择了在修剪模型中使用的 25 个变量。真实的样本外验证应该在 for 循环内部进行 FDR 控制，以使样本外结果可以作为端到端选择过程的验证。一项通用原则是，对于任何数据处理操作，如果想得到精确的样本外预测效果评估，就不要使用留出的那折数据。

3.2　正则化方法

怎样建立模型集合呢？在任何现实的输入维度下，我们都无法包含所有可能的模型。如果有一个回归，其中有 p 个潜在协变量，那么根据是否包含每个协变量，会有 2^p 个模型。仅需 20 个协变量，候选模型数量就会超过 100 万。

本节介绍**正则化**（regularization）这一重要概念：通过对模型复杂度进行惩罚，让你能够按照从简单到复杂的顺序枚举出一个有价值的候选模型列表。

一种通用但很粗略的模型选择方法是按照 p-值：

❑ 使用 glm 运行完整的 MLE 回归，得到每个候选输入系数的 p-值；

❑ 然后仅使用 p-值小于某个阈值 α 的那些输入重新运行 glm。

更进一步，可以使用一个 α 阈值序列（比如与通过 BH 控制算法确定的 FDR 对应的那些值）来生成一个模型序列，然后在这些模型中，通过之前在半导体回归中使用的那种样本外验证方法进行比较。

这种常见的做法不可取，原因如下。

❑ 当存在**多重共线性**（输入之间的相关性）时，即使某个变量能为响应变量提供有用的信号，但所有变量的 p-值都会比较大（它们似乎是不显著的），结果就是无法包含任何变量，因为根本不知道应该包含哪一个。

❑ 这些 p-值是基于一个过拟合模型的。例如，在半导体案例分析中，估计 p-值所用的模型在预测任务中的表现还远不如 $\bar{y}$。如果你使用了这些 p-值，那么候选模型集合就是基于一个糟糕的回归拟合的。当 $p > n$ 时，就不会有全变量模型，因为 glm 不会收敛。

这种通用方法——检查一个全模型拟合，再修剪到合适大小——有时称为**后向逐步回归**（backward stepwise regression）。应避免使用这种方法。

更好的解决办法是反向推进，使用**前向逐步回归**从简单到复杂地建立模型，步骤如算法 5 所示。

算法 5 前向逐步回归

❑ 拟合所有单变量模型，选择具有最大样本内 R^2 的变量 x_s 放入模型中。
❑ 拟合所有包含 x_s 的双变量模型，

$$y \sim \beta_s x_s + \beta_j x_j \quad \forall j \neq s$$

将 R^2 最大的双变量模型中的 x_j 加入模型。

❑ 重复此步骤：令当前模型中包含的变量集合为 S，以向量 $\boldsymbol{x}_S$ 表示，拟合以下所有模型，

$$y \sim \boldsymbol{\beta}'_S \boldsymbol{x}_S + \beta_j x_j \quad \forall j \notin S$$

将 R^2 最大化的拟合模型中的 x_j 加入模型。

你可以按照以上步骤操作，直至达到预设的复杂度。也可以先确定某种模型选择规则（比如 R 使用的 AIC 原则，稍后介绍），如果按照该规则操作，当前模型再添加一个变量就会变差，就停止操作。

算法 5 是本书中第一个**贪婪**搜索方法示例。我们以一种短视的策略前进，每次迭代时都添加一个对当前搜索状态最有用的复杂度。贪婪算法虽然不能使搜索路径的**全局**属性达到最优，但它快速稳定，而且在很多机器学习策略中发挥着极其重要的作用。

很快你就会看到，这种前向搜索过程有些粗略，使用现代正则化思想可以极大地改善其效果。但是，出于很多原因，这种从简单到复杂、在搜索中向前推进的通用方法非常有用。它最大的一个优点就是稳定性。后向方法是**不稳定**的，因为如果数据有轻微变动（或使用一个有细微差别的样本），全复杂度模型就可能发生巨大变化（因为它是过拟合的），于是候选模型的整个搜索路径会大相径庭。与之相反的是，对数据重抽样，简单的单变量模型或零模型基本保持不变，因此**前向搜索路径总是会从相同的地方开始**。

R 提供了 step() 函数来执行这种循序渐进的过程。要先确定一个起点，称为零模型，以及一个最大的可能模型，称为 scope。以半导体数据为例：

```
> null <- glm(FAIL~1, data=SC)
> # 前向逐步搜索：这需要很长时间！
> system.time (fwd <- step (null, scope=formula(full), dir="forward") )
...
Step:  AIC=92.59
FAIL ~ SIG2
...
    user  system elapsed
151.66   12.58   97.88
> length(coef(fwd))
[1] 69
```

这个过程枚举了 70 个模型，从仅包含 SIG2 的单变量模型到一个带有 68 个输入信号（包括截距）的模型。算法在 68 个变量时停止，因为这个模型的 AIC 得分低于（好于）任何一个有 69 个输入的模型[①]。贪婪搜索在认为找到最佳模型时停止，它依据的假设是既然从 68 个输入到 69 个输入时 AIC 没有变得更好，那么更多输入也不会有所改善。

请注意，step() 函数的执行过程**非常慢**：在我的笔记本电脑上，在这个半导体小数据集上运行需要 98 秒。对于所有子集选择算法就是这样，它们要对系数的子集（其余系数设为 0）使用 MLE 来依次检查候选模型。子集算法缓慢的原因还在于，向回归中添加一个变量会引起其余所有变量系数发生巨变。因此，每个模型必须从头开始拟合。

子集选择的另一个相关（且非常重要的）问题是它的**不稳定性**（instability）。因为不同候选子集的拟合模型完全不同，所以样本外的预测效果也千差万别。在选择时的一点儿小差错（如包含了 69 个协变量而不是 68 个）就非常容易使预测能力发生巨变。而且，如果数据有一点儿抖动且路径发生微小变化（如应该包含的第 5 个变量发生了变化），整个模型候选集合就会彻底改变。这种不稳定性是可靠模型选择的大忌，好在通过引入"惩罚"，可以使这种算法变得稳定。

现代统计学的关键就是正则化。这种方法对复杂度进行惩罚，使得复杂度高的模型不可能是最优模型，以此稳定系统。回想一下，在大多数经典统计过程中，我们要使偏差最小化（等价于使似然最大化）：$\hat{\boldsymbol{\beta}} = \arg\min\left\{-\dfrac{2}{n}\log \mathrm{lhd}(\boldsymbol{\beta})\right\}$。在此基础上，正则化方法还要最小化一个**惩罚**偏差：

---

① AIC 是对样本外预测效果的一种近似，稍后介绍。

$$\hat{\boldsymbol{\beta}} = \arg\min\left\{-\frac{2}{n}\log\mathrm{lhd}(\boldsymbol{\beta}) + \lambda\sum_k c(\beta_k)\right\} \tag{3.3}$$

其中 $c(\beta)$ 是系数数量引起的成本。如果 $c(\beta) = |\beta|$（绝对值成本），我们就得到了常用而且有效的 lasso 估计器。在你的数据科学生涯中，它将扮演重要角色。

解释一下公式 3.3，我们只是向公式 2.18 的 MLE 偏差最小化中添加了一个惩罚项——$\lambda\sum_k c(\beta_k)$。该惩罚项为每个 β_k 的数量添加了一定成本，以此惩罚**复杂度**，因为是 β_k 系数使得预测值 $\hat{y}$ 随着不同的输入 x 值而不断变化。如果强迫它们都接近 0，$\hat{y}$ 值就会向 $\bar{y}$ **收缩**，整个系统的上下波动就会变小——系统就稳定了。

还可以从决策理论（围绕选择具有成本的思想而建立的一个框架）的角度出发认识公式 3.3。如果考虑经典统计学中的决策过程，它的重点在于参数估计和假设检验这两个阶段，那么它的成本是什么？

❏ **估计成本**：偏差！这就是数据与模型之间距离的成本，也是为了获得 MLE 而需要最小化的。

❏ **检验成本**：要让 $\hat{\beta}_j \ne 0$，需要付出一定成本。这隐含在了假设检验过程中，除非**有明显的证据**，否则就认为 $\hat{\beta}_j = 0$。也就是说，接受原假设是安全的，否则要付出一定成本。

因此，在经典统计学中，$\hat{\beta}$ 的成本就是样本内偏差加上对它不为 0 的惩罚项。不过，使它不为 0 的成本——不稳定性成本——隐含在假设检验过程中。公式 3.3 明确表示出了这两种成本。

惩罚函数应该是什么样子呢？首先，$\lambda > 0$ 是惩罚权重，它是一个可调参数，有时要根据数据进行选择。3.4 节会重点介绍如何选择该参数，现在可以认为它是固定值。惩罚项的其余部分要由成本函数的形状来确定。在所有情况下，$c(\beta)$ 在 $\beta = 0$ 时取最小值。要让 $|\beta| > 0$，需要付出更多成本。这种结构是由我们对稳定性的偏好确定的。另外，有很多惩罚函数可以选择，图 3-4 给出了一些例子。

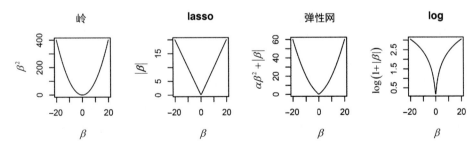

图 3-4　常用的惩罚函数：岭（β^2）、lasso（$|\beta|$）、弹性网（$\alpha\beta^2 + |\beta|$）和"非凸"惩罚函数（$\log(1+|\beta|)$）

每种函数都能激发不同的模型行为。岭函数 β^2 对小 β 值的惩罚作用很弱，但当 β 值增大时，惩罚会快速增加。如果你认为每个协变量的作用都比较小，没有大系数来主导模型，就适合使用

岭函数。lasso 是绝对值惩罚函数$|\beta|$，对从 0 开始的偏差有恒定的惩罚效果，β 从 1 增加到 2 与从 101 增加到 102 花费的成本是相同的。"弹性网"的名称别有心思，它是岭函数与 lasso 的简单组合。

像最右侧的对数惩罚这样的惩罚函数有点特殊，因为它们是**偏差递减的**（diminishing bias）：β 从 0 增加到一个较小值会付出极大的成本；而对于较大的 β 值，对变动的惩罚力度则非常小。这种惩罚函数会鼓励拟合中的很多系数为 0，能使对于强信号的估计没有任何偏差。这种非凸惩罚函数很受理论统计学家喜爱，但在实际应用中必须谨慎对待，因为它们引入了很大的不稳定性，在进行逐步回归时还有很多计算上的问题。实际上，可以将逐步回归解释为在 L_0 成本下对惩罚偏差的求解过程，其中 $c(\beta) = \mathbb{1}_{[\beta \neq 0]}$。子集选择问题——每次添加一个变量，都需要重新拟合一个完全不同的模型——就是与使用任何非凸惩罚模式相关问题的一个极端版本。

lasso 的一个优点是能使强信号上出现偏差的可能性降到最低，同时保持像岭函数这样的凸惩罚函数所具有的稳定性。lasso 的另一个巨大优点，也是图 3-4 中右侧 3 个"带尖的"惩罚函数共有的优点，是可以实现变量自动筛选的效果，也就是说，解出的 $\hat{\beta}_k$ 中有些值精确到为 0——不是接近 0，它就是 0。"它们不在模型中，所以不需要保存，也不需要考虑它们。"出现这种情况的原因如图 3-5 所示：偏差是平滑的，而绝对值函数有一个突变（带尖的），如果惩罚函数占主导地位，二者之和的最小值就是 0。所有包含$|\beta|$项的惩罚函数都有这个性质，如图 3-4 中除岭函数外的其他函数。

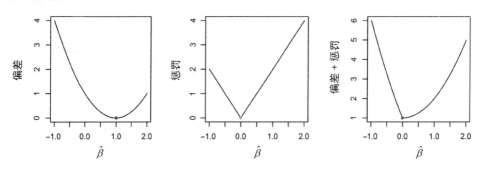

图 3-5   惩罚偏差最小化导致 $\hat{\beta} = 0$ 的图示

总之，惩罚函数有**很多**选择。正如下面要讨论的，lasso 是很好的默认选项，可以把它作为一个基准。除非有充分的理由，否则不考虑其他函数。

只靠 lasso 不能完成模型选择，它只是提供了一种机制来**枚举**一些候选模型。对于一个惩罚权重**序列** $\lambda_1 > \lambda_2 > \cdots > \lambda_T$，lasso 正则化方法对加入了惩罚项的对数似然进行最小化：

$$-\frac{2}{n} \log \mathrm{lhd}(\boldsymbol{\beta}) + \lambda \sum_j |\beta_j| \tag{3.4}$$

这会得到一个回归模型估计序列，系数为 $\hat{\boldsymbol{\beta}}_1, \cdots, \hat{\boldsymbol{\beta}}_T$。有了该序列之后，就可以使用模型选择工具选择最优的 $\hat{\lambda}$。比如，可以通过样本外验证来比较不同惩罚权重的效果，如算法 6 所示。

算法 6 lasso 正则化方法

从 $\lambda_1 = \min\left\{\lambda : \hat{\boldsymbol{\beta}}_\lambda = \mathbf{0}\right\}$ 开始。

对 $t = 1, \cdots, T$：

☐ 令 $\lambda_t = \delta\lambda_{t-1}$，$\delta \in (0, 1)$；

☐ 找出能使公式 3.4 在惩罚权重 λ_t 下达到最优的 $\hat{\boldsymbol{\beta}}_t$。

算法 6 给出了这种简单方法的大致框架。从 λ_1 开始，它要足够大，使得 $\hat{\boldsymbol{\beta}}_1 = \mathbf{0}$。这是完全可能的，遵照以下公式即可：

$$\lambda_1 = \max\left\{\left|\frac{\partial[-\frac{2}{n}\log \mathrm{lhd}(\boldsymbol{\beta})]}{\partial\beta_k}\right|\right\}_{k=1}^{p}$$

多数软件会自动找到这个起点。然后，重复收缩 λ 并更新 $\hat{\boldsymbol{\beta}}_\lambda$，其中 $\hat{\boldsymbol{\beta}}_\lambda$ 表示惩罚权重为 λ 时公式 3.4 的解。这里的一个重要细节是系数更新对 λ 是平滑的，即：

$$对于 \lambda_t \approx \lambda_{t-1}，\hat{\boldsymbol{\beta}}_t \approx \hat{\boldsymbol{\beta}}_{t-1}$$

这使得 lasso 算法兼具速度和稳定性。速度快是因为每次 $\hat{\boldsymbol{\beta}}_{t-1} \to \hat{\boldsymbol{\beta}}_t$ 的更新都很小。稳定性是这种特性的镜像：即使从不同数据样本选择的 λ 有所变化，它还是会在一个局部邻域内，因此选择的 $\hat{\boldsymbol{\beta}}$ 也会在一个小的邻域内。与子集选择方法不同，数据抖动不会造成 $\hat{y}$ 的预测规则发生大的改变。

将整个过程可视化最便于理解。为了演示，我们选取了流量很大的 1000 个网站在一年中的浏览器记录，其中每个浏览器在同一年都至少在线支出了 1 美元。作为回归示例，可以将线上总支出作为目标响应变量，并使用用户在不同网站上花费时间的百分比对其进行回归。也就是说，根据浏览器历史来预测消费额。我们使用一个对数线性模型：

$$\log(\mathrm{spend}) = \alpha + \boldsymbol{\beta}'\boldsymbol{x} + \varepsilon \tag{3.5}$$

其中 $\boldsymbol{x}$ 是网站访问百分比向量。该模型可以将用户预算作为浏览器历史的一个函数，对其进行细致的分类。

图 3-6 中的**路径图**形象地说明了算法 6。该算法从**右向左**进行，λ 值逐渐减小。y 轴表示 $\hat{\boldsymbol{\beta}}$，每种颜色的曲线表示不同的 $\hat{\beta}_j$，它是 λ 的一个函数。图 3-6 中的每个竖直切片都表示一个候选模型。随着算法的不断推进，$\hat{\boldsymbol{\beta}}_t$ 中包含了更多、更大的非零 $\hat{\beta}_k$（图的上方标出了在特定阶段非

零 $\hat{\beta}_k$ 值的数量），模型也变得越来越复杂。

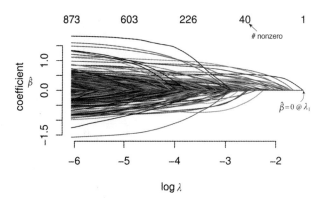

图 3-6   浏览器数据的 lasso 路径图。正则化路径算法从右向左进行，λ_t 逐渐变小

图 3-6 与其后的路径估计是使用 R 中的 gamlr 包生成的。本书会经常使用这个包，它提供了快速可靠的 lasso 算法实现。在 R 中进行 lasso 估计还有很多其他选择，但因为这个 gamlr 软件包是由我开发编写的，所以它可以提供本书涉及的很多特殊功能（比如修正 AIC 和分布式多元回归），这就是它的优点。

> glmnet 也是 lasso 估计的极佳选择。gamlr 和 glmnet 使用相同的语法和优化例程（坐标下降法）。它们的区别在于除 lasso 外的功能：gamlr 提供了偏差递减惩罚方法，类似于图 3-4 中的对数惩罚（也可参考图 3-7），而 glmnet 提供了弹性网方法。

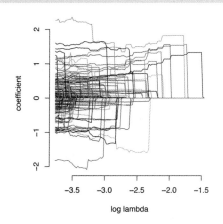

图 3-7   顺便说一下，gamlr 可以执行前向逐步的子集选择方法。图 3-8 给出了和浏览器数据对应的路径图。请注意这张图中锯齿形的求解路径，并和图 3-6 中平滑的 lasso 路径做比较。这种求解路径中的不连续性正是子集选择中不稳定性的根源

在 gamlr 中运行 lasso 非常容易，其与 glm 的主要区别是需要自己创建数值型模型矩阵。如

果你创建了该矩阵，比如为浏览器数据创建的 xweb，gamlr 就可以默认运行整个方法。

```
> spender <- gamlr(xweb, log(yspend))
> spender

gaussian gamlr with 1,000 inputs and 100 segments.
```

使用 plot(spender) 即可创建图 3-6 中的路径图。还可以通过 family 参数运行逻辑 lasso
回归。

```
gamlr(x=SC[, -1], y=SC$FAIL, family="binomial")
```

gamlr 默认求解 100 个 λ_T 的序列，最后的 λ_T 是开头的 λ_1 的 1%。还有一些参数可以按需修改。

❑ verb=TRUE：打印求解过程。

❑ nlambda：T，即 λ 序列的长度。

❑ lambda.min.ratio（或 lmr）：λ_T/λ_1，定义路径的终点。

输入 ?gamlr 可以得到更多文档和帮助。

使用 gamlr 最困难（但并不艰深）的部分在于数值型模型矩阵的具体使用。你可以使用 model.matrix 命令，该命令是由 glm 调用的。但是，gamlr（以及 glmnet 和其他很多机器学习 R 包）能使用 Matrix 库表示稀疏矩阵。稀疏矩阵是很多元素为 0 的矩阵，在现代数据分析中这是一种普遍情况。例如，很多相互作用的分类变量——以 0/1 指示变量来表示——就能导致稀疏的矩阵形式。尽可能避免处理矩阵中的 0 元素能够提高效率。像 gamlr 这样的 R 包能利用稀疏矩阵结构降低存储成本并提高计算速度，对实际应用来说这是非常必要的。

一种常用的稀疏矩阵表示方法称为简单三元组矩阵（simple triple matrix，STM），它有 3 个关键元素：行 i、列 j 和元素值 x，矩阵中其他所有元素都假定为 0。示例如下：

$$\begin{bmatrix} -4 & 0 \\ 0 & 10 \\ 5 & 0 \end{bmatrix} \text{保存为} \begin{cases} i = 1,\ 3,\ 2 \\ j = 1,\ 1,\ 2 \\ x = -4,\ 5,\ 10 \end{cases}$$

Matrix 库提供了创建和操作稀疏矩阵的工具。例如，sparseMatrix 函数可以根据给出的 i、j、x 元素创建一个矩阵。我们为浏览器数据创建 xweb 矩阵就是使用的这种方法：

```
> ## 这个表中有 3 列：id（机器 id）、site（站点 id）和 visits（访问时间）
> web <- read.csv("browser-domains.csv")
> ## 读入实际的网站名称，并重新标记网站因子
> sitenames <- scan("browser-sites.txt", what="character")
Read 1000 items
> web$site <- factor(web$site, levels=1:length (sitenames), labels=sitenames)
> ## 将机器 id 也转为因子
> web$id <- factor(web$id, levels=1: length (unique(web$id)))
>
> ## 计算每台机器的访问总时长和在每个站点上的时间百分比
> ## tapply(a,b,c) 的作用是对因子 b 的每个水平执行函数 c，参数为 a
```

```
> machinetotals <- as.vector (tapply(web$visits,web$id,sum))
> visitpercent <- 100*web$visits/machinetotals[web$id]
>
> ## 在一个稀疏矩阵中使用该信息
> ## 你会经常使用这个功能，一定要熟悉它
> xweb <- sparseMatrix(
+     i=as.numeric(web$id), j=as.numeric(web$site), x=visitpercent,
+     dims=c(nlevels(web$id), nlevels(web$site)),
+     dimnames=list(id=levels (web$id), site=levels (web$site)))
```

当你的数据转换为三元组格式时（数据库输出通常是这种格式），就可以使用 sparseMatrix 建立模型矩阵。如果数据在一个数据框里，包含分类变量，那么可以使用 sparse.model.matrix——model.matrix 命令的稀疏矩阵版本。回想一下前面的橘子汁示例，可以用这个新工具重新处理其中的指示变量设计部分。

```
> xbrand <- sparse.model.matrix( ~ brand, data=oj)
> xbrand[c (100,200,300),]
3 × 4 sparse Matrix of class "dgCMatrix"
    (Intercept) brandminute.maid brandtropicana
100           1                .              1
200           1                1              .
300           1                .              .
```

这段代码创建了第 2 章中使用的指示变量设计的稀疏矩阵版本。不过，需要小心一点儿，对 lasso 回归来说，这不是正确的设计。

对于 MLE 回归来说，使用 Dominick's 还是 Tropicana 作为 brand 因子的参照水平并不重要。即使它们其中一个的效果被纳入截距，最后也能得到相同的预测值 $\hat{y}$。但是，在有惩罚项时，**因子的参照水平就变得非常重要**！因为惩罚项会对接近（或为）0 的 $\hat{\beta}_k$ 值给予奖励，所以每个因子系数都会向截距（参照水平）收缩，于是将 Minute Maid 压向 Tropicana 和 Dominick's 的结果就不同了。

解决方案非常简单——不使用参照水平。只要你向偏差中加入了惩罚项，就没有理由对一个因子的 K 个水平使用 K–1 个系数。如果所有分类水平都给定一个自己的虚拟变量，那么所有因子水平的效果都会向它们共有的截距收缩。当向着一个共有的均值收缩时，只有那些显著的效果才能得到非零的 $\hat{\beta}_k$。

你可以强制 R 为每个因子水平都创建一个单独的虚拟变量，方法是创建一个额外的因子水平[①]。下面的工具函数将 NA（在 R 中表示"缺失"）作为参照水平。

```
> xnaref <- function(x){
+     if (is.factor(x))
+         if(!is.na(levels(x)[1]))
+             x <- factor(x, levels=c(NA, levels(x)), exclude=NULL)
+     return(x) }
```

———————————

① 这样做有一个额外的优点，就是提供了一种处理缺失数据的方法。参见 6.4 节关于缺失数据填充处理的例子。

```
> naref <- function(DF) {
+     if(is.null(dim(DF))) return(xnaref(DF))
+     if(!is.data.frame(DF))
+         stop ("You need to give me a data.frame or a factor")
+     DF <- lapply(DF, xnaref)
+     return(as.data.frame(DF)) }
```

我们使用该工具函数创建一个新的橘子汁品牌设计，为每个品牌创建一个虚拟变量。

```
> # 使用-1 丢弃截距
> oj$brand <- naref(oj$brand)
> xbrand <- sparse.model.matrix( ~ brand, data=oj)
> xbrand [c(100,200,300),]
3 × 4 sparse Matrix of class "dgCMatrix"
    (Intercept) branddominicks brandminute.maid brandtropicana
100           1              .                .              1
200           1              .                1              .
300           1              1                .              .
> oj$brand[c(100,200,300)]
[1] tropicana minute.maid dominicks
Levels: <NA> dominicks minute.maid tropicana
```

对于 lasso 回归设计，仅剩一件事需要了解——协变量数量很重要。因为所有 β_k 值都是用同样的 λ 惩罚的，所以需要保证它们处于可比较的规模。例如，$x\beta$ 与 $(2x)\beta/2$ 的效果相同，但 $|\beta|$ 的惩罚成本是 $|\beta/2|$ 的 2 倍。这种问题的常用解决方法是在成本函数中给 β_j 乘以 $\mathrm{sd}(x_j)$，即 x_j 的标准差，以达到规模上的标准化。也就是说，我们不最小化公式 3.4，而是最小化 $-(2/n)\log\mathrm{lhd}(\beta) + \lambda\sum_j \mathrm{sd}(x_j)|\beta_j|$。这意味着对 β_j 的惩罚是以 x_j 中一个标准差的变动为单位来测量的，就像把单位从米转换为英尺，或从华氏转换为摄氏一样，这种改变不会影响对模型的拟合。

在 gamlr（和多数其他 lasso 实现）中通过参数 standardize=TRUE 可以默认完成规模标准化，但有时你还是想使用 standardize=FALSE。最常见的情况是，如果全部变量都是表示分类所属关系（比如品牌和地理区域）的指示变量，就应该使用 standardize=FALSE。在这种情况下，规模标准化会将更多惩罚加在常见类别上（因为它的 $\mathrm{sd}(x_j)$ 比较大），而对罕见类别的惩罚会比较小，这是我们不希望看到的。不过，除非有充足的理由，否则应该保留默认设置 standardize=TRUE。

3.3 模型选择

正如前文多次提到的，lasso 是一种寻找有价值的候选变量的方法。惩罚权重 λ 是一种信噪滤波器，它的作用就像是 VHF 无线设备中的降噪装置，如果把它开到最大，就什么都听不见了；如果开到最小，就只能听到噪声。无线通信的关键就是从中找到一个最佳点，让你只听到别人的声音，而听不见背景噪声。好的统计预测也是如此：需要找到那个能给出良好信号且只有微弱噪声的 λ。

给定候选模型的路径之后，需要通过"哪个模型在未知数据上的预测效果最好？"这个问题来找出最优模型。当然，你无法知晓答案，因为面对的是"未知"数据。但是，前面使用了样本外验证来估计预测效果，你可以以此为基础建立一种模型选择方法。这种使用样本外验证来选择模型的方法称为**交叉验证**，它遵循算法 7 中的基本步骤。

算法 7 K 折交叉验证

将数据随机分割为 K 个大小大致均等的子集，每个子集称为一**折**。然后，对 $k = 1, \cdots, K$:

❑ 使用除第 k 折外的所有数据训练候选模型；
❑ 使用拟合模型在保留的那一折数据上进行预测，并记录错误率。

最终结果就是每个候选模型样本外误差的一个样本，你可以使用该样本来估计哪个模型最优。

用这种方法折叠数据可以保证每个观测都被保留一次用来验证模型。每个数据点都有机会**搞砸**一次预测练习。与随机抽取有重叠的子集相比，这种方法可以降低交叉验证模型选择的变动程度。

注意，不要像前面半导体示例中那样要花招。在那个例子中，我们使用全部数据选择了 25 个修剪变量。要遵守这条原则：如果想处理数据，一定要在每折数据的交叉验证循环内进行。

我们通常用标准差作为"误差率"的量度。但对不同的应用，可能需要使用不同的样本外统计量，比如误分类率或误差分位数。一般说来，你希望交叉检验的方式能够反映出现实中模型是如何应用的。例如，如果你想预测时间序列数据，就应该仅使用过去的训练数据去预测未来的保留数据。

一个常见问题是："如何选择 K？"简单的回答就是"越多越好"，但也不应该浪费时间，所以只要能满足要求就好。做完交叉验证之后，会得到一个与每个模型相关的误差分布，如对模型 t 就有 $\varepsilon_{t1}, \cdots, \varepsilon_{tK}$。估计出的**平均误差率**就是 $\bar{\varepsilon}_t$，标准误差为 $\text{sd}(\varepsilon_{tk}) / \sqrt{K}$。如果这些标准误差偏大，无法找出哪个是真正最小的 $\bar{\varepsilon}_t$——例如所有 $\bar{\varepsilon}_t \pm \text{sd}(\varepsilon_{tk}) / \sqrt{K}$ 都是重叠的——那么可以增大 K，以降低抽样的不确定性。gamlr 的默认设置是 nfold=5，一般情况下是足够的，但可以根据自己的需要更改设置。

增加折数所能带来的好处是有限的。最极端的情况是留一交叉验证，此时 $K = n$，它的好处是没有蒙特卡洛误差。不过，观测之间即使存在一点点依赖性，它的结果也会非常差。让 K 更小一点儿，可以让交叉验证对这种设定偏误更稳健。

对 lasso 的交叉验证尤其简单，因为候选模型的完整路径很容易估计。算法 8 给出了验证方法的基本框架。

算法 8　lasso 的 K 折交叉验证

首先,对惩罚权重序列 $\lambda_1 > \lambda_2 > \cdots > \lambda_T$,最小化公式 3.4,得到一个候选模型路径 $\hat{\boldsymbol{\beta}}_1, \cdots, \hat{\boldsymbol{\beta}}_T$。

然后,对每 $k = 1, \cdots, K$ 折数据:

❑ 在除第 k 折外的所有数据上,使用同样的 λ_t 序列拟合出 lasso 路径 $\hat{\boldsymbol{\beta}}_1^k, \cdots, \hat{\boldsymbol{\beta}}_T^k$;

❑ 对每个 $\hat{\boldsymbol{\beta}}_T^k$,计算出在保留数据上的拟合偏差:

$$e_t^k = -\frac{2}{n_k} \sum_{i \in \text{fold}_k} \log \mathrm{p}(y_i \mid \boldsymbol{x}_i' \hat{\boldsymbol{\beta}}_T^k)$$

其中 n_k 是第 k 折中的观测数量。

将 $\overline{e}_t = \frac{1}{K} \sum_k e_t^k$ 和 $\mathrm{se}(\overline{e}_t) = \sqrt{\frac{1}{(K-1)} \sum_k (e_t^k - \overline{e}_t)^2}$ 作为每个 λ_t 的样本外偏差的估计值和抽样误差。最后,使用这个结果选出"最好"的 $\hat{\lambda}_t$,并使用相应的全样本系数估计值 $\hat{\boldsymbol{\beta}}_t$ 进行建模和预测。

同样,将该过程可视化最便于理解。gamlr 将算法 8 完整地包装在了 `cv.gmalr` 命令中,它使用和 gamlr 标准函数相同的语法。

```
cv.spender <- cv.gamlr(xweb, log(yspend))
plot(cv.spender)
```

请注意,如图 3-8 所示,选择 λ 有两种方法。第 1 种很简单,称为 CV-min 规则,就是选择平均样本外误差最小的 λ_t;第 2 种方法使用 CV-1se 规则,认为在平均样本外偏差不大于最小值一个 SE(算法 8 中 $\mathrm{se}(\overline{e}_t)$ 的 λ_t 中,最大的那个是最好的)。在图 3-8 中,最右侧的那条虚线体现了这条规则。

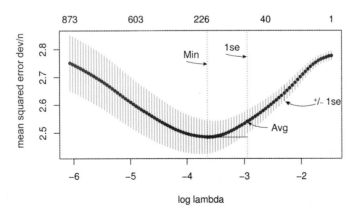

图 3-8　浏览器数据的交叉验证 lasso,点表示样本外误差均值,误差条表示 ±1 个标准
误差,两条竖直虚线标出了 CV-min 和 CV-1se 规则

对于多数应用，建议采用 CV-min 规则。如果你关注的是样本外预测效果，这就是最佳选择。CV-1se 更保守，它以一种看似合理但是比较特别的方式偏向于选择比较简单的模型。如果想把重点放在对非零 $\hat{\beta}_k$ 的解释上，想说明它们为何特殊或能代表某种基本事实，就应该采用这种规则。在高维情况下，对非零系数的解释需要非常谨慎，因为多重共线性会使得哪些系数能够为 0 变得有些随意。因此，我还是更关心模型的预测能力。不过，gamlr 中默认使用 CV-1se 规则，因为它在 glmnet 中也是默认的，本书不想标新立异。你可以通过参数 select="min"来应用 CV-min 规则。

当在拟合后的 cv.gamlr 对象上调用 coef 函数时，它可以自动进行选择。

```
> betalse <- coef(cv.spender) ## CV-1se 规则, 参见?cv.gamlr
> betamin <- coef(cv.spender, select="min") ## CV-min 规则
> cbind (betalse, betamin) [c("tvguide.com", "americanexpress.com"),]
2 × 2 sparse Matrix of class "dgCMatrix"
                          seg36        seg49
tvguide              .            -0.0002379178
americanexpress      0.04230693    0.0488043737
```

可以看出，在 CV-1se 规则下，在 tvguide 网站上花的时间毫无价值；而在 CV-min 规则下，这个总的花费时间对于在线支出来说还是个负信号。在这两种选择规则之下，访问过 American Express 网站的浏览器往往支出更多。

　　bootstrap 方法与交叉验证有何区别？区别在于是否使用了有放回抽样。3.4 节将讨论标准非参数 bootstrap 方法容易低估预测中的不确定性的原因，并介绍一种量化 lasso 中不确定性的替代算法。

如果感觉交叉验证算法和模型选择规则有些复杂，为了便于理解，回想一下它们所基于的一种简单思想——使用保留数据上的误差来近似可能在未来观测上出现的预测误差。图 3-8 中的曲线就是在 λ 取不同值时对样本外预测偏差（在这个例子中就是 $(\hat{y}_f - y_f)^2$）的**估计**。例如可以这样简单地解读这张图：在 CV-min 规则下，$\hat{\lambda} = \exp[-3.7]$，预估样本外 R^2 在 $1 - 2.5/2.78 \approx 0.10$ 附近[①]。我们可以使用 1 个标准误差区间作为每个偏差估计值附近频率不确定性的量度。如果这些误差范围太大，难以确定哪个 λ 最好，只需增大折数 K 来增加偏差估计的样本容量就可以了。

信息准则是交叉验证模型选择的一种替代方法。交叉验证试图估计样本外误差，信息准则则通过计算实验得到这种误差的分析近似解。如果你无暇做交叉验证（如果其中某个步骤非常慢，不允许重复 K 次），或者你不喜欢交叉验证模型选择中的蒙特卡洛变动（因为将数据分割为折时是随机的，如果运行多次算法，结果就可能出现细微差别）的话，可以使用某种信息准则。

现在有多种信息准则：AICc、AIC、BIC 等。所有这些准则都要近似出拟合模型与"真实值"之间的距离，它们对"真实值"的定义各不相同，使用的近似分析方法也不同。因为信息准则测

---

① 零模型的样本外偏差就是最右侧的点，大约为 2.78，对应最大的惩罚权重 λ_1，此时所有被惩罚的系数都估计值为 0。

量的是距离，所以可以选择具有最小信息准则的模型。

最常用的信息准则是赤池信息准则：

$$\text{AIC} = 偏差 + 2df \tag{3.6}$$

其中偏差是**样本内偏差**，df 是**模型**自由度。

例如，summary.glm 命令的输出如下：

```
  Null deviance: 731.59  on 1476  degrees of freedom
Residual deviance: 599.04  on 1451  degrees of freedom
AIC: 651.04
```

再次提醒，R 输出中的 degrees of freedom 是"拟合后剩余的自由度"，即 $n - df$。很多统计学图书中推荐具有最小 AIC 的模型。

在 MLE 拟合中，df 就是模型中参数的个数。从广义上讲，它测量了 $\hat{y}$ 与 y 之间的相关性，即要想使拟合模型看上去与观测数据相似，操作上有多大灵活性。基于更深层次的理论[1]，类似于 MLE 模型，对于给定 λ，lasso 的 df 就等于非零 $\hat{\beta}_j$ 的数量。这只是 lasso 回归的另一个优点，并不适用于其他惩罚成本函数（例如，对于岭回归，所有系数都是非零的，但它的 df 还是低于完整模型的维度，因为系数都向 0 收缩）。因此，可以计算出全样本 gamlr 路径，并将非零系数数目和样本内偏差代入公式 3.6 中，通过这种方法使用 AIC 选择 lasso 惩罚的模型。同样，R 提供了函数来完成这一任务。

```
> AIC(spender)
     seg1        seg2        seg3        seg4
10236.678   10221.410   10205.650   10191.269
...
     seg97       seg98       seg99       seg100
 9076.301    9083.091    9102.082    9109.330
```

但是，在高维情况下 AIC 容易导致过拟合。一般认为 AIC 这个近似值对"大 n"的效果非常好，但实际上只在 n/df 较大时才如此。当 df 相对于 n 比较大时，$2df$ 的复杂度成本就显得太小了，因此会得到一个比预想更复杂的用来做最优预测的模型。要想知道原因，需要深入研究 AIC 的目的。

AIC 是对样本外偏差的一个估计，它的目标统计量与交叉验证要估计的相同：在一个容量为 n 的**新**样本上偏差会是多少。你知道样本内偏差很小，因为模型就是根据这份数据进行调整的，样本内误差是样本外误差的一种低估。更高深的理论[2]表明，样本内偏差减去样本外偏差近似于 $2df$，这就是赤池的 AIC 统计量的基础。如果研究得更深入，在线性回归的背景下，样本内偏差和样本外偏差的差实际上等于 $2df\ \mathbb{E}[\sigma^2/\hat{\sigma}^2]$，其中 σ 是可加误差的真实标准差，$\hat{\sigma}$ 是它的样本

① Hui Zou, Trevor Hastie, Robert Tibshirani. On the degrees of freedom of the lasso. The Annals of Statistics, 2007.

② H. Akaike. Information theory and the maximum likelihood principle. Akademiai Kiado, 1973.

内估计值：拟合残差的标准差。赤池假定它们大致相等，在低维模型中这是正确的，但当模型过拟合（如果 $df \approx n$）时就不正确了。于是，一个样本外偏差的改进近似就是：

$$\text{AICc} = \text{偏差} + 2df\ \mathbb{E}\left[\frac{\sigma^2}{\hat{\sigma}^2}\right] = \text{偏差} + 2df\ \frac{n}{n-df-1}$$

AICc（corrected AIC，修正 AIC）[1]是非常有用的模型选择工具，适用于线性回归、逻辑回归和其他所有广义线性模型（通过 MLE 或带有 lasso 惩罚项）。在多数例子中，使用 AICc 得到的模型选择结果与应用 CV-min 规则得到的相近。实际上，当 AICc 的结果与 CV-min 规则的结果不相符时，可能事有蹊跷，两个结果都值得怀疑。请注意，对于较大的 n/df，AICc $\approx$ AIC，所以，应该总是使用 AICc 代替 AIC：当 AIC 失效时，AICc 是有效的；而当 AIC 有效时，AICc 也能给出同样的结果。

gamlr 包默认使用 AICc 进行模型选择。用 AICc 选择的部分通过一条竖直的虚线在路径图中标明。如果想从一个拟合后的 gamlr 对象中提取系数，那么它们就是通过最小化 AICc 选择出来的[2]。

```
B <- coef(spender) [-1,]
B[c(which.min(B), which. max(B)]
   cursormania      shopyourbargain
        -0.998143           1.294246
```

除了 AIC 和 AICc，还有一种常用的信息准则——BIC（这里的 B 表示贝叶斯）：

$$\text{BIC} = \text{偏差} + \log(n) \times df \tag{3.7}$$

这看起来与 AIC 非常相似，但来源截然不同。BIC 试图近似的是贝叶斯后验模型概率，即 $p(\lambda_t|\text{data})$，可以把它粗略地解释为 λ_t 是生成该数据的真实过程中一个参数的概率。这种方法需要一个特定的先验概率：在观察到任何数据之前模型为真的概率[3]。一般说来，AIC 和 AICc 想尽力使预测结果最优，而 BIC 试图得到一个"真实的"模型。这使得 BIC 更为保守，在较小和中等规模的样本中，它的行为与 CV-1se 规则非常相似；而在大样本中，它在用于预测时往往表现出欠拟合——它选择的 λ 太大了，导致模型过于简单。

图 3-9 给出了所有的样本外误差估计，图 3-10 展示了相应的模型选择规则。可以看到 AIC 和 AICc 曲线都非常近似于交叉验证曲线；不过，AICc 选择规则与 CV-min 规则的效果几乎完全相同，而 AIC 选择了一个更小的 λ（更复杂的模型）。在这个例子中，BIC 和 CV-1se 规则给出了

---

[1] Clifford M Hurvich, Chih-Ling Tsai. Regression and time series model selection in small samples. Biometrika, 1989.

[2] 软件不会说明这一点，但在使用 AICc 计算偏差时，需要使用扩展了公式 2.17 中常数 C 的全部偏差。这是因为 AIC 和 AICc 实际上是为了负对数似然而定义的，即偏差加上"全饱和"模型的对数似然。在正态线性回归中，这意味着你使用 $\text{dev}(\boldsymbol{\beta}) = n\log(\tilde{\sigma}^2) + \sum_{i=1}^{n}(y_i - \boldsymbol{x}_i'\boldsymbol{\beta})^2 / \tilde{\sigma}^2 = n(\log[\tilde{\sigma}^2]+1)$（替换了 $\tilde{\sigma}^2 = \sum_i (y_i - \boldsymbol{x}_i'\boldsymbol{\beta})^2 / n$ 之后）。

[3] BIC 使用一种名为"unit-info"的先验分布：$N(\hat{\beta}, \frac{2}{n}\text{var}(\hat{\beta})^{-1})$。

非常相似的模型选择。在大样本中，这两种方法的结果会出现分歧，BIC 会选择更简单的模型（容易出现欠拟合）。应用这些模型选择规则，会得到多种结果。通用的原则是，如果你有时间而且看重结果，就使用交叉验证，但 AICc 更快、更稳定。我经常将 AICc 和 CV-min 选择规则搭配使用。

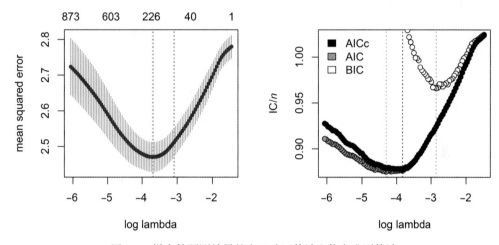

图 3-9　样本外预测效果的交叉验证估计和信息准则估计

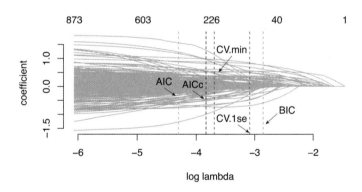

图 3-10　沿着 lasso 路径的交叉验证和信息准则选择规则

　　下面通过研究冰球数据系统性地解释这些规则。我为 gamlr 包收集了 2002~2014 年北美职业冰球联盟（NHL）各赛季所有进球数据。你可以输入 ?hockey 来得到关于该（显然超级重要的）主题的详细信息和参考论文[1]。

　　我们的目的是建立一种比 PM（plus-minus，净胜球，一种常用的冰球球员表现评价方法）更好的球员评价指标。经典的 PM 是当球员在场上时进球得分的函数：球队的进球数减去失球数。

---

[1] Robert Gramacy, Matt Taddy, Sen Tian. Hockey performance via regression. Handbook of Statistical Methods for Design and Analysis in Sports, 2015.

这种方法的局限性很明显：没有考虑队友和对手的影响。在冰球比赛中，球员往往集中在"锋线"上，教练也会根据对手的情况"排兵布阵"，球员的 PM 完全有可能因对手和队友的表现被人为地高估或低估。

能通过回归建立更好的评价指标吗？可以考虑对每个进球建立一种二元响应变量，主队进球时等于 1，客队进球时等于 0。

```
> head (goal)
  homegoal season team.away team.home period differential playoffs
1        0 20022003       DAL       EDM      1            0        0
2        0 20022003       DAL       EDM      1           -1        0
3        1 20022003       DAL       EDM      2           -2        0
4        0 20022003       DAL       EDM      2           -1        0
5        1 20022003       DAL       EDM      3           -2        0
6        1 20022003       DAL       EDM      3           -1        0
```

然后，通过表示球员是否上场的虚拟变量对这份数据进行回归，上场的主队球员取值为 1，客队球员取值为 –1（没上场的球员都取值为 0）。这种设计在 R 中保存为一个稀疏矩阵 player。

```
> player [1:3, 2:7]
3 × 6 sparse Matrix of class "dgCMatrix"
    ERIC_BREWER ANSON_CARTER JASON_CHIMERA MIKE_COMRIE ULF_DAHLEN ROB_DIMAIO
[1,]          1            .             1           .          .         -1
[2,]          .            1             .           1         -1          .
[3,]          .            1             .           1          .         -1
>
```

除了控制球员是否上场的效果，我们还需要控制一些与球员能力无关的因素（观众、教练、比赛安排等）。为此给每个球队的每个赛季添加了一种"固定效果"，$\alpha_{\text{team,season}}$。此外，还通过 α_{config} 效果控制一些特殊的队伍情况（如五对四的以多打少）。完整的逻辑回归模型如下：

$$\log \frac{\text{p(home.goal)}}{\text{p(away.goal)}} = \alpha_0 + \alpha_{\text{team,season}} + \alpha_{\text{config}} + \sum_{\substack{\text{home} \\ \text{players}}} \beta_j - \sum_{\substack{\text{away} \\ \text{players}}} \beta_j$$

其中 β_j 解释为第 j 个球员的偏效应：当有一个进球并且球员 j 在场上时，这个进球是该球员所在球队进球的发生比就提高 e^{β_j} 倍。这就是基于回归对传统 PM 得分的改进。

你可以运行该模型，并通过调用 cv.gamlr 进行交叉验证的模型选择。

```
> x <- cBind(config, team, player) # cBind 可以将两个稀疏矩阵连接起来
> y <- goal$homegoal
> cv.nhlreg <- cv. gamlr(x, y, verb=TRUE, # verb 打印运行过程
+     free=1: (ncol(config)+ncol(team)), # free 表示不受惩罚的列
+     family="binomial", standardize=FALSE)
fold 1,2,3,4,5,done.
```

cv.gamlr 对象保存了一个 gamlr 对象（全数据路径拟合）作为它的一个项目，你可以将正则化路径和交叉验证验证结果都绘制在图 3-11 中。

```
> par(mfrow=c(1,2))
> plot(cv.nhlreg)
> plot(cv.nhlreg$gamlr)
```

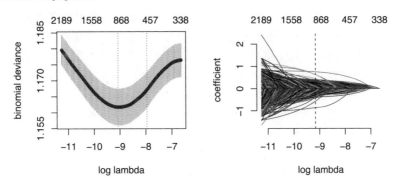

图 3-11 冰球回归的样本外误差（左图）和路径图（右图）

AICc 和 CV-min 都选择了一个比 e^{-9} 稍小的 λ。CV-1se 选择了一个大约为 e^{-8} 的更大的 λ。AIC 选择的 λ 与 AICc 选择的差不多，它没有过拟合，因为 n/df 比较大：我们有 $n \approx 70\,000$ 个进球以及 2400 名球员。

```
> log(cv.nhlreg$gamlr$lambda) [which.min(AIC(cv.nhlreg$gamlr))]
    seg55
-9.165555
```

而保守的 BIC 选择了零模型，其中 $\hat{\boldsymbol{\beta}} = 0$。

```
> which.min(BIC(cv.nhlreg$gamlr))
seg1
   1
```

BIC 试图找到最可能具有最小样本外误差的 λ，这与找到对应最小预期样本外误差的 λ 有细微的不同。举例来说，如果具有最小预期误差的 λ 关于样本外误差的不确定性更多，就可能有另一个具有更大预期误差的值，而围绕该值的不确定性更少，那该值是最优的概率就更高。不过，在实际中，BIC 只是容易在 n 变大时机械地导致欠拟合。

这里的零模型并不只是截距，还包括了场上情况信息和表示球队和赛季的指示变量。所以，BIC 并不是说没有哪位球员是重要的，它只是不能确定在特定赛季哪位球员的表现高于或低于球队的平均水平。

快速地检查一下回归，我们发现 AICc 选择了 646 个非零的、显著的球员效果。

```
> Baicc <- coef(nhlreg) [colnames(player),]
> sum(Baicc!=0)
[1] 646
```

这里有几个问题需要注意。首先，我们使用了 free 参数，它表示设计矩阵中我们不希望受惩罚的那些列。在这个例子中，我们用它来使那些表示特殊球队以及球队与赛季的变量免受惩罚——

模型需要这些变量，所以我们让它们不受限制地进入模型。

其次，我们使用了 standardize=FALSE。这个例子比较特殊，所有被惩罚的变量的规模都相同（球员上场或不上场）。如果不使用 standardize=FALSE，就要用该球员在 player 矩阵中的标准差乘以每个（球员效果）系数的惩罚项。标准差大的球员是那些参加比赛多的，标准差小的球员是那些很少上场的（几乎都是 0）。因此，在这个例子中，我们不希望使用标准差为惩罚添加权重：上场时间多的球员受到更多的惩罚，而上场较少的球员受到更少的惩罚。实际上，不使用 standardize=FALSE 进行回归会使得一大堆预备队球员来到前列。

```
> nhlreg.std <- gamlr(x, y,
+     free=1: (ncol(config)+ncol(team)), family="binomial")
> Bstd <- coef(nhlreg.std) [colnames(player),]
> Bstd[order(Bstd, decreasing=TRUE) [1:10]]
      JEFF_TOMS        RYAN_KRAFT     COLE_JARRETT    TOMAS_POPPERLE
      1.7380706        1.4826419        1.2119318        1.1107806
  DAVID_LIFFITON  ALEXEY_MARCHENKO     ERIC_SELLECK      MIKE_MURPHY
      1.0974872        1.0297324        1.0060015        0.9600939
      DAVID_GOVE        TOMAS_KANA
      0.9264895        0.8792802
```

相反，在主分析中排在前列的球员都是赫赫有名的巨星。

```
> # 前 10 名球员
> Baicc[order(Baicc, decreasing=TRUE) [1:10]]
PETER_FORSBERG   TYLER_TOFFOLI    ONDREJ_PALAT   ZIGMUND_PALFFY   SIDNEY_CROSBY
     0.7548254        0.6292577        0.6284040        0.4426997        0.4131174
   JOE_THORNTON   PAVEL_DATSYUK   LOGAN_COUTURE        ERIC_FEHR  MARTIN_GELINAS
     0.3837632        0.3761981        0.3682103        0.3677283        0.3577613
```

在主分析中垫底的球员不是那些几乎上不了场的，而是那些上场时间多但表现不佳的。

```
> # 后 10 名球员
> Baicc [order (Baicc)[1:10]]
    TIM_TAYLOR   JOHN_MCCARTHY  P. J._AXELSSON  NICLAS_HAVELID     THOMAS_POCK
    -0.8643214      -0.5651886      -0.4283811      -0.3854583      -0.3844128
 MATHIEU_BIRON   CHRIS_DINGMAN    DARROLL_POWE   RAITIS_IVANANS   RYAN_HOLLWEG
    -0.3512101      -0.3342243      -0.3339906      -0.3129481      -0.2988769
```

继续深入研究，我们发现只要有一个进球，那么当 Sidney Crosby 在场上时，匹兹堡队得分（而非丢分）的发生比就会提高约 51%。

```
> exp(Baicc["SIDNEY_CROSBY"])
SIDNEY_CROSBY
     1.511523
```

相比之下，如果 Jack Johnson 在场上，那么哥伦布蓝衣队（在 2011~2012 赛季之前称为国王队）得分的发生比就会下降约 22%。

```
> exp(Baicc ["JACK_JOHNSON"])
JACK_JOHNSON
   0.7813488
```

最后，看看表示**主场优势**的截距，以此作为一个简单的检验。

```
> exp(coef (nhlreg) [1])
[1] 1.084987
```

这说明，在没有其他任何协变量作用的情况下，有进球时，主队得分的概率要高出 8%，是巨大的主场优势！

3.4　◆lasso 的不确定性量化

第 1 章讨论了如何使用两种高级方法来处理与模型参数相关的不确定性。如前所述，你可以围绕参数估计值来量化不确定性，并将不确定性应用于决策制定过程。或者，也可以像本章一样，在不明确考虑不确定性的情况下，使用正则化为估计**降噪**。也就是说，可以使用一些方法，通过向安全的零假设收缩，在不确定性存在的情况下给出可靠的点估计。不需要在估计和检验之间的经典二分法，关于一个变量是否为零的决策过程，都可以包含在一个优化目标中。

下面介绍一种混合情形：使用 lasso 进行高维数据分析，并提供一些关于 lasso 估计值的不确定性测量方法。如果我们的分析目标比基本预测复杂得多，或者高估和低估的损失是不对称的，又或者人们想看到结果周围的置信区间，在这些情况下，下面的方法可以发挥作用。

对于 lasso 之类的工具，量化不确定性并不容易。由于惩罚项的存在，严重破坏了抽样分布和标准误差的常用估计方法。而且，对于维度特别高的对象，精确地量化不确定性是不可能的：你可以为单个 β_j 建立边际区间，但不能为全向量 $\boldsymbol{\beta}$ 建立一个联合边际区间。但是，在完成了 lasso 估计后，可以使用一些工具为它的频率不确定性得出一个良好的近似。这里讨论两种方法：参数 bootstrap 和**子抽样**（subsampling）。第 6 章还会介绍样本分割方法。

你需要了解第 1 章之外的不确定性量化方法，因为第 1 章介绍的方法对 lasso 无效。首先，lasso 估计没有好的理论标准误差，对于有惩罚项和高维空间中的估计，我们进行最大似然回归所依赖的基于 CLT 的结果是无效的。其次，非参数 bootstrap 在需要进行模型选择的情况下效果不佳。要想知道原因，可以想象一下在一份 bootstrap 样本上做一次交叉验证。因为观测是通过**有放回方式**进行重抽样的，所以在训练样本和保留的那折数据中很可能有同样的观测，这就使得预测看上去比实际更容易，因为在训练数据和验证数据中存在同样的（不可预测的）随机噪声。结果就是，使用 bootstrap 抽样的交叉验证往往会选择比使用全样本更小的惩罚权重。也就是说，相对于实际估计，bootstrap 抽样会导致过拟合，因此不能用来量化 lasso 估计的不确定性。

但是，另一种参数 bootstrap 方法可以和 lasso 一起使用。回想一下，参数 bootstrap 不是通过从数据中抽样得到每个 bootstrap 样本，而是根据对假定数据生成过程的估计生成新的观测。因为样本中是新的不重复的观测，所以不会发生前面讲到的过拟合。

对于参数 bootstrap，你不是从全样本 lasso 拟合中抽样。在决定使用正则化时，需要权衡方差和偏差：将系数向 0 压缩，以使它们更稳定，在波动时随机噪声更少。不过，理想情境中，在参数 bootstrap 中生成模拟数据的模型应该是对真实数据生成过程的一个**无偏**估计。在低维空间中，你根据 MLE 拟合出来的模型进行模拟就可以了（关于参数 bootstrap 的理论大多假定这种情形）。但在高维度的问题中，MLE 可能是糟糕的模型估计方法（在参数多于观测的情况下，甚至无法使用 MLE）。在实际工作中，建议使用这种模型进行模拟，它比全样本 lasso 拟合的偏差更小，但实际上也不是零偏差估计。如何拟合这样的模型并没有明确的规则，只有一些有效的实践策略。我们可以先使用全部样本利用 AICc 和 CV-min 选择惩罚权重，比如 $\hat{\lambda}$，然后使用大约是它 25% 的惩罚权重拟合生成数据的模型，即 $\bar{\lambda} \approx \hat{\lambda} / 4$。不过，应该考虑真实应用中这种选择的敏感度，并与下面要讨论的另一种子抽样方法做比较。

同样，因为 lasso 是一种有偏估计，所以你应该直接寻找置信区间，而不是通过标准误差估计。可以联系算法 2 中对 CI bootstrap 的讨论：你想对 bootstrap 估计结果和初始估计结果之间的差异进行量化，并想知道它们的偏差是高还是低。算法 9 详述了整个过程。

算法 9 用于 lasso 置信区间的参数 bootstrap

已知数据 $\left\{[\boldsymbol{x}_i, y_i]\right\}_{i=1}^n$，以及在（通过 AICc 或 CV-min 规则选择的）惩罚权重 $\hat{\lambda}$ 之下的全样本 lasso 系数估计 $\hat{\boldsymbol{\beta}}$。

通过最大似然（对低维数据）或较小惩罚权重 $\bar{\lambda} \approx \hat{\lambda} / 4$ 的 lasso 得到低（或无）惩罚的系数估计 $\bar{\boldsymbol{\beta}}$。然后，对 $b = 1, \cdots, B$：

❑ 根据参数为 $\bar{\boldsymbol{\beta}}$ 的拟合后回归模型以及样本协变量 $\left\{y_i^b\right\}_{i=1}^n$，生成 n 个响应观测 $\left\{\boldsymbol{x}_i\right\}_{i=1}^n$。例如，在线性回归中，生成

$$y_i^b \sim \mathrm{N}\left(\boldsymbol{x}_i'\bar{\boldsymbol{\beta}}, \bar{\sigma}^2\right) \tag{3.8}$$

其中 $\bar{\sigma}^2$ 是对应于 $\bar{\boldsymbol{\beta}}$ 拟合的残差方差。

❑ 使用在估计 $\hat{\boldsymbol{\beta}}$ 时所用的相同惩罚选择算法在数据 $\left\{[\boldsymbol{x}_i, y_i^b]\right\}_{i=1}^n$ 上得到 bootstrap 系数估计 $\hat{\boldsymbol{\beta}}_b$。

为了得到系数函数—— $f(\boldsymbol{\beta})$ ——的 $\alpha\%$ 置信区间，需要计算出误差 $\left\{f(\hat{\boldsymbol{\beta}}_b) - f(\hat{\boldsymbol{\beta}})\right\}_{b=1}^B$ 的 $\alpha/2$ 和 $1-\alpha/2$ 百分位数（$t_{\alpha/2}$ 和 $t_{1-\alpha/2}$），再设置置信区间如下：

$$\left[f(\hat{\boldsymbol{\beta}}) - t_{1-\alpha/2}, f(\hat{\boldsymbol{\beta}}) - t_{\alpha/2}\right] \tag{3.9}$$

回到冰球那个例子，从图 3-11 中右侧的路径图可以看出，AICc 选择的惩罚权重是 $\hat{\lambda} \approx \exp[-9]$。我们在同一路径上使用更小的惩罚权重 $\bar{\lambda} \approx \exp[-11.25]$ 拟合一个模型，再根据该模型的模拟数据运行一次参数 bootstrap。要从拟合模型中生成数据，首先要知道与 $\bar{\boldsymbol{\beta}}$ 对应的二项概率分布。

```
> log(nhlreg$lambda[61])
> Qlowpen <- drop(predict(nhlreg, x, select=61, type=" response"))
```

　　然后，可以使用 rbinom 函数生成新的 0/1 响应变量值，表示在 bootstrap 样本中每个进球是主队得分还是客队得分。

　　因为每次运行 lasso 拟合的时间成本很高，所以我们使用相对较少的迭代次数运行算法 9，$B = 100$。

```
> Bhat <- coef(nhlreg)
> Bparboot <- sparseMatrix(dims=c(nrow(Bhat),0),i={},j={})
> B <- 100
> for(b in 1:B){
+    yb <- rbinom(nrow(x), Qlowpen, size=1)
+    fitb <- gamlr(x, yb,
+      free=1:(ncol(config)+ncol(team)),
+      family="binomial", standardize=FALSE)
+    Bparboot <- cbind(Bparboot, coef(fitb)) }
```

　　最后得到的矩阵 Bparboot 是（通过 AICc 惩罚选择得到的）系数估计 $\hat{\beta}_b$ 的一个 $p \times B$ 样本。使用公式 3.9，可以得到任意特定系数的 90% 置信区间。例如，你可能想知道 Sidney Crosby 进球发生比乘数的 90% 置信区间。因为这是个逻辑回归，所以球员 j 的发生比乘数为 $f(\boldsymbol{\beta}) = e^{\beta_j}$。

```
> # 也可以选择其他球员
> WHO <- "SIDNEY_CROSBY"
> fB <- exp(Bhat[WHO,])
> tval <- quantile(exp(Bparboot[WHO,]), c(.95,.05))
> 2*fB - tval
     95%       5%
1.383667 1.786985
```

　　我们发现，如果 Sidney Crosby 在场上，匹兹堡企鹅队得分的发生比就会提高 38%~79%。我们还可以得出前面算出的主场优势的不确定性边界。

```
> fB <- exp(coef(nhlreg) [1,])
> tval <- quantile (exp(Bparboot[1,]), c(.95,.05))
> 2*fB - tval
     95%       5%
1.068819 1.096128
```

　　在其他条件都相同的情况下，主队得分的概率比客队得分的概率高 6%~10%。

　　参数 bootstrap 的缺点是，它严重依赖你假定的数据生成过程的正确性。如果你使用的是线性 lasso，就需要从高斯分布中生成新的误差，一般来说要有固定的方差，因此算法 9 中公式 3.8 中的模型就要严格成立。在实际工作中，你会经常使用线性 lasso 进行回归估计，即使你并不相信该模型为真。就像最小二乘一样，即使误差具有异方差性，每个观测都有自己的方差 σ_i^2，线性建模也能给出 $\boldsymbol{\beta}$ 的良好估计值。不过，如果在这种设定错误的情况下使用参数 bootstrap，它可能会给出非常不精确的不确定性估计（一般会低估）。

子抽样提供了 bootstrap 的一种替代方法。非参数 bootstrap 在模型选择中是失效的，因为有放回抽样中的重复观测会使预测看起来非常简单（实则不然）。在子抽样方法中[1]，你要使用 B 个容量为 m 的**无放回**子样本重新估计目标参数，这里的 m 小于完整样本的容量 n。理想情况下，这些子样本是不重合的：应该将数据分割为 $B = n/m$ 折，并在每个独立的折上获取参数。但是，B 需要足够大，以良好地反映抽样分布。m 也要有足够大，以使估计值能近似全样本估计的结果。例如，在 lasso 问题中，m 不能太小，否则所有系数都会在子样本估计中被设置为 0。很可能需要 $m \geqslant n/5$ 才能满足上述条件，而且你需要多于 $B = 5$ 个子样本估计才能得到一个合理的置信区间。

实际工作中，只要计算时间允许，就应该选择尽量大的 B[2]；只要估计过程还能给出看上去合理的点估计，就应该选择尽量小的 m。后一种推荐比较主观，我使用 $m \approx n/4$ 作为一种经验法则，你应该调整这个数值，确保你的置信区间不对这个值过分敏感。

对于 bootstrap 算法也是一样，子集之间估计值的变动可用于为全样本估计值的抽样变动建模。但是，与非参数 bootstrap 不同，每个子样本估计值都是基于基本独立的数据的。也正是由于这个原因，子抽样方法才能在 bootstrap 失效的情况下（如 lasso 估计和模型选择之后）发挥作用。

子抽样的问题是每个估计值都是基于一个比实际样本小的样本。因为这个原因，子抽样算法要求你假定一个**学习率**（learning rate），以调节容量为 m 的样本的不确定性，来对容量为 n 的样本进行估计。学习率确定了标准误差以多快的速度随着样本容量的增大而减小。例如，在常见的均值估计中，你使用样本均值 $\bar{x}_n = (1/n)\sum_i x_i$ 作为真实均值 $\mathbb{E}[x]$ 的一个估计值（其中下标 n 表示对样本容量的依赖），该估计值的标准误差为：

$$\mathrm{se}(\bar{x}_n) = \sqrt{\frac{\mathrm{var}(x)}{n}} \tag{3.10}$$

在这里，我们认为学习率是 $\sqrt{n}$：因为 $\mathrm{var}(x)$ 是一个常量，所以标准误差随着样本容量平方根的增大而减小。举个例子，假设已知一个较小的容量为 m 的 x_i 值样本的均值为 $\bar{x}_m$，那么可以将容量不同的两个样本之间的不确定性关联如下：

$$\mathrm{se}(\bar{x}_n) = \sqrt{\frac{m}{n}}\mathrm{se}(\bar{x}_m) \tag{3.11}$$

人们发现，由于与 CLT 相关[3]，很多估计算法的学习率是（至少近似是）$\sqrt{n}$。例如，所有 MLE 的学习率都是 $\sqrt{n}$。一旦加入模型选择和惩罚项，$\sqrt{n}$ 的学习率假定就很难成立了。不过，有研

---

[1] Dimitris N. Politis、Joseph P. Romano 和 Michael Wolf 所著的 *Subsampling* 一书详细阐述了子抽样的操作过程。

[2] 请记住，可以使用并行计算来加速所有子抽样或 bootstrap 算法。

[3] 对于数学爱好者，这个原因就是多数估计算法具有这样的抽样分布，它的二阶泰勒级数展开可以得到一个与 $1/n$ 成正比的方差。

究表明[①]，如果参数维度不是太高[②]，那么 lasso 估计的学习率为 $\sqrt{n}$ 。如果你乐于做出这种假设，那么可以使用算法 10 中的子抽样方法得出 lasso 估计的函数的非参数置信区间。

算法 10　$\sqrt{n}$ 学习率的子抽样置信区间

已知数据 $Z = \{z\}_{i=1}^{n}$ ，以及根据该数据计算出的一些全样本估计值 $\hat{\theta}$，用来近似总体目标值 θ。

设子样本容量为 m，$m \leqslant n/2$。我们使用 $m = n/4$ 作为默认值。然后，对于 $b = 1, \cdots, B$：

- 从全样本 Z 中以无放回方式抽取一个具有 m 个观测的子样本 Z_b；
- 在 Z_b 上运行估计过程以获取 $\hat{\theta}_b$（θ 的子样本估计值）；
- 计算误差，$e_b = (\hat{\theta}_b - \hat{\theta})$。

给定 $\{e_b\}_{b=1}^{B}$，可以得到 θ 的 $\alpha\%$ 置信区间。首先算出该误差样本上的 $\alpha/2$ 和 $1-\alpha/2$ 百分位数，即 $t_{\alpha/2}$ 和 $t_{1-\alpha/2}$，然后设置置信区间为：

$$\left[\hat{\theta} - \frac{\sqrt{m}}{\sqrt{n}} t_{1-\alpha/2} ,\ \hat{\theta} - \frac{\sqrt{m}}{\sqrt{n}} t_{\alpha/2} \right] \tag{3.12}$$

回到冰球分析的例子，我们抽取 $B = 100$ 个子样本估计，子样本容量 $m = 17\,362 \approx n/4$。

```
> n <- nrow(x)
> B <- 100
> ( m <- round(n/4) )
[1] 17362
```

因为 n 不是 B 的倍数，所以子样本中既有容量为 $m_b = 3473$ 的样本，也有容量为 $m_b = 3472$ 的样本。这样就可以运行算法 10 了。如前所述，我们要得到的是形如 $\theta = e^{\beta_j}$ 的统计量，即发生比乘数。

```
> Esubs <- sparseMatrix(dims=c(nrow(Bhat),0),i={},j={})
> for(b in 1:B){
+     subs <- sample.int(n, m)
+     fitb <- gamlr(x [subs,], y[subs],
+        free=1: (ncol(config)+ncol (team)),
+        family="binomial", standardize=FALSE)
+     eb <- (exp(coef(fitb)) - exp(coef(nhlreg)))
+     Esubs <- cBind(Esubs, eb) }
```

[①] Keith Knight, Wenjiang Fu. Asymptotics for lasso-type estimators. Annals of Statistics, 2000.

[②] 具体地说，需要选择的惩罚权重 $\hat{\lambda}$ 在添加数据时下降速度和 $1/\sqrt{n}$ 一样快。只有在添加观测的同时不添加系数，这才是可能的，因此它不适用于像词袋建模这种情形，因为词汇表会在观测到更多文本时增长。

再看看主场优势，子抽样找到的 90%置信区间与使用参数 bootstrap 找到的置信区间非常相近。

```
> thetahat <- exp(coef(nhlreg)[1,])
> tval <- quantile(Esubs[1,], c(.95,.05))
> thetahat - tval*sqrt(m)/sqrt(n)
     95%       5%
1.066916 1.095240
```

精确到小数点后第 2 位小数，这表明主场得分的概率比客场得分概率高 7%~10%。

看看对 Sidney Crosby 的效果，结果得到了一个与使用参数 bootstrap 明显不同的置信区间。

```
> WHO <- "SIDNEY_CROSBY"
> thetahat <- exp(coef(nhlreg)[WHO,])
> tval <- quantile(Esubs[WHO,], c(.95,.05))
> thetahat - tval*sqrt(m)/sqrt(n)
     95%       5%
1.453544 1.766025
```

与参数 bootstrap 得到的 38%~79%的置信区间不同，子抽样方法得出 Sidney Crosby 对进球发生比的提升效果的置信区间为 45%~77%，区间更窄，区间中点也略有提高（从 59%提高到了 61%）。

哪个结果更可信？很遗憾，没有定论。参数 bootstrap 和子抽样都严重依赖对客观世界运行方式的假设。在参数 bootstrap 方法中，你假设进球概率是从某种真实的逻辑回归模型中独立抽取出来的。而子抽样方法允许在观测中存在依赖（这可以在子样本中表现出来），也允许在逻辑回归模型中存在设定偏误的可能，但它**严重依赖学习率为 $\sqrt{n}$ 的假设**[①]（这基本上无法检验）。此外，这些方法中都有可调参数需要选择：参数 bootstrap 方法中的缩减惩罚权重 $\bar{\lambda}$ 和子抽样方法中的子样本容量 m。最后，这两种方法都是近似工具，对它们的结果都应该持怀疑态度。在这里，我会选择更保守的置信区间，认为 Sidney Crosby 的得分提升效果在 38%~79%。

最后需要注意的是，不论是在子抽样还是在参数 bootstrap 方法中，Sidney Crosby 效果置信区间的中点都与全样本估计值 51%有一定差别。这是为何？回想一下，子抽样方法公式 3.12 和参数 bootstrap 方法公式 3.9（还有非参数 CI bootstrap 方法中的公式 1.6）中的置信区间都是为了修正全样本估计的**偏差**而设计的。在这个例子中，子抽样和参数 bootstrap 的估计值都小于全样本估计值。图 3-12 给出了子抽样方法中 Sidney Crosby 效果 $\{e_b\}_{b=1}^{B}$ 的分布，这表明，相对于在无限数据上的估计结果，换言之，相对于真实的总体参数，全样本估计的偏差很可能向下。因此，你发现了向下偏差，而且最后得到的 90%置信区间增大了 Sidney Crosby 发生比乘数的初始估计值，以此修正了这种偏差。

[①] 在这个具体例子中，我对学习率为 $\sqrt{n}$ 的假设持怀疑态度。如果比赛更多，球员也会更多，所以在这个例子中，维度不会随着样本容量的增大而增加的假设似乎是不现实的。

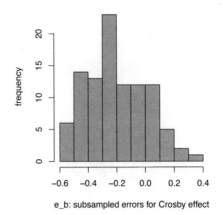

图 3-12　$B = 100$ 的子抽样误差 e_b 直方图，表示 Sidney Crosby 对他所在球队得分概率的乘法效应，$\theta = \exp[\beta_{\text{crosby}}]$

## 第 4 章

分 类

很多预测问题属于分类问题。你可能想预测一个网站用户在几个选项之间的选择倾向、一位演讲者的政治立场，或者一张未标记图像的主题。这些问题都适合使用通常的回归框架来解决，其中响应变量 y 是输入变量 x 的一个函数。分类问题的区别在于，这里的 y 表示对一个类别的隶属关系：$y \in \{1, 2, \cdots, m\}$。预测问题为：给定一个新的 x，我们对响应类别 $\hat{y}$ 的最佳猜测是什么？

4.1 最近邻

前面通过逻辑回归处理过二类别分类问题，其中 $y \in \{0, 1\}$，并使用一个 logit 链接函数为 p($y = 1 | x$) 建模。这种二元逻辑回归是**多元逻辑回归**的一种特殊情况，多元逻辑回归中的类别多于两个。后文会讨论这些建模方法，下面首先介绍一种简单、直观的分类器：最近邻算法。

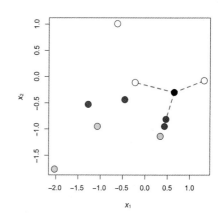

K-最近邻（K-NN）算法通过这个问题来预测 x 所属类别 $\hat{y}$：x 附近的观测最常见的类别是什么？图 4-1 演示了算法 11 中的 K-NN 过程。黑点是 x_f，我们要预测它们的类标号。对于一个 $K = 3$ 的例程，虚线表示最近邻：两个白色的点和一个深灰色的点。因此，最近邻就是白色的，这个 3-NN 预测结果就是 $\hat{y}_f$ = white。这些"邻居"还为类别的概率提供了**粗略的估计**，可以认为 $\hat{p}_f$(white) $= 2 / 3$。

图 4-1　K-NN 图示。黑点是你想预测类标号的 x 位置，其他点都具有列标号，用颜色表示（深灰色、浅灰色或白色）

因为距离是用原始的 x 值度量的，所以单位很重要。正如在正则化中所做的，我们默认使用标准差为单位计算 K-NN 距离。我们可以先使用 R 中的 scale 函数将 x_j 转换为 $\bar{x}_j = x_j / \text{sd}(x_j)$，然后再将其作为 K-NN 算法的输入。

算法 11　*K*-NN

给定需要预测类标号的输入向量 $\boldsymbol{x}_f$，在数据集中找到 K 个已标记的观测作为最近邻，记作 $\left\{[\boldsymbol{x}_i, y_i]\right\}_{i=1}^{n}$，其中的邻近度用欧氏距离表示：

$$d(\boldsymbol{x}_i, \boldsymbol{x}_f) = \sqrt{\sum_{j=1}^{p}(x_{ij} - x_{fj})^2}$$

这样就得到了一个带有标号的 K 个最邻近观测的集合：

$$[\boldsymbol{x}_{i1}, y_{i1}], \cdots, [\boldsymbol{x}_{iK}, y_{iK}]$$

那么就预测 $\boldsymbol{x}_f$ 的类别为该集合中最常见的类别：

$$\hat{y}_f = \text{mode}\left\{y_{i1}, \cdots, y_{iK}\right\}$$

下面以一个玻璃碎片特性数据集为例。R 的 MASS[1]库中包含了这个 forensic glass 数据集，名称为 fgl。

```
> library (MASS)
> data(fgl) ## 将数据加载到 R 中
```

该数据集包含了 214 个玻璃碎片的数据，度量指标有 RI（refractive index，折射率）和一些化学成分，化学成分以 Na、Mg、Al、Si、K、Ca、Ba 和 Fe 的氧化物的重量百分比来表示。我们使用这些信息作为输入，预测玻璃碎片属于以下哪个类型。

❏ WinF：用于窗户的浮法玻璃[2]。
❏ WinNF：用于窗户的非浮法玻璃。
❏ Veh：车窗玻璃。
❏ Con：容器（瓶子）玻璃。
❏ Tabl：餐具玻璃。
❏ Head：车前灯玻璃。

数据绘制在图 4-2 中，可以看出，有些输入是明显的**鉴别器**。例如，Ba 在车前灯玻璃中的含量相对较高，而在其他类型的玻璃中只微量存在；Mg 则在各个类型的窗玻璃中普遍存在，不管是家用玻璃还是车辆玻璃。其他输入的鉴别作用不那么明显，或者只在相互作用中才显得很重要。

---

① W. N. Venables, B. D. Ripley. Modern Applied Statistics with S, 4th ed. Springer, 2002.
② 现在多数窗户使用浮法玻璃，它是通过将熔化的玻璃浮在熔融金属表面而制造出来的。另一种制造玻璃的传统工艺是在固体金属表面冷却熔化的玻璃。

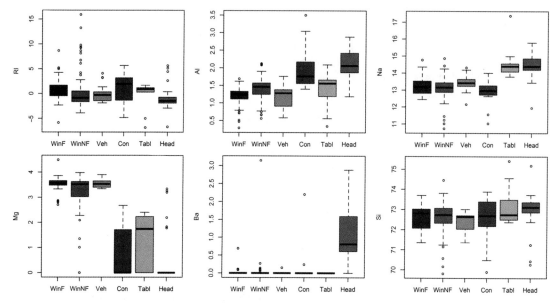

图 4-2　按玻璃类型划分的元素含量分布

要在 R 中运行最近邻算法，需要加载 class 包，它包含了函数 knn。然后，需要创建一个保存训练数据 **x** 的**数值型**矩阵，还有相应的标号 y，以及要预测的新数据 test。与 glm 不同，必须为 knn 提供检验数据：knn 不需要拟合模型，只需对 test 中的每个观测数出"邻居"的数量[①]。

对于玻璃这个例子，首先要对数据进行缩放，以便用标准差表示距离。

```
> x <- scale(fgl[,1:9]) # 第 10 列是类标号
> apply (x,2,sd) # 参见?apply
RI Na Mg Al Si  K Ca Ba Fe
 1  1  1  1  1  1  1  1  1
```

现在所有变量的标准差都是 1，然后分别运行一次 1-NN 算法和 5-NN 算法，并使用 test 观测的一份随机样本进行预测。

```
> test <- sample(1:214,10)
> nearest1 <- knn(train=x [- test,], test=x [test,], cl=fgl$type[- test], k=1)
> nearest5 <- knn(train=x[-test,], test=x[test,], cl=fgl$type[-test], k=5)
> data.frame(fgl$type[test], nearest1,nearest5)
   fgl.type.test. nearest1 nearest5
1            WinF     WinF     WinF
2            WinF     WinF     WinF
3            Tabl     Tabl     Tabl
4             Veh    WinNF    WinNF
5             Con      Con     Head
6            WinNF     WinF     WinF
```

① 这就是 *K*-NN 在大型问题上计算成本过高的原因，当然也有一些效率更高的近似最近邻算法。

7	Head	Head	Head
8	WinF	WinF	WinF
9	WinF	WinF	WinF
10	WinNF	WinNF	WinNF

在这个例子中，1-NN 的正确率为 80%，5-NN 的正确率为 70%。但是，如果使用随机检验集合重新运行，数值会有很大波动。

在实际应用中，K-NN 有几个主要问题。首先，我们可以推断出，作为 K 的一个函数，K-NN 预测是**不稳定的**。例如，在图 4-1 中，如果使用计数作为概率，会得到如下结果：

$$K = 1 \Rightarrow \hat{p}_f(\text{white}) = 0$$
$$K = 2 \Rightarrow \hat{p}_f(\text{white}) = 1/2$$
$$K = 3 \Rightarrow \hat{p}_f(\text{white}) = 2/3$$
$$K = 4 \Rightarrow \hat{p}_f(\text{white}) = 1/2$$

预测结果 $\hat{y}_f$ 也随着不同的 K 而发生变化。正如第 3 章提到的，这种预测的不稳定性使得很难选出最优的 K，因此交叉验证对 K-NN 的效果并不好。另外，对每个新 $\pmb{x}_f$ 的预测都需要大量计算以遍历最近邻，要想在多数大数据情形下发挥作用，K-NN 的代价太高昂了。

因此，K-NN 与前向逐步回归非常相似——思路很好，给出了非常具体、直观的问题解决方法，但在实际工作中起作用的条件太苛刻。解决这个问题的方法是使用**概率**模型，并以此作为分类的基础。

4.2 概率、成本和分类

在更深入地研究建模之前，需要先讨论概率和分类之间的关系。为了说明思路，先从简单的二元分类问题入手，此时 $y \in \{0, 1\}$。二元问题中有如下两类错误。

❑ **假阳性**：在 $y = 0$ 时预测 $\hat{y} = 1$。
❑ **假阴性**：在 $y = 1$ 时预测 $\hat{y} = 0$。

两类错误的成本可能不同。对于医生来说，在过度治疗上花费的成本要小于误诊所带来的成本，美国刑事司法制度则认为让无辜者蒙冤的成本要高于让犯罪分子逍遥法外的成本。

一般说来，**决策是有成本的**。要做出最优决策，需要估计可能结果发生的概率，可以使用这些概率来评估与各种行为相关的**期望损失**（expected loss）。假设你已经知道每种结果的概率——对于可能的结果 $k = 1, \cdots, K$，概率为 p_k——和在行动 a 之下结果 k 的成本 $c(a, k)$，那么行动 a 的期望损失就是：

$$\mathbb{E}\big[\text{loss}(a)\big] = \sum_k p_k c(a, k) \tag{4.1}$$

> 期望损失经常被统计学家称为**风险**（risk），我们不使用这个名词，因为它还经常在财务和经济学中作为损失的函数，用来度量损失的方差。

举例来说，假设行动 *a* 是你决定借给某人 100 美元，条件是他下周还 125 美元。如果你认为有 10% 的可能性他**不会**还钱，那么期望损失就是 $100 \times 0.1 - 25 \times 0.9 = -12.5$（这里用减号是因为利润就是负的成本）。你预期这笔借款能**赚** 12.5 美元，能从这次交易中受益。只要知道了各种结果的概率，你就可以评估期望利润和期望损失，并做出最优决策。

前面介绍了如何通过逻辑回归估计概率。为了完整地介绍基于概率分类的各个步骤，我们将使用一个真实的借贷数据集，它来自一个德国本地贷款人集合[①]。信用评分是一个经典分类问题，现在还是机器学习的一大应用领域：使用之前的贷款结果（违约还是偿还）训练一个模型，来预测潜在新贷款的表现。

经过对 credit.R 的一番数据清理，我们得到了一个包含借款人和贷款特性的数据框，还有一个表示结果的二进制变量 Default。

```
> head(credit)
  Default duration amount installment age  history     purpose foreign  rent
1       0        6   1169           4  67 terrible goods/repair foreign FALSE
2       1       48   5951           2  22     poor goods/repair foreign FALSE
3       0       12   2096           2  49 terrible          edu foreign FALSE
4       0       42   7882           2  45     poor goods/repair foreign FALSE
5       1       24   4870           3  53     poor       newcar foreign FALSE
6       0       36   9055           2  35     poor          edu foreign FALSE
> dim(credit)
[1] 1000    9
```

我们对 Default 运行一个 lasso 逻辑回归，使用所有输入及其彼此之间的**交互作用**（包括所有两两之间的交互作用）。为了得到一个包含所有因子水平（没有截距中的参照水平）的设计，我们使用了第 3 章详细介绍过的 naref 函数，可以在作为 gamlr 输入的数据上调用该函数。

```
> library(gamlr)
> source("naref.R")
> credx <- sparse.model.matrix( Default ~ . ^ 2,
  data=naref(credit))
> default <- credit$Default
> credscore <- cv.gamlr(credx, default, family= "binomial")
```

图 4-3 展示了最后得到的正则化路径和样本外预测效果。可以看出，AICc 选择了一个比 CV-min 稍复杂的模型；但如果重复执行（随机的）样本外验证，结果也许会不同。对于这个随机划分的集合，CV-min 选择了 20 个变量，AIC 和 AICc 都选择了 21 个变量，BIC 选择了 19 个变量，CV-1se 更保守，只选择了 12 个变量。我们使用 AICc 选择的模型继续讨论这个例子。

———————————
① 取自加州大学欧文分校的机器学习资源库。

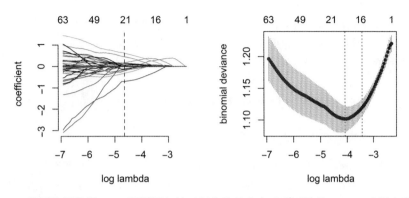

图 4-3 德国信用数据 lasso 逻辑回归的正则化路径和交叉验证结果。AICc 选择在路径
　　　图上标注，CV-min 和 CV-1se 选择在另一张图上标注

有了这个拟合模型，使用 predict 函数就可以得到违约概率：

```
pred <- predict(credscore$gamlr, credx, type="response")
pred <- drop(pred) # 去掉稀疏矩阵格式
```

图 4-4 给出了最后的**样本内**拟合结果。这个问题包含很多噪声，因此看上去真正违约和真正
偿还的概率之间有很大重叠，这意味着选择任何分类规则都会导致很多假阴性和假阳性。

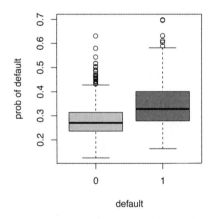

图 4-4 信用数据的 lasso 样本内拟合

分类问题的一条规则，或称截止点，就是概率 p。当 $p_f \leqslant p$ 时，预测 $\hat{y}_f = 0$；当 $p_f > p$ 时，
预测 $\hat{y}_f = 1$。如前所述，任何这样的规则都会有两类错误：假阳性，即 $\hat{y} = 1$，但 $y = 0$；假阴性，
即 $\hat{y} = 0$，但 $y = 1$。我们可以将这两类错误转换为比率：

$$\text{假阳性率} = \text{期望的假阳性数量}/\text{阳性分类数量}$$
$$\text{假阴性率} = \text{期望的假阴性数量}/\text{阴性分类数量}$$

这与前面学习假设检验时的 FDR 非常相似。

回到前面那个虚构的借款例子，你借出 100 美元，如果对方顺利偿还，你就能得到 125 美元
（发生违约则会损失 100 美元）。如果违约概率为 p，那么如果以下关系成立，你的期望损失就是
负的（能获得利润）：

$$-25 \cdot (1-p) + 100 \cdot p < 0 \Leftrightarrow p < \frac{25}{125} = \frac{1}{5}$$

因此，借还是不借的决策截止点就是 $p = 0.2$[①]。

在德国信用模型和数据中使用 $p = 0.2$ 规则，就可以得到对 FPR 和 FNR 的样本内估计。结果
显示，假阳性率约为 0.61（所以你拒绝借款的人中有 61% 是会按时偿还的），假阴性率约为 0.07
（只有约 7% 的借款会发生违约）。

```
## 假阳性率
> sum( (pred<rule) [default==0] )/sum(pred>rule)
[1] 0.6059744
## 假阴性率
> sum( (pred>rule) [default==1] )/sum(pred<rule)
[1] 0.07744108
```

作为对比，$p = 0.5$ 的截止点可以得到 FPR = 0.32，FNR = 0.25。这种决策规则会导致假阳性远
超假阴性，因为你在遇到违约时的成本更高了。

在 FPR 和 FNR 中，错误被你按照某种方法分类的样例数量归一化了（如假阳性数量除以分
类为阳性的数量）。另一种对分类错误的常用总结使用每个类别中的真实样例数量来进行归一化。

灵敏度：对所有真实的 $y = 1$，将其分类为阳性的比例。

特异度：对所有真实的 $y = 0$，将其分类为阴性的比例。

对于一条规则，如果对多数 $y = 1$ 的观测能预测出 $\hat{y} = 1$，那它就是灵敏的；如果对多数 $y = 0$
的观测能预测出 $\hat{y} = 0$，那它就是特异的。在德国信用数据中，$p = 0.2$ 的截止规则是灵敏的（约
92%），但并不特异（只有约 39%）。

```
> mean( (pred>1/5) [default==1] ) # 灵敏度
[1] 0.9233333
> mean( (pred<1/5) [default==0] ) # 特异度
[1] 0.3914286
```

同样，这种情况也是由与违约和偿还相关的成本不对称造成的。

ROC 曲线是对潜在分类规则的一种很好的可视化，它绘制出了灵敏度和 1-灵敏度之间的关
系。这条曲线的名称来自信号处理，ROC 表示 receiver operating characteristic（接收者操作特性）。
一条紧密拟合的 ROC 曲线被强迫接近左上角，表示可以获得很高的灵敏度，同时维持很高的特

---

① 一般说来，对于这种顺利归还就能得到 $100 + X$ 的简单情形，如果 $p < X/(100 + X)$，你就能得到预期收益。因此，
已知违约概率 p，就可以将索要的利息总额设置为 $X > 100 \cdot p/(1 - p)$，即借款额乘以违约的发生比。

异度。对于任何拟合统计量或图形，都可以绘制出样本内 ROC 曲线和样本外 ROC 曲线（后者总是会更有趣一些）。

图 4-5 给出了德国信用模型示例的 ROC 曲线。样本外图对应 AICc 选择的 lasso 模型，它使用一半数据进行拟合，并在剩余的一半数据上进行了灵敏度和特异度评价。请注意，与样本内曲线相比，样本外曲线更平一些（更接近对角线）；与样本内拟合相比，新数据的灵敏度与特异度之间的折中效果稍差一些。

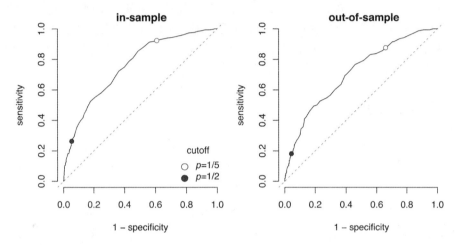

图 4-5　德国信用模型的样本内 ROC 曲线和样本外 ROC 曲线，都标记出了 $p = 0.2$ 规则和 $p = 0.5$ 规则

这个信用分析提出了一个重要问题，是关于在未来决策制定过程中使用回顾性分析的。图 4-6 给出了违约者比例，将其作为信用历史的一个函数。可以看出，信用历史越糟糕，违约率反而越**低**，这怎么可能呢？！

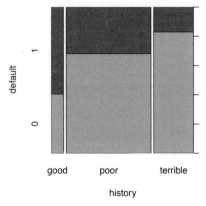

图 4-6　信用历史与贷款结果的马赛克关系图

问题在于，对于不同的信用历史，贷款发放的情况不同。那些信用历史良好的人能得到大额贷款以开展风险更高的项目，而信用历史很差的人只能得到几乎不可能违约的小额贷款。因此，信用历史不同的客户获得了不同类型的贷款。在数据中，信用历史与违约存在关联，所以造成与我们期望的因果关系相反。

有些这种问题可以通过加入正确的控制变量来解决。如果你在回归中包含了贷款数额和情形作为协变量，就有可能解释这种选择性问题，从而得到正确的因果模型。第 5 章将讨论如何正确地完成这种任务。但是，一般说来，基于对过去数据的简单分析就改变未来行为是非常危险的。在这个例子中，我非常确定可以使用这些数据来分析那些账目清楚的大量贷款的预期违约率（因为产生这些贷款的审查流程与生成这些训练数据的流程相同）。但如果要在该模型的基础上开发某种银行机器人，自动审查未来贷款，就需要更加谨慎。

4.3　多元逻辑回归

我们使用概率模型为分类问题开了个好头。对于二元分类问题，可以使用二元逻辑回归建立概率模型。在**多分类**问题中，响应变量是 K 个类别中的一个，你可以建立一个类似的广义线性模型。

首先，需要将多类响应变量重写为一个长度为 K 的二进制向量 $\boldsymbol{y}_i = [0,\ 1,\ \cdots,\ 0]$，如果第 i 个响应变量是类别 k，那么 $y_{ik} = 1$。然后，按照第 2 章中公式 2.1 的一般线性模型形式，我们需要为以下公式建模：

$$\mathbb{E}\left[y_{ik} \mid \boldsymbol{x}_i\right] = \mathrm{p}(y_{ik} = 1 \mid \boldsymbol{x}_i) = f(\boldsymbol{x}_i'\boldsymbol{B}) \quad k = 1,\ \cdots,\ K \tag{4.2}$$

这里，$\boldsymbol{B} = [\boldsymbol{\beta}_1,\ \cdots,\ \boldsymbol{\beta}_K]$ 是一个矩阵，其中的列是每个结果类的系数。**多元逻辑回归**是逻辑回归的一种扩展，对这种问题的效果非常好，它的概率模型为：

$$\mathrm{p}(y_j = 1 \mid \boldsymbol{x}) = p_j(\boldsymbol{x}) = \frac{\mathrm{e}^{\boldsymbol{x}'\boldsymbol{\beta}_j}}{\sum_{k=1}^{K} \mathrm{e}^{\boldsymbol{x}'\boldsymbol{\beta}_k}} \tag{4.3}$$

这里的链接函数 $\mathrm{e}^{z_j} / \sum_k \mathrm{e}^{z_k}$ 是多元 logit 函数，在机器学习中，通常称其为 softmax 函数，是将真实值（如 $\boldsymbol{x}_i'\boldsymbol{\beta}_k$）转换为概率的最常用的方法。你或许在别处见过分子为 $1 + \sum_k \mathrm{e}^{\boldsymbol{x}'\boldsymbol{\beta}_k}$ 形式的 softmax 函数，这对应于设置一个"参照"结果类的情况，此时 $\boldsymbol{\beta}_j = \boldsymbol{0}$。与因子参照水平的情况类似，这是一种人工设计的 MLE（需要限制变量空间来得到一个定义良好的极大值），使用正则化时就不会出现这种情况。

对于多元分布，似然也很简单。给定 $y_{ik} = 1$ 的概率 p_{ik}，则得到观测数据的概率成正比于：

$$\prod_{i=1}^{n}\prod_{k=1}^{K} p_{ik}^{y_{ik}} \tag{4.4}$$

这令我们想起了 $a^0 = 1$ 和 $a^1 = a$。

作为练习，可以把该公式和公式 2.22 做比较，并确认二元似然对应于公式 4.4 在 $K=2$ 时的情况（请注意，y_i 的定义从一个标量数值变为了长度为 2 的二进制向量）。

对公式 4.4 取对数，并乘以 -2，就得到了多元偏差：

$$\text{dev} = -2\sum_i \sum_k y_{ik} \log(p_{ik}) \tag{4.5}$$

最后，使用公式 4.3 中的 logit 链接函数，可知 p_{ik} 是回归系数 $\boldsymbol{B} = [\boldsymbol{\beta}_1, \cdots, \boldsymbol{\beta}_K]$ 的函数，这样就可以得到：

$$\begin{aligned}
\text{dev}(\boldsymbol{B}) &= -2\sum_{i=1}^{n} y_{ik} \log p_{ik}(\boldsymbol{x}_i'\boldsymbol{B}) \\
&= -2\sum_{i=1}^{n}\left[\sum_{k=1}^{K} y_{ik}\boldsymbol{x}_i'\boldsymbol{\beta}_k - m_i \log\left(\sum_{k=1}^{K} \mathrm{e}^{x_i'\beta_k}\right)\right]
\end{aligned} \tag{4.6}$$

其中 $m_i = \sum_k y_{ik}$ 是观测 i 中"成功"的数量。（从以上公式第 1 行推导到第 2 行是非常好的数学训练。）在当前的分类示例中，$m_i = 1$，因为只有一个可能的结果。但是，在其他情况下，y_{ik} 实例是可数的，m_i 可以是任意正整数，这时公式 4.6 就起作用了。例如，在文本分析中，y_{ik} 就是一个文档中单词的数量。

同样，我们通过惩罚偏差最小化来估计多元逻辑回归：

$$\hat{\boldsymbol{B}}_\lambda = \arg\min\left\{-\frac{2}{n}\sum_{i=1}^{n} y_{ik} \log p_{ik}(\boldsymbol{x}_i'\boldsymbol{B}) + \lambda\sum_k\sum_j |\beta_{kj}|\right\} \tag{4.7}$$

这里，我们对所有类别 k 都使用相同的惩罚系数 λ，在后面的估计策略中，将放松这个条件。

gamlr 包中没有对公式 4.7 的估计程序，它使用一种称为 DMR（distributed multinomial regression，分布式多元回归）的高效并行计算策略，稍后介绍这种方法。现在可以使用 glmnet 包来拟合多元逻辑回归，记住要使用 family="multinomial" 标记。glmnet 使用和 gamlr 几乎相同的语法，但仍有一些差别，详见帮助文档。

下面使用研究 K-NN 算法时用过的玻璃鉴别数据来演示。和 gamlr 一样，glmnet 包也使用稀疏矩阵。设计矩阵中包括了所有化学成分变量及其与 RI 之间的相互作用。

```
library(glmnet)
xfgl <- sparse.model.matrix(type~.*RI, data=fgl) [,-1]
```

然后调用 cv.glmnet 最小化公式 4.7 并进行交叉验证。

```
gtype <- fgl$type
glassfit <- cv.glmnet(xfgl, gtype, family="multinomial")
```

cv.glmnet 对象和 cv.gamlr 对象类似，你可以打印出每折的样本外偏差结果，如图 4-7 所示。可以看出，最小的样本外偏差在 2.0 附近，而零模型偏差在 3.0 左右，这意味着 R^2 约为 1/3。图 4-8 给出了 lasso 路径，每个玻璃类型（β_k）都有一张路径图。不过，在模型设定中，对所有类别都使用一个 λ。根据图 4-7，CV-min 规则选择的路径切片在 $\log \lambda \approx -6$。

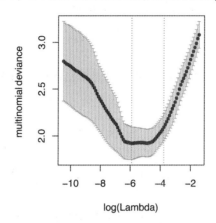

图 4-7 玻璃鉴别数据多元逻辑 lasso 回归交叉验证各折之间的样本外偏差。还是使用竖直虚线标出了 CV-min 和 CV-1se 规则

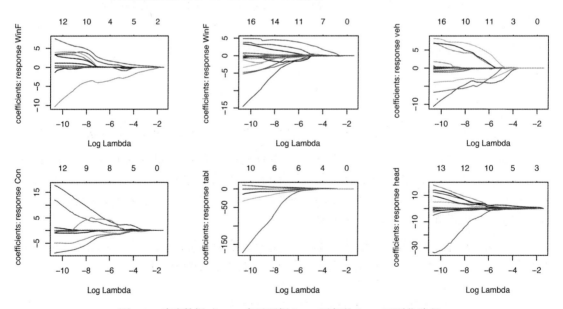

图 4-8 玻璃数据 glmnet 多元逻辑 lasso 回归的 lasso 正则化路径

使用 predict 函数，可以得到拟合模型的概率。

```
probfgl <- drop(predict(glassfit, xfgl, type="response"))
```

对于分类问题，这些概率可以与决策成本结合起来，如前所述（多分类问题更复杂一些，但逻辑不变）。通常情况下，若有对称的成本，就可以使用**最大概率规则**：$\hat{k}=\arg\max_k\{\hat{p}_k:k=1,\cdots,K\}$。在 R 中，可以使用 apply(probs,1,which.max) 得到这个结果，该函数可以给出 probs 每行中概率值最大的列的索引。

我们可以仿照线性回归和逻辑回归的拟合图形，为多元分布创建一个样本内拟合图形。图 4-9 展示了样本内观测 $\hat{p}_{ik_i}$ 的箱线图，其中 k_i 表示真实类别（$y_{ik_i}=1$）。紧密拟合会使得该图形中所有"箱子"被向上挤压到 1。我们可以轻松鉴别出车前灯玻璃（按照图 4-2 中的钡元素），对其他类型则不太确定。车窗玻璃、容器玻璃和餐具玻璃的拟合概率很低，但它们在这份样本中的数量也很少（"箱子"宽度与样本容量成正比）。

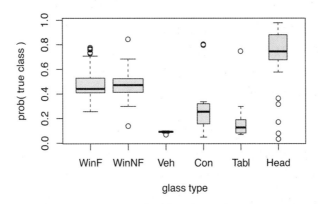

图 4-9　玻璃多元逻辑 lasso 回归的样本内拟合。每个"箱子"的宽度与该类别的样本容量成正比

为了得到回归系数，我们使用熟悉的 coef 函数。和 cv.gamlr 一样，我们可以加入 select="min" 来使用 CV-min 选择规则。glmnet 的原始输出是一个列表，其中每个元素表示一个结果类，我们进行一些简单的格式化工作[①]将其转换为 $p \times K$ 矩阵 $\hat{\boldsymbol{B}}$。

```
B <- coef(glassfit, select="min")
B # 这是一个系数列表，每个玻璃类别 1 个矩阵
## 组合成一个矩阵
B <- do.call(cBind, B)
## 烦人的是，列名丢失了
colnames(B) <- levels(gtype) # 将它们加回去
```

MN 维 logit 系数解释起来有些困难。回想一下，在二元逻辑回归中，β 值可以简单地解释为在对数发生比上的线性效应。但现在我们是在 K 个类别之间进行比较，而不是仅仅是 2 个，此时的对数发生比解释是应用于任何一对类别系数之间的**差**上的：

---

① 因为 glmnet 返回的预测是一个 $n \times K \times 1$ 的数组，所以我们使用 drop() 函数将其转换为一个 $n \times K$ 矩阵。

$$\log\left(\frac{p_a}{p_b}\right) = \log\left(\frac{e^{x'\beta_a}}{e^{x'\beta_b}}\right) = x'\left[\beta_a - \beta_b\right] \tag{4.8}$$

例如，如果 Mg 增加一个单位，那么非浮法玻璃相对于浮法玻璃的发生比会下降约 1/3，而非浮法玻璃相对于容器玻璃的发生比会提高约 2/3：

```
exp(B["Mg", "WinNF" ]-B["Mg", "WinF"])
0.6633846
exp(B["Mg", "WinNF"] -B["Mg", "Con"])
1.675311
```

由此可以推断出，更多的 Mg 可以使浮法玻璃和非浮法玻璃的可能性都增大，但浮法玻璃的概率要比非浮法玻璃提高得多。在图 4-2 的情况下，这个说法是合理的。

一旦熟悉了这些成对变量之间的发生比比较，模型解释就和任何其他广义线性模型一样了。例如在拟合后的回归中，RI:Mg 交互项的系数估计为，对于 WinNF，$\hat{\beta}_{\text{WinNF, RI:Mg}} = -0.05$，对于 WinF 则是 0。因此，额外一个单位的 Mg 对于非浮法玻璃相对于浮法玻璃的发生比的乘法效应，就是它本身乘以 RI 每增加一个单位的效果，如下所示：

$$\exp[\hat{\beta}_{\text{WinNF, RI:Mg}} - \hat{\beta}_{\text{WinF, RI:Mg}}] = e^{-0.05} \approx 0.95$$

如前所述，当 RI 为 0 时，Mg 每增加一个单位，浮法玻璃相对于非浮法玻璃的发生比就要乘以 0.66，于是当 RI = 5 时，这个乘数就变成了 $0.66 \times 0.95^5 \approx 0.51$，当 RI = -5 时，就是 $0.66 \times 1.05^5 \approx 0.84$。

学习多元 logit 时一个常见的问题是："当 **x** 改变时，某个类别相对于其他所有类别的发生比是如何变化的？"这种关系是**非线性**的：

$$\log\left[\frac{p_k}{1-p_k}\right] = \log\left[\frac{p_k}{\sum_{j \neq k} p_j}\right] = x'\beta_k - \log\sum_{j \neq k} e^{x'\beta_j} \tag{4.9}$$

一个协变量中一个单位的变化所起的作用不是一种固定关系，你需要计算出在不同输入位置的概率，方能明确比较。

如果你使用多元逻辑回归模型更多，就会习惯于这样一种思想：把 $e^{x'\beta_k}$ 作为每个类别的**密度**（intensity）。这些密度彼此竞争，以确定潜在类别的概率。这种解释方法为下面要介绍的算法奠定了基础。

4.4 分布式多元回归

如果你运行过 4.3 节中的回归，或其他多元 logit，也许会注意到多元回归的速度非常慢。这是因为与 lasso 线性回归和逻辑回归相比，多元回归的系数是它们的 K 倍之多，所有计算要重复 K 次。每个 $\hat{\beta}_k$ 的偏差都要通过 logit 链接函数 $p_k = e^{x'\beta_k} / \sum_j e^{x'\beta_j}$ 依赖其他所有类别的系数，因此存在计算瓶颈。

通过泊松分布和多元分布之间广为人知的关系，我们可以对每个对数线性公式进行**独立的**估计来得到一些系数。就各种实用目的来说，多元逻辑回归的系数与这些系数相同：

$$\mathbb{E}[y_{ik} \mid \boldsymbol{x}_i] = \exp(\boldsymbol{x}_i' \boldsymbol{\beta}_k) \tag{4.10}$$

这里的关键在于，我们要使用泊松分布的似然来估计公式 4.10 中的系数，而不是使用前面在对数线性模型中用过的高斯分布（平方误差损失）。也就是说，我们假定

$$y_{ik} \sim \text{Poisson}(\exp[\boldsymbol{x}_i' \boldsymbol{\beta}_k]) \tag{4.11}$$

这就有了一个泊松偏差目标：

$$\text{dev}(\boldsymbol{\beta}_k) \propto \sum_{i=1}^{n} \exp(\boldsymbol{x}_i' \boldsymbol{\beta}_k) - y_i(\boldsymbol{x}_i' \boldsymbol{\beta}_k) \tag{4.12}$$

加入 lasso 惩罚的正则化，我们可以通过最小化惩罚偏差来估计回归系数：

$$\hat{\boldsymbol{\beta}}_k = \arg\min \left\{ \sum_{i=1}^{n} \exp(\boldsymbol{x}_i' \boldsymbol{\beta}_k) - y_i(\boldsymbol{x}_i' \boldsymbol{\beta}_k) + \lambda_k \sum_j |\beta_{kj}| \right\} \tag{4.13}$$

泊松分布用于**计数**数据：$y \in \{0, 1, 2, \cdots\}$。如果知道 $y_{ik} \in \{0, 1\}$，那这就是个错误设定（不正确）的模型。不过，有研究[1]表明，这两种模型实际上可以相互替代，特别是在用于预测时。使用公式 4.13 来估计多元 logit 参数就是所谓的 DMR。在使用 lasso 时，这种泊松近似模式甚至能得到**更好的**预测，因为它可以让你为每个结果类检验并选择一个不同的 λ_k。

使用 DMR 的最大好处是可以**并行地**估计每个 $\hat{\boldsymbol{\beta}}_k$。"并行计算"就是在不同**处理器**上同时进行多个计算。科学超级计算机早已使用并行机制来获得极快的计算速度，但直到 21 世纪 10 年代早期，多核处理器才成为普通消费级计算机的标准配置。现在即使小型移动设备（比如手机）都有 2~4 个内核。这种并行机制是现代计算的核心，你很可能已经从中受益了。例如，你可以在笔记本电脑上同时运行多个应用，运行数字视频的特殊 GPU（图形处理单元）包含了数以千计的微内核，用于大规模并行计算[2]。

R 的 parallel 库使得它很容易利用多个内核，你可以使用 `detectCores()` 命令来查看内核数量。parallel 库通过将处理器组织成集群来工作，我们可以使用 `makeCluster` 命令来创建**集群**[3]。

① Matt Taddy. Distributed multinomial regression. The Annals of Applied Statistics, 2015.

② GPU 也是用来训练深度神经网络的硬件。

③ 这需要你的计算机支持并行操作。计算机一般是支持的，但如果不支持，就需要进行调试。不妨先试试在网络上查找出错信息。

```
> library(parallel)
> detectCores()
[1] 4
> cl <- makeCluster(4)
> cl
socket cluster with 4 nodes on host 'localhost'
```

有一个 R 函数的大型生态系统使用这些集群进行并行计算。例如，parLapply 函数可以代替常用的 for 循环来执行并行计算。当完成并行计算任务后，可以执行 stopCluster(cl)命令，以确保释放这些处理器来做其他工作，这种做法非常好。

distrom 库中的 dmr 函数实现了用于多元逻辑回归的 DMR 并行估计策略。你向 dmr 传递一个 parallel 集群对象，它就可以使用所有可用内核调用 gamlr，运行公式 4.13 中的泊松 lasso 回归。它只是一种拟合多元逻辑回归的快速方法。因为 dmr 是基于 gamlr 的，所以它们的语法非常相似。只需调用 dmr(cl, covars, counts, ...)，其中：

- □ cl 是一个 parallel 集群；
- □ covars 就是 x；
- □ counts 就是 y；
- □ ...是传递给 gamlr 的其他任意参数。

你还可以通过选项 cv=TRUE 调用 dmr，这时它为每个泊松回归运行 cv.gamlr。在这种情况下，请注意要使用泊松检验，而不是多元回归的样本外偏差。

我们可以在玻璃数据上运行一次 dmr，它的输出是一个 gamlr 对象列表，每个玻璃类型一个对象。

```
> glassdmr <- dmr(cl, xfgl, gtype, verb=TRUE)
fitting 214 observations on 6 categories, 17 covariates.
converting counts matrix to column list ...
distributed run.
socket cluster with 4 nodes on host 'localhost'
> names (glassdmr)
[1] "WinF" "WinNF" "Veh" "Con" "Tabl" "Head"
> glassdmr [ ["WinF"]]
poisson gamlr with 17 inputs and 100 segments.
```

我们在线性回归与逻辑 lasso 回归中处理过 gamlr 对象。非常方便的是，上面的每个列表元素都和这种对象相同。它包含了一个 $\hat{\beta}_k$ 的路径图，以及一条 λ_{kt} 惩罚权重的路径。你可以绘制出这些路径，也可以执行任何标准 gamlr 对象支持的操作。图 4-10 给出了这些路径图。

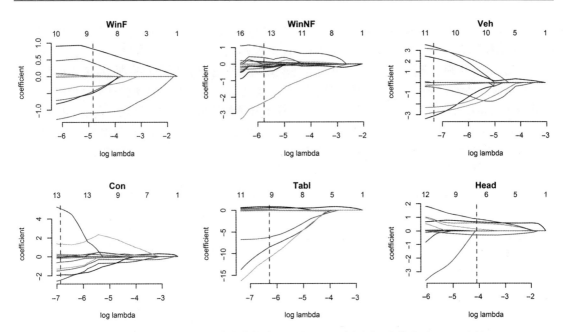

图 4-10 通过 dmr 完成的玻璃数据多元回归 lasso 路径图。虚线表示 AICc 选择

注意图 4-10 中的 AICc 选择：它在结果类之间来回移动，因为不同 $\hat{\boldsymbol{\beta}}_k$ 的最佳惩罚权重不同。我们可以在 dmr 对象上直接调用 coef 函数和 predict 函数，得到 AICc 选择的系数和预测结果（或使用 select 参数来得到其他任意模型选择）。

```
> Bdmr <- coef(glassdmr)
> round(Bdmr, 1)
18 × 6 sparse Matrix of  class  "dmrcoef"
            WinF  WinNF   Veh    Con    Tabl   Head
intercept  -28.4  13.4  169.4  118.2  -12.1  -22.2
RI           .      .      .      .      .      .
Na          -0.3  -0.2   -0.3   -2.5    0.6    0.6
Mg           0.8   .      2.3   -1.5    .     -0.3
Al          -1.1   0.4   -0.4    1.4    0.8    0.9
Si           0.4  -0.1   -2.8   -1.3    .      0.1
K            .     .     -3.1    .     -8.5    .
Ca           .    -0.5    3.3    0.3    .      .
Ba           .    -2.3    .      .     -6.2    0.7
Fe          -0.5   1.0   -2.3    5.1  -10.9    .
RI:Na        .     .      .      0.2    .      .
RI:Mg        0.0  -0.1    .     -0.1   -0.1    .
RI:Al        .    -0.1    .      .      .      .
RI:Si        .     0.0    .      .      .      .
RI:K         .     0.1    .      .      .      .
RI:Ca        .     .     -0.2   -0.2    0.0    .
RI:Ba        .     0.1    .     -0.6    .      .
RI:Fe       -0.4  -0.2    3.1   -1.9    .      .
```

如果运行 glmnet 并比较结果，就会发现这两种方法系数间的差异。截距明显不同，但在 softmax 函数中进行归一化后，这些差异就消失了。回归系数也不同，主要是因为与 glmnet 共享 λ（在 CV-min 规则下选择了 $\hat{\lambda} \approx e^{-5}$）不同，每个玻璃类别选择了不同的惩罚权重 λ_k。但是，在进行预测时，两种方法得到了相似的结果。图 4-11 绘制出了 20 折样本外实验结果。可以看出，在使用多元偏差进行测量时，dmr 和 glmnet 的样本外预测效果没有太大区别。在这个小型数据集中（$n=214$），即使采用了不同的模型选择规则，结果也没有本质区别。在规模更大的例子中，dmr 有时会明显优于 glmnet，你可以认为原因在于不同类别使用了不同的惩罚权重 λ_k。

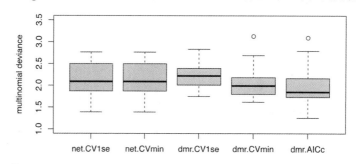

图 4-11　使用 dmr 和 glmnet 在玻璃数据上进行 20 折实验的样本外预测效果。在每折未保留验证数据的情况下执行了所有模型选择规则（包括交叉验证）

在与玻璃数据分类类似的例子中，dmr 并行计算策略可以极大地提高效率：如果有 4 个处理器，就可以在大概 1/4 的时间内完成全部模型估计。不过这种方法的真正优势体现在为**海量**结果类拟合多元逻辑回归时。在这种情况下，并行计算解决的不仅是速度问题，还有可能和不可能的问题。

推动 DMR 发展的案例是文本分析。正如第 7 章将详细介绍的，文本分析经常用单词计数来表示文档特征。**多元逆回归模型**就是要分析这些单词计数，将其作为一个多元逻辑回归中文档属性的函数，其中"单词"就是结果类。使用公式 4.10 中的近似公式，那么任务就是为 $\mathbb{E}[y_{ik} \mid x_i] = \exp(x_i' \beta_k)$ 估计 $\hat{\beta}_k$，其中 y_{ik} 表示文档 i 中单词 k 的数量，x_i 是文档属性（作者、日期等）。这就要求你拟合出与单词数量一样多的回归参数集合。如果你使用的词汇表中有 50 万个单词，那么不使用大量并行计算的话，就不可能完成这种任务。

第 7 章会详细介绍这种思想。由这种思想可知高效的数据管理和并行计算是现代数据分析的必备（不仅是便利）条件。其实 DMR 不仅是并行的，还是**分布式**的，这些名词之间的区别是大规模计算的关键。

4.5　分布式与大数据

如果算法能同时进行多种计算，那它就是**并行**的。如果每种计算都需要使用同一份数据，那算法就仅仅是并行的；如果每种计算都可以使用数据的一个子集，那算法就是分布式的。并行计算适合密集的计算任务，但对于真正的**大数据**，需要使用分布式算法。实际上，大数据这个名词最早表示那些太大以至于不能保存在一台机器上的数据集，因此分布式算法对于任何分析都是必需的。

现代大数据存储与分析背后的思想是将数据**分割**为多个小部分，分别放在多台机器上，然后在分析过程中利用高带宽在多台机器之间进行通信。像 Hadoop HDFS、Amazon S3（见图 4-12）或微软 Azure Blob Storage 这样的系统会将数据分割成小块（如 64 KB 的一个文件），再保存在方便之处（为了防止数据丢失，每块数据通常保存在不止一处）。终端用户只与反映数据所在位置的一个 map 进行交互。

图 4-12　Amazon S3 控制台，它看上去就像一个标准的文件浏览器，但文件内容分布
　　　　在多台机器（甚至多个数据中心）上

这种模型最初是为存储非结构化数据（如文本和图像）而建立的，这种数据不适合保存在本地结构化数据库（有列和固定的条目大小）中。分布式存储模型对云计算来说是必需的，它现在为世界上一大部分数据（特别是商业数据）提供了底层逻辑。人们开发了大量适合在大规模分布式数据集上进行统计分析的算法，其中很多是在一种名为 MapReduce 的框架下运行的。MapReduce 是一种简单而强大的算法，2004 年谷歌的研究人员使这种算法流行开来[1]。要使用 MapReduce，需要指定一个 key，来索引那些能被独立分析的数据子集。

算法 12　MapReduce 框架

给定索引子集数据的 key，你需要按以下步骤操作。

❏ map：按照 key 来计算并排序相关的统计量。
❏ 对 map 结果进行分区和管道操作，将有相同 key 的结果放在同一台机器上。
❏ reduce：在由每个 key 定义的子集内部，执行一个摘要操作。

---

[1] Jeffrey Dean, Sanjay Ghemawat. MapReduce: Simplified data processing on large clusters, 2004.

举个简单的例子。要对一个大型文档数据库（比如图书、杂志、报纸）按日期统计单词出现次数，就可以在分布式文档语料库中应用 MapReduce 例程。

❑ 对每个文档执行一个 map 操作，提取日期和每个单词的计数。map 操作会输出多个包含 date|word count 的行，如果文档在 2017 年 6 月 4 日使用了 5 次单词 "tacos"，那么下面就是一个例子：

2017/06/04|tacos 5

❑ 这个例子中的 key 就是 date|word，如 2017/06/04|tacos。然后将数据排序并执行一个流操作，将每个具有相同 key 的行都放在同一台能执行 reduce 操作的机器上。

❑ 使用 sum 处理程序对具有相同 key 的所有行执行 reduce 操作，使得每个 key 都有一行输出：date|word total。如果 2017 年 6 月 4 日所有文档一共使用了 501 次 "tacos"，那么输出结果如下：

2017/06/04|tacos 501

这个简单的例子可以扩展为多个更复杂的模式。例如，可以按照响应变量计数来分布 DMR 算法：分别对类别 k 的 y_{ik} 进行回归即可。在文本回归中，k 就表示词汇表中的一个单词。例如你想知道某些时间依赖型变量（如市场数据或政治事件）是如何影响语言选择的。如果这个变量集合比较小，全设计矩阵就足够小，可以在多台机器之间来回传递。例如，你或许有标准普尔 500 和金融市场 VIX 指数的每日收益率数据，如下所示：

$$X = \begin{bmatrix} \text{date} & \text{SP500} & \text{VIX} \\ 2017/06/02 & 0.0037 & -0.0142 \\ & \vdots & \end{bmatrix} \tag{4.14}$$

那么 MapReduce 版的 DMR 就是：

❑ 完全按照前面在单词计数 MapReduce 中描述的那样进行 map 和分区，使得所有同一 key（date|work）的计数都在同一台机器上；

❑ 以广播方式发送按日期索引的协变量集合，使得每台执行 reduce 操作的机器上都有一份 X 的副本；

❑ 执行 reduce 操作，为单词计数在相应的标准普尔 500 和 VIX 每日回报率数据上执行泊松回归，输出是长度为 2 的单词–市场 β_{kj} 系数向量。

在收集了所有系数之后，你已经估计出了一个大的文本模型。这种结果可以用来理解新闻是如何影响市场指数变动的。

MapReduce 基本算法的实现非常简单。一种常见模式和前面描述的完全一样，map 操作的结果通过流操作一行一行地传递给 reduce 操作。你可以写一个 map 处理脚本（如 mapper.py，因为 Python 很擅长文本解析），接受原始输入并生成以 key 做标注的多个单行输出；再写一个 reduce

处理脚本（如 reduce.R，因为你想在 R 中运行 gamlr 回归）接受这些单行作为输入；然后将大量 MapReduce 工作交给一个易用的云来处理，比如亚马逊的 EMR（Elastic MapReduce）命令行工具。

```
EMR -input s3://indir -output s3://outdir
-mapper s3://map.py -reducer s3://reduce.R
```

适合分布式计算的工具改进得非常快，其中一个著名的系统就是 Spark。它是在 Hadoop 上构建的一个层，可以使 Hadoop 更容易集成机器学习和统计算法（特别是需要重复处理数据的迭代算法）。Spark 试图组织进程，使得结果和数据能驻留在每台机器的内存中，直到操作完成（而不是将它们写到硬盘上，这是非常慢的操作）。最近，Spark 上甚至构建了一些更友好的层，比如 SparkR，它可以更加方便地使用 R 作为分布式计算机 Spark 集群的前端。微软等公司提供了云计算平台，可以组织数据存储并让你通过基于 Web 的 R 服务器与其进行交互。

关于 Spark 和 Hadoop 的完整技术指南超出了本书范畴，但大量培训资料随处可见。如果你想研究大数据，就需要大致了解分布式数据是如何实现的。系统扩展的新准则一直是"向外发展，而非向上升级"。换言之，我们应该使用更多机器，而不仅是更快的机器。好在分布式计算已经越来越大众化并越来越易于日常使用。本书介绍的最佳实践——如何构建模型、预测、进行因果分析和验证——会让你在建模时立于不败之地，即使数据分布在世界各地。

## 第 5 章

实　验

5

前文讨论的所有方法都可以在过去的数据中探测模式。如果**假定未来与过去大体相似**，就可以使用这些模式预测未来。虽然"相关性不是因果关系"这种说法已是老生常谈，但你可能只需要相关性。如果租了《冰雪奇缘》影碟的人也喜欢电影《欢乐好声音》，你就可以放心地使用这条信息进行观影推荐。这两种喜好可能是由第三种未知信号导致的——这些人的小孩都喜欢卡通音乐剧——但它并不能削弱已发现模式的作用。

但是，当分析商业和经济系统时，就需要更深入地挖掘并找出因果关系。你需要预测与过去不同的未来，因为你要采取行动使未来发生变化。一个改变了生产、营销或定价策略的决策会产生一个新的数据生成过程，该过程会打破在过去数据中找到的相关模式。假设你是酒店经理，正在考虑通过打折来扩展业务，那么这种价格调整就是你采取的行动，你需要知道该行动对销量有何影响。

在过去，酒店房间价格会随着需求的变化而上下波动。例如，假期的房间会更贵，因为你预期需求会更多。这就会导致一种相关模式，即销量高时价格也更高——假期没有空房，房间价格也非常高。当然，销量不会因为价格提高而增加，因为二者（就像《冰雪奇缘》和《欢乐好声音》的观众一样）都依赖第三个变量——在这个例子中，就是对酒店房间的基本需求。如果你修改了房间价格，就打破了过去的依赖性结构，这种相关性模式也就消失了。

价格优化是一种需要**反事实**预测[1]的情况。你想知道如果把价格从 p_0 改为 p_1 会发生什么。价格和销量之间可能有一条复杂的因果关系链，但你真正关心的并不是这个，你只想知道 p_1 相对于 p_0 的反事实销售数字。要想知道这个数字，唯一的方法就是在保持其他所有因素不变的情况下修改价格，看看销量有何变化。通常，我们可以随机设定价格来得到一个消费者需求曲线的估计。这就是纯粹的实验形式——一种随机试验，也是反事实估计的黄金标准。

反事实分析是本章和第 6 章的重点。我们从实验开始，首先讨论简单的**随机控制试验**（randomized controlled trial，RCT），然后讨论更复杂的设计。本章所有内容都涉及一定量的显式

---

[1] 参见 *Counterfactuals and Causal Inference* 第 2 版（Stephen L. Morgan 和 Christopher Winship 著）对因果关系建模和反事实分析之间关系的讨论。在商业决策制定的背景下，一般只需关注"what if？"的反事实问题即可，不必陷于更深层次的哲学性因果关系问题。

随机化。与之相反，在第 6 章讨论的**观察性研究**中，你需要通过**控制**一些有影响的混淆因素（如前面定价示例中的假期需求高峰），来创造一种类似于实验的情况。这两章旨在介绍反事实（或因果关系）分析的前沿知识[①]。对于在经济和商业环境中如何使用数据，这种分析起着非常重要的作用。对于任何想使用数据来影响决策制定的人来说，这两章内容都是必须要掌握的知识。

5.1 随机控制试验

度量行动效果的黄金标准就是实验。第一次工业革命的核心思想就是"试一下，看看会发生什么"。Ronald Fisher 爵士和同行在 20 世纪初确定了实验的频率统计形式。在互联网时代，Ronald Fisher 的 RCT 有了一个新标签——A/B 测试，它已成为商业优化中必不可少的组成部分。

我们用来讨论反事实推断的语言就源于实验研究。即使在没有对处理分配机制进行控制的情况下，我们也会提到对**处理效果**（treatment effect，TE）的估计。"处理"变量，比如 d，是预测模型的一个特殊输入。该变量的特殊之处在于可以**独立地**改变，与其他所有对相关响应变量的上游影响无关。在因果分析中，独立性是处理措施的一个关键的统计学特性：我们想知道如果采取行动改变了处理变量，会发生什么[②]。

处理变量可以是离散的，也可以是连续的。例如，药物试验中的变量可以是这样的：对于给了一种新药的**被试**（subject）i，$d_i = 1$；对于那些得到安慰剂或控制剂的被试，$d_i = 0$。价格是一种常见的连续型处理变量：从商业目的出发，你决定对潜在顾客做这样的"处理"，即在时刻 t 价格为 d_t，顾客基于该价格选择是否购买产品。你还可以对不同情况采取多种处理措施，如消费品的电视营销活动通常伴随着降价促销，这样就有了一个离散型营销处理变量（有或没有广告）和一个连续型价格处理变量（折扣额）。在初步的讨论中，我们会重点关注离散型处理变量，但这些思想也适用于连续型处理变量，我们还会针对各种情形给出不同的示例。

首先讨论实验设计。通过实验设计的模式，我们可以分配各种处理措施。很多读者熟悉 A/B 测试，这是硅谷为**完全随机设计**贴的一个标签。在这种实验中，被试被随机分配以各种处理状态。例如，你可以随机将网站用户分成 A 组和 B 组。A 组作为控制组，其中的被试看到的是当前的网站，B 组的人看到的则是一种新的布局。

> 在大型在线平台上，很难确定处理措施是否是真正的随机设计。例如，在一个网站实验中，可能其中一个网站进入点只会将用户引向控制组（A 组）的登录页上。为了检查是否有这种情况，A/B 测试平台通常会运行一个"A/A"测试，它在 A 组和 B 组中展示的是相同的网站，如果在 A/A 测试中发现各组之间有显著差异，就很可能在随机分配时出现了某种错误。

[①] 本章和第 6 章只介绍关于反事实分析的基础知识。关于该话题的综述，请参考 Guido Imbens 和 Donald Rubin 的 *Causal Inference in Statistics, Social, and Biomedical Sciences*，二人是该领域的前沿思想者。

[②] 这种思想是在 J. Pearl 那篇关于 do-calculus 的文章中正式形成的。

A/B 测试的主要优点是，因为处理措施是完全随机化的，所以很容易估计在响应变量 y 上的**平均处理效果**（average treatment effect，ATE）。如果对 A 组中的用户 i，处理变量 $d_i = 0$，B 组中用户 i 的 $d_i = 1$，那么 ATE 就是在平均了用户分布中所有对 y 的其他影响后，B 组与 A 组之间响应变量的均值差异：

$$\text{ATE} = \mathbb{E}[y \mid d = 1] - \mathbb{E}[y \mid d = 0] \tag{5.1}$$

需要注意，为了给公式 5.1 一个因果关系解释，我们要求 d 与其他所有能影响 y 的因素是**相互独立**的。在一个 A/B 测试中，这种独立性是通过随机化获得的。稍后会介绍 ATE 的一种更灵活的形式，它利用了**潜在结果**这个概念。

处理措施被随机化之后，你就知道了两个处理组之间的差异是由它们处理状态的差异造成的。因此，对 ATE 的估计就简化成了对两组之间均值差异的估计。这是统计课上的基础内容。如果 $\bar{y}_0 = \frac{1}{n_0} \sum_{d_i = 0} y_i$ 和 $\bar{y}_1 = \frac{1}{n_1} \sum_{d_i = 1} y_i$ 分别是 A 组和 B 组中 n_0 和 n_1 个用户的样本均值，那么 ATE 点估计就是：

$$\widehat{\text{ATE}} = \bar{y}_1 - \bar{y}_0 \tag{5.2}$$

假定用户之间**相互独立**，那么可以通过以下标准公式计算出 ATE 的标准误差：

$$
\begin{aligned}
\text{se}(\bar{y}_1 - \bar{y}_0) &= \sqrt{\frac{1}{n_0} \widehat{\text{var}}(y_i \mid d_i = 0) + \frac{1}{n_1} \widehat{\text{var}}(y_i \mid d_i = 1)} \\
&= \sqrt{\frac{\sum_{d_i = 0}(y_i - \bar{y}_0)^2}{n_0(n_0 - 1)} + \frac{\sum_{d_i = 1}(y_i - \bar{y}_1)^2}{n_1(n_1 - 1)}}
\end{aligned}
\tag{5.3}
$$

根据 CLT，大样本的样本均值遵循正态分布，ATE 的 90% 置信区间是 $\bar{y}_1 - \bar{y}_0 \pm 2\text{se}(\bar{y}_1 - \bar{y}_0)$。

作为一个例子，我们来看一个大规模政策实验。2008 年，美国俄勒冈州获得了一笔资金，可以扩大医疗补助覆盖范围。这笔资金来自美国社会发展计划，它可以为那些无力支付私人保险的人提供健康保险。因为正确地预测到了需求会超过供给，所以州政府与一些研究者[①]合作，设计了一种彩票，在该州的低收入人群中随机分配医疗补助资格。这就促成了俄勒冈州健康保险实验（OHIE）。这是一个 RCT，用于度量医疗补助资格的处理效果。

这个实验的结果很有趣。因为每个处理组中的人都只被跟踪了 12 个月，在这两个组中没有观测到长期差异，所以很难得出关于保险对公共健康作用的结论。但是，可以观测到医疗补助如何改变了健康服务的使用方式，这对扩大公共保险的成本估计和其后的公共健康提升建模都非常

[①] Amy Finkelstein, Sarah Taubman, Bill Wright, et al. The Oregon health insurance experiment: Evidence from the first year. The Quarterly Journal of Economics, 2012.

重要。例如研究者们发现，在那些抽中了医疗补助彩票的人（后面称为**处理组**或**选中组**）中，住院率有小幅上升，而急诊室服务未见增加（实际上，点估计显示，急诊室服务略有**减少**）。这有助于设定成本预测的上界。

> OHIE 数据的完整样本中共有 7.5 万人，doc_any_12m 变量是基于对其中 2.3 万人 12 个月的跟踪调查得出的。Finkelstein 等人给出了令人信服的说明，这次调查的目标人群和无应答者在各个处理组之间分布得非常均衡，所以可以认为这个结果对总体是有代表性的。不过，无应答者和其他跟踪问题（如 Web 实验中因为清除了 cookie 而导致用户丢失）也经常会导致调查结果存在偏差。

我们重点关注在**基本医疗服务使用**上的处理效果。响应变量 doc_any_12m 的编码方式为：如果患者在 12 个月的研究过程中去看了 PCP（primary care physician，初级保健医生，即"家庭医生"），那么 $y_i = 1$；如果没有看过 PCP，那么 $y_i = 0$。使用基本医疗服务通常被视作**一件好事**：看 PCP 是一种成本很低的保健方式，而住院或急诊所伴随的重症护理服务费用高昂，看 PCP 可以减少对这些服务的需求。经过一些基本的数据清理，我们得到了每个患者的服务使用结果以及他们处理状态的相关信息。

```
> head(P)
  person_id household_id doc_any_12m selected medicaid numhh
1         1       100001           0        1        0     1
2         2       100002           0        1        1     1
5         5       100005           0        1        0     1
6         6       100006           1        1        0     1
8         8       102094           0        0        0     2
9         9       100009           1        0        0     1
> nrow(P)
[1] 23107
```

这 23 107 个人都被发放了彩票，由此有机会申请医疗补助。这里的处理措施（目前）就是 selected 变量。大约 50% 的人被彩票随机选中可以申请医疗补助，对于这些人，selected 的值就是 1。

```
> table(P$selected)
    0     1
11629 11478
```

如果被彩票选中的人确实申请了医疗补助，那么另一个 medicaid 变量的值就是 1。不是所有抽中彩票的人都会申请医疗补助，他们或许觉得申请麻烦，也可能因为各种原因没有申请资格（比如收入高于俄勒冈州的预期）。稍后会引入**工具变量**（instrumental variable）的概念，并使用这种变量来度量 medicaid 的直接效果。这里给出的其他变量有 household_id（研究中有些人属于同一家庭）和 numhh（每个家庭申请医疗补助的人数）。

可以通过以下两行 R 代码得到标准 ATE 估计：

```
> ybar <- tapply(P$doc_any_12m, P$selected, mean)
> ( ATE <- ybar['1'] - ybar['0'] )
          1
0.05746606
```

根据我们的估计，如果被医疗补助彩票选中，那么在接下来的一年中看 PCP 的概率会提高 6%（y 是个二元变量，所以它的期望是概率）。这在概率上是显著的：由于被彩票选中，去看 PCP 概率提升的 90%置信区间是 4.5%~7%。

```
> nsel <- table(P[,c("selected")])
> yvar <- tapply(P$doc_any_12m, P$selected, var)
> ( seATE <- sqrt(sum(yvar/nsel)) )
[1] 0.006428387
> ATE + c(-2,2)*seATE
[1] 0.04460929    0.07032284
```

如果想把医疗补助资格扩大到更大人群，俄勒冈州就应该对 PCP 服务使用率的增长做出规划。在预测公共健康时，根据 PCP 服务的使用而建立的模型，也可以使用这种信息来反映由增加健康保险而带来的社会效益。

OHIE 数据还包含权重数据，用于将实验中的个体样本映射到未来的处理人群中。例如，年轻人可能更难经由电话调查，因而在样本中的代表性就不那么强（处理组和控制组都是这样——这与协变量不平衡是不同的问题）。需要注意这种差异，因为个体被试并不会对处理措施做出同样的反应。在这种情况下，对于有资格的俄勒冈人的 ATE，**加权后**的均值就比 $\bar{y}_1 - \bar{y}_0$ 更有代表性。这就是异质性处理效应建模的基本形式，稍后会介绍。在这里，权重的调整几乎没有改变什么——在估计出的 ATE 中，只有 2‰的变动。

```
> nsel_w <- tapply(weights, P$selected, sum)
> ybar_w <- tapply(weights*P$doc_any_12m, P$selected, sum)/nsel_w
> ( ATEweighted <- ybar_w['1'] - ybar_w['0'] )
          1
0.05539111
```

这种通过重新加权从样本映射到总体的方法是很多统计分析的标准步骤。例如，政治民调专家总是想搞清楚潜在投票人样本是如何反映未来的总体投票情况的。对于该问题，Andrew Gelman 及其合作者[1]做了非常有趣的概述。他们通过一种非传统方式（如借助微软 Xbox 游戏平台）来解决大规模调查的问题，掌握了更多人群的投票倾向。从民调专家们最近鲜有成功表现来看，从样本到总体的映射问题是非常棘手的。

在多数商业问题中，这个问题并不那么严重，因为你可以从客户中抽取有代表性的样本。在这种情况下，很难找到比 $\bar{y}_1 - \bar{y}_0$ 表现更好的随机设计处理效果估计。不过，还有其他方法，最著名的就是**回归调整**（regression adjustment）法，它宣称可以提供公式 5.2 中 $\widehat{\text{ATE}}$ 的一个方差缩减

① Wei Wang, David Rothschild, Sharad Goel, et al. High-frequency polling with nonrepresentative data. In Political Communication in Real Time, 2016.

版本。使用每个个体的可观测协变量 x_i（如性别、种族、在线活动），回归调整首先为每个处理组拟合一个线性模型：

$$\mathbb{E}[y \mid x, d] = \alpha_d + x' \beta_d \tag{5.4}$$

给定合并（pooled）协变量平均数（处理组之间的）$\bar{x}$，则回归调整 ATE 估计公式为：

$$\widehat{\text{ATE}} = \alpha_1 - \alpha_0 + \bar{x}'(\beta_1 - \beta_0) \tag{5.5}$$

如果协变量生成了一个到互斥子集的映射（例如，如果人员 i 在子集 j 中，则 $x_{ij} = 1$），那么该过程有时也称**事后分层**（post-stratification）。

公式 5.5 背后的思想是，调整由于协变量而产生的差异，可以减小 ATE 估计中由于组间随机不平衡（如 A 组中的男性比 B 组的稍多）而带来的方差。不过，我们希望尽量不做这种调整，除非样本容量很小，而且知道有若干因子对响应变量有较大影响（在这种情况下，应该考虑使用稍后要介绍的组块设计）。David Freedman[1]证明了回归调整会引入奇怪的偏差，我们[2]也发现，在大样本中由于回归调整而导致的方差缩减是微不足道的。回归调整会带来额外的复杂性，所以一般不值得做这种努力。对于大型的、带有完美随机设计的 A/B 测试，应该坚持使用 $\widehat{\text{ATE}} = \bar{y}_1 - \bar{y}_0$。

◆**然而完美实验几乎不存在**。只有在经典的网站 A/B 测试中，才能找到某些类似于理想随机化的模式，此时的处理措施是小的修改，实验阶段也只有短短的一两周。即使在这种情况下，也会有一些问题。例如，当你对访问网站的设备进行随机化时，就会使使用多种设备进行访问的人具有多个处理状态。或者，在使用浏览器 cookie 跟踪用户时，如果用户清了浏览器 cookie，就会丢失一部分用户。对用户级别体验的随机化都非常困难，除非网站体验完全锁定在一个需要登录的防火墙内。

这些问题会导致网站试验有一点儿小的瑕疵，但通常可以忽略。但如果采取更复杂的处理措施，那么在更长的研究时期内，处理组之间就会产生系统性差异并影响结果。如前所述，在线平台使用 A/A 测试——各组之间使用相同的处理措施——来检查他们的随机化模式（但这样做不会找出所有问题，尤其是因为无应答者引发的各种问题）。好在只要知道在处理组之间引起平衡性不足的因素，就可以使用基本的回归技术**控制**这些因素并恢复具体的 ATE 估计。

回到俄勒冈州健康保险实验，前面的分析忽略了实验设计中的两个问题，它们都是随机试验中常见的问题。

(1) **非完美随机化**：被彩票选中的每个人都可以为所有家庭成员申请医疗补助，所以这些家庭成员也被标注为 selected，这样就导致了大家族在 selected 组中的代表性过强。

[1] David A Freedman. On regression adjustments in experiments with several treatments. The Annals of Applied Statistics, 2008.

[2] Matt Taddy, Matt Gardner, Liyun Chen, et al. Nonparametric Bayesian analysis of heterogeneous treatment effects in digital experimentation. Journal of Business and Economic Statistics, 2016.

(2) **个体之间的依赖性**: 样本中同一家庭中的成员的行为方式（例如决定去看 PCP）是相关的，这就违背了观测之间是独立的这一通常假设[①]。

在实验分析中这两个问题会不断出现，下面介绍修正方法。

对于第一个问题，我们非常清楚协变量不平衡性的引入机制：人们可以为整个家庭申请医疗补助，所以大家庭中的人更可能被选中。这在数据中表现得非常明显（回想一下，每个处理组中有大约 11 500 人）：

```
> table(P[,c("selected","numhh")])
        numhh
selected    1    2   3+
       0 8684 2939    6
       1 7525 3902   51
```

如果按照家庭成员数量改变个人的医疗消费，那么一个可能的模型如下：

$$\mathbb{E}[y \mid d, \text{numhh}] = \alpha_{\text{numhh}} + d\gamma \tag{5.6}$$

其中 y 是 doc_any_12m 变量，d 是 selected，γ 是预期处理效果——ATE。通过加入表示家庭成员数量的截距项 α_{numhh}，我们就控制了因家庭成员数量而产生的不同处理组之间 y 的变动。我们可以在 R 中使用 glm 通过最小二乘法来拟合该模型。

```
> lin <- glm(doc_any_12m ~ selected + numhh, data=P)
> summary(lin)

Coefficients:
             Estimate Std. Error t value Pr(>|t|)
(Intercept)  0.590184   0.004863 121.366  < 2e-16 ***
selected     0.063882   0.006452   9.901  < 2e-16 ***
numhh2      -0.065738   0.007065  -9.305  < 2e-16 ***
numhh3+     -0.173657   0.064772  -2.681  0.00734 **
```

与控制 numhh 之前相比，这个 ATE 估计值更大：从 0.055 增大到了 0.064。做出这种修正的原因是对大家庭去看 PCP 的概率有一个负效果推断（同样，这在 selected 组中更为常见）。

在无法完美随机化时，就不得不做出建模假设。既然沿着这条路在走，就应该看看公式 5.6 中的模型能否有所改善，并确定 ATE 估计对于模型假设不会过分敏感。特别地，似乎彩票选择的处理效果本身就会随着家庭成员数量的不同而改变。据此给出以下模型，这是公式 5.4 在回归调整中使用的一个全交互模型版本：

$$\mathbb{E}[y \mid d, \text{numhh}] = \alpha_{\text{numhh}} + d\gamma_{\text{numhh}} \tag{5.7}$$

计算修正 ATE 的最简单方法是先平移协变量，使得 $\bar{x} = 0$，这样公式 5.5 就简化成了 $\alpha_1 - \alpha_0$。

[①] 观测之间的独立性在因果推断中扮演了重要角色，它可以表示为 SUTVA（the stable unit treatment value assumption，个体处理稳定性假设）。关于该主题的详细信息，参见 Guido Imbens 和 Donald Rubin 的 *Causal Inference in Statistics, Social, and Biomedical Sciences*。

```
> x <- scale( model.matrix( ~ numhh, data=P) [,-1], scale=FALSE)
> colMeans(x)
        numhh2        numhh3+
-3.723165e-17 -3.149334e-20
```

然后使用交互项来拟合 $\mathbb{E}[y\,|\,d,\boldsymbol{x}] = \alpha + d\gamma + \boldsymbol{x}'\boldsymbol{\beta}_d$，这样 d（selected）的系数就是 ATE 估计值。

```
> linadj <- glm(doc_any_12m ~ selected*x, data=P)
> summary(linadj)

Coefficients:
                   Estimate Std. Error t value Pr(>|t|)
(Intercept)        0.570410   0.004562 125.040  < 2e-16 ***
selected           0.064230   0.006460   9.943  < 2e-16 ***
xnumhh2           -0.051951   0.010407  -4.992 6.02e-07 ***
xnumhh3+          -0.420160   0.199162  -2.110   0.0349 *
selected:xnumhh2  -0.025518   0.014173  -1.801   0.0718 .
selected:xnumhh3+  0.272023   0.210619   1.292   0.1965
```

新的 ATE 估计是 0.064，与控制了 numhh 主要效果的模型实际上无甚差异，但没有 selected 随 numhh 而改变的效果。作为一项通用原则，当出现系统性的协变量不平衡时，我喜欢使用这种"全交互"回归调整来对公式 5.6 中的混淆因素进行更简单的控制。从业者通常使用简单的无交互作用模型，但全交互模型对于异质性（协变量依赖）处理效果更稳健。当有一个协变量对 y 有很强的作用时，我们就有理由怀疑它还会缓和 d 在 y 上的效果。

前面 OHIE 分析中的第二个问题是，由于包含了同一家庭中的多人，所以在观测之间可能存在依赖性。与协变量不平衡相似，这也是实验中常见的一个问题。人们发现，线性（OLS）回归对于这种错误设定非常稳健：回归参数的估计值以及 ATE 的估计值非常接近真实值，即使存在依赖错误。不过，现成的标准误差计算方法会出现错误（因此你的置信区间也是错的）。

修正这个问题的一种方法是估计医疗补助对家庭的效果，而不是对个人的效果。这非常容易，因为对一个家庭来说，所有家庭成员的处理措施（selected）和协变量（numhh）都是不变的。我们可以使用响应变量的平均数和合并协变量来得到一个简单的家庭级 ATE[①]，这个模型就是：

$$\mathbb{E}[\bar{y}\,|\,d,\boldsymbol{x}] = \alpha + d\gamma + \boldsymbol{x}'\boldsymbol{\beta} \tag{5.8}$$

其中 $\bar{y}$ 是看 PCP 的家庭级概率，而 $\boldsymbol{x}$ 和 d 分别编码了家庭的 numhh 和 selected 变量。在手动将数据合并到家庭级之后拟合模型：

```
> # 创建家庭效果
> yhh <- tapply(P$doc_any_12m, P$household_id, mean)
> zebra <- match(names(yhh), P$household_id)
> selectedhh <- P$selected[zebra]
> xhh <- x[zebra,]
```

---

① 如果家庭成员之间的协变量有变化，就要通过平均方法来合并它们，这就得到了一个工具变量，稍后讨论。

```
> summary(glm(yhh ~ selectedhh*xhh))

Coefficients:
                        Estimate Std. Error t value Pr(>|t|)
(Intercept)             0.572661   0.004889 117.133  < 2e-16 ***
selectedhh              0.063291   0.006838   9.255  < 2e-16 ***
xhhnumhh2              -0.043883   0.012183  -3.602 0.000317 ***
xhhnumhh3+             -0.475715   0.273384  -1.740 0.081856 .
selectedhh:xhhnumhh2  -0.029237   0.016467  -1.775 0.075835 .
selectedhh:xhhnumhh3+  0.337775   0.289368   1.167 0.243109
```

与前面的个人级模型相比，γ 的估计值和标准误差都有细微改变。不过差异非常小，而且 90%
置信区间实际上相同：

```
> ## 个人级估计
> 0.064230 + c(-2,2)*0.006460
[1] 0.05131 0.07715
> ## 家庭级估计
> 0.063291 + c(-2,2)*0.006838
[1] 0.049615 0.076967
```

这里的组级模型和个人级模型类似，原因在于有大量的组——样本中大多数家庭仅有一人
（有 20 476 个家庭和 23 107 名个人）。在一个有更多聚集（总组数更小）的例子中，二者之间的
差异会明显得多。

你还可以使用 bootstrap 方法得到一个**非参数**标准误差。当观测之间存在依赖时，需要使用
组块 bootstrap 方法，基于组重抽样，而不是基于个体。在这个例子中，我们使用有放回方式对
households 重抽样，但对每个 bootstrap 样本都拟合个人级模型。我们先使用 split 创建一个从
家庭到个人的映射，再使用 boot 包实现上述过程：

```
> library(boot)
> n <- nrow(P)
> hhwho <- split(1:n, P$household_id) # 根据 HH 对行分组
> bootfit <- function(hhlist, boothh) {
+     bootsamp <- unlist(hhwho[boothh])    # 从 HH 样本映射到行
+     coef(glm(doc_any_12m ~ selected*x, data = P, subset=bootsamp))[2]
+ }
> bs <- boot(names(hhwho), bootfit, 99)
```

标准误差和置信区间与之前找到的很相似：

```
> sd(bs$t)
[1] 0.006586946
> quantile(bs$t, c(.05,.95))
        5%         95%
0.05365116 0.07514728
```

关于相关误差要说的最后一点是，经济学家经常使用**集群标准误差**来解决这种问题。这个过
程使用了第 2 章中 Huber–White HC 方差的一个扩展。回想一下，回归设计矩阵为 X（包括截距
和所有输入）的回归系数方差的非参数估计为：

$$(X'X)^{-1}X'\Sigma X(X'X)^{-1} \tag{5.9}$$

其中 Σ 是对观测之间误差向量 ε 方差矩阵的一个非常好的估计。在 HC 估计器中，假定了观测之间互相独立，而且 Σ 是一个对角矩阵，对角线上的元素为 $\hat{e}_i^2$，即回归残差的平方。现在，既然不再假定群组内存在独立性，如果观测 i 和观测 k 来自同一组，那么对角线之外的位置上就会出现非零元素 $\hat{e}_i\hat{e}_k$（不同组的位置上还是 0，因为假定这些方差是独立的）。AEG 包中的 vcovCL 函数实现了这种集群，我们可以用它进行修正了交互作用的回归：

```
> library(AER)
> sqrt(vcovCL(linadj, cluster = P$household_id) [2,2])
[1] 0.006589621
```

请注意，如果保留 5 位小数，这个结果就和 bootstrap 标准误差估计是一样的。这两种方法——集群标准误差和组块 bootstrap——都试图近似同一个目标，因此往往会给出相同的结果。

回归调整的最后一个问题是，这里为何使用线性回归？没有足够的理由这样做。实际上，响应变量是二元的，如前所述，在这种情况下更应该使用逻辑回归模型。我们经常使用线性（OLS）回归来估计 ATE，是因为我们认为处理效果是可加的，还因为像回归调整这种步骤在线性模型中是最容易的。而且，即使真实情况是非线性的，误差也不遵循高斯分布，OLS 仍然能对 ATE 给出一个稳健的估计。但是，乘法效应通常更有意义，尤其是在有协变量的时候。在真实的数据案例中，要想发现真实的条件均值函数，逻辑回归的效果更好。

在这里，我们可以在现有的回归中添加 family="binomial" 来得到逻辑回归结果：

```
> lgt <- glm(doc_any_12m ~ selected*numhh, data=P, family="binomial")
```

该回归使 ATE 计算变得更困难了一些，因为均值预测不再是对协变量均值的模型预测（也就是说，不能只输入 $\bar{x}$）。所以，我们需要在协变量空间中预测每个处理状态，使用概率差异作为处理效果，然后进行平均。具体做法是，先计算出每个 numhh 值上看 PCP 概率预测的差异，然后使用在每个 numhh 水平上观测的比例作为权重，将这些差异加总起来：

```
> predlocs <- data.frame(selected=c(1,1,1,0,0,0),
+     numhh=c('1','2','3+','1','2','3+'))
> predy <- predict(lgt, newdata=predlocs, type='response')
> ( pdiff <- predy[1:3] - predy[4:6] )
         1          2          3
0.07111385 0.04559574 0.34313725
>
> ( mu_numhh <- table(P$numhh)/nrow(P) )
          1           2          3+
0.701475743 0.296057472 0.002466785
> pdiff%*%mu_numhh
            [,1]
[1,] 0.06423005
```

上面得到的 ATE 估计值 0.064 与 OLS 估计出的 ATE 非常接近。你可以使用同样带有家庭组块的 bootstrap 来得到这个估计值的标准误差，它会和 OLS 的标准误差非常接近，但没有理由相同（模型不同，误差不同）。在 bootstrap 中，我发现 logit 标准误差比 OLS 标准误差小大约 15%。

实验设计是一个巨大的领域，本节内容只是冰山一角，除了完全随机化，还有很多其他方法。例如，如果你事先知道外部因素对响应变量和处理效率都有影响，就可以在具有相同特性的实验被试组块之中进行随机化，从而减小 ATE 估计的方差。

一个著名的应用是 Fisher 在 20 世纪 20 年代的农业实验问题——相对于他感兴趣的处理效果（如肥料效果），各块田地之间生长条件的变动有可能更大。解决方法是组块随机化设计：将生长区域划分为相对同质化的多块田地，并在每块田地子区域内应用每种处理水平，组块 ATE 估计就是各个处理子区域结果之间差异的平均。也就是说，如果 y_{kd} 是田地 k（一共 K 块）在处理措施 d 下庄稼收成的某种量度，那么 ATE 的估计值就是：

$$\widehat{\text{ATE}} = \frac{1}{K}\sum_{k=1}^{K}\left(y_{k1} - y_{k0}\right) \tag{5.10}$$

与公式 5.2 中的 ATE 相比，这个估计器的方差往往更小。公式 5.2 用于完全随机化设计，只为每块田地分配单一处理状态。

一种相关策略是**两两配对**，常见于医学试验中，它会把两位相似的患者配对，并给予不同的治疗。与农业实验中把一块田地分成两块不同，这种情况中的困难在于配对中包含两个独立的人，他们肯定会在多种可见或不可见的特性上有差别。因此基于人员配对的 ATE 估计方法会对配对过程非常敏感，不能一直提供可靠的方差削减。

其他有用的策略包括因子设计和顺序设计。因子设计把处理措施组合起来，使其独立于混淆因子，并表达出交互效果。在动态实验中，顺序设计使用早期试验中的信息为后期试验提供信息。这种更复杂的设定最好通过一种潜在结果[①]框架来理解，其中每个被试都具有自己的处理效果：

$$y_i(1) - y_i(0) \tag{5.11}$$

其中 $y_i(1)$ 是个体 i 在接受了处理时的响应，而 $y_i(0)$ 是在未接受处理时的响应。当然，在多数情况下，你只能知道对于 $d_i = 1$ 或 0 时的 $y_i(d_i)$，因此公式 5.11 是部分不可观测的。但事实证明潜在结果这个概念对于实际工作中的实验分析确实是有用的，例如它可以给出 ATE 的一个简略定义：

$$\text{ATE} = \mathbb{E}\big[y(1) - y(0)\big] \tag{5.12}$$

该公式省略了公式 5.1 中 ATE 定义需要的那些额外条件。

潜在结果不是关于因果推理的唯一思考方式，但对于实际应用来说，它是一个行之有效的框架。后面会继续使用它。

[①] 关于潜在结果建模的详细处理措施，请参考 Guido Imbens 和 Donald Rubin 的 *Causal Inference in Statistics, Social, and Biomedical Sciences*，二人是该领域的前沿思想者。

5.2 近似实验设计

对于几种常见情形，无法使用随机化 A/B 测试。不过在几种额外的假设下，还是可以估计因果处理的效果[①]。你或许可以只向一部分市场（如只向美国，不向加拿大）引入一个新产品（或处理措施）。它们是不同的地点，但如果你能在处理之前对它们的差异进行建模，就有望对处理之后的变化做出因果关系解释。或者，可能只有收入在一个固定阈值下的人员才能得到某种社会援助，这是一个非随机样本，但你可以假定那些刚好错过了这种社会项目的人员（他们仅仅多赚了一点点）与那些刚好有资格的人员是可比的，并把这两组人员分别用作处理样本和控制样本。

第一个例子可以使用**差异对差异**（diff-in-diff）的方法进行分析，后一个例子适合使用**断点回归**（regression discontinuity）方法进行估计。还有很多近似实验方法，但这两种方法及其变体可以覆盖大部分商业应用，我们将使用两种互联网营销应用来说明这两个框架。

差异对差异分析。如果你有两个组，可以分离出它们的处理前差异并进行建模，并且在处理后差异的基础上对处理效果进行因果分析，那么可以使用差异对差异分析。组成该框架的无非是几种基础回归模型，以及关于处理措施独立性的强假设。这个著名的案例中有两个市场：加拿大和美国，只有一个市场采取了某种促销措施，比如美国市场提供免费送货服务。你可以在对美国市场采取措施（免费送货）的前后对这两国的销售趋势都进行建模。如果相对于加拿大市场，美国市场在采取措施之后销售额增加了，就有一个正的处理效果。**这需要你假定这种差异不是因为两个国家中只有一个受到了外部冲击**。后面的假定是差异对差异分析的弱点，而且无法绕开。由于这个原因，只有两个组真实可比时，差异对差异分析的结果才是可信的。

我们的差异对差异示例来自 Tom Blake 等人的论文[②]。他们是 eBay 的研究者，研究的是 SEM（search engine marketing，搜索引擎营销）的效果。赞助搜索或付费搜索指的是在网站（如谷歌）搜索结果周围看到的广告和链接。图 5-1 给出了一个搜索后返回的网页示例，其中主要是付费搜索结果。要研究的问题很简单：付费搜索的广告效果，或者换一种说法，如果 eBay 停止为 SEM 付费，那它的销售收入会如何变化？因为像 eBay 这样的大型网站无论如何都会出现在自然搜索结果中（例如，在图 5-1 中，Zappos 同时出现在自然搜索和付费搜索结果中），所以它们同时出现在赞助搜索位置会有好处吗？这个好处有多大？能换回成本吗？

关于 ROI（营销投资回报率）的问题一般很难回答。赞助搜索结果被点击并开始转化，但你根本不清楚如果没有这些赞助选项，用户是否会采纳自然搜索结果。你也不能把没有 eBay 广告的页面和有 eBay 广告的页面相比较：广告是随着搜索出现的，eBay 和谷歌认为这些搜索最容易被点击。也就是说，由于与搜索相关，因此不管有没有赞助搜索结果，没有出现广告的页面的 eBay 链接点击量都会更少。

[①] 这里对"近似实验"和第 6 章中的 CI（conditional ignorability，条件可忽略性）情况做了有些武断的区分，CI 通常应用于处理措施完全超出研究人员掌控的情况，但这两个概念是有重叠的。

[②] Tom Blake, Chris Nosko, Steve Tadelis. Effectiveness of paid search. Econometrica, 2014.

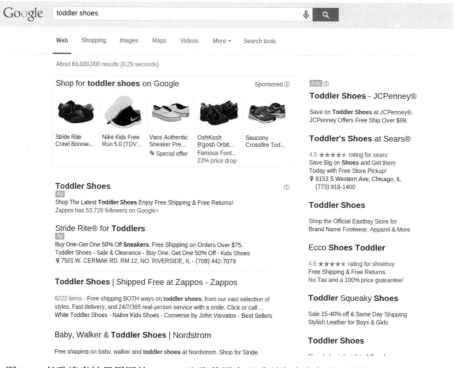

图 5-1　谷歌搜索结果周围的 SEM。这张截图中几乎所有内容都是"赞助的"——它们是付费的，不是通过谷歌的相关性指标自然生成的。仅有的自然结果是主列最下方的两项，一项是 Zappos，另一项是 Nordstrom

　　Tom Blake 等人努力说服 eBay 高层开展了一项大型实验，在实验中对部分用户关闭了 SEM，这就创造了专门的机会来度量付费搜索（对某个公司）的效果，从而可靠地测量出了一些前所未知的效果。eBay 从 2012 年 5 月 22 日开始的 8 周内，停止了对美国 210 个"指定市场区域"（designated market areas，DMA）中 65 个区域的任何 AdWord（谷歌 SEM 通过这种市场关键字进行销售）的竞价。可以把这些 DMA 看作大致独立的市场，分布在从波士顿到洛杉矶的都市中心区。谷歌通过浏览器猜测 DMA，而 eBay 可以根据送货地址跟踪用户，这样就可以对特定 DMA 分配处理措施并跟踪它的响应。

　　图 5-2 展示了数据[①]。上面的曲线对应那些没有被处理的 DMA（SEM 是一直打开的），下面的曲线对应那些在 5 月 22 日（用竖直的虚线标记）关闭了 SEM 的 DMA。**这不是一个完全随机化试验**，从 5 月 22 日之前 DMA 处理组和控制组之间的差别就可以清楚地看出这一点。研究发现，不是所有 DMA 都适合被处理（例如，一些最大的市场被排除了），而且在处理组和控制组之间有一种 DMA 的"匹配"趋势，而这些 DMA 的收入并不平衡。显然，不能只用 $\bar{y}_B - \bar{y}_A$ 去估计 ATE：即使在 B 组被处理之前，也存在很大差异。

---

① 请注意，我们分析的不是真实数据，而是经过缩放和平移之后的数据，数据中真实的收入数字已经过处理。

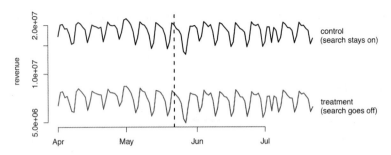

图 5-2 DMA 控制组和处理组的平均 "收入"，虚线表示 5 月 22 日，当时 SEM（对 AdWord 的出价）对处理组关闭了

然而，这种情况非常适合进行差异对差异分析。我们没有理由认为，除了 SEM 被关闭，还有什么事情可以引起 5 月 22 日之后 DMA 处理组和控制组之间的相对差异。因此，如果 SEM 有作用，那么处理组和控制组之间的收入差异在 5 月 22 日之后应该会更大。这种在组与组之间的前后比较就是差异对差异分析的基本逻辑。

这里我们关注的是对数收入中的差异，因为我们希望用百分比表示处理组和控制组之间的关联。当二者都有 SEM 时，DMA 处理组的收入大概是控制组的 38%。图 5-3 展示了每个组平均收入之间的对数差异（就是图 5-2 中上面曲线与下面曲线占比的对数）。5 月 22 日之后的对数差异确实有些提高，这是真实（统计上显著）的吗？SEM 的投资回报率到底如何？

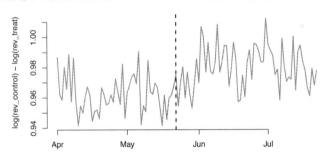

图 5-3 处理组与控制组之间的对数平均收入差异：log(控制组平均收入) − log(处理组平均收入)

假定 5 月 22 日之后处理组除了关闭 SEM 没有任何其他改变，我们就可以通过基本的回归建模来回答这些问题。引入一些数学表示，在时刻 $t \in 0, 1$，有 DMA i，其中 $t = 0$ 表示 5 月 22 日之前，$t = 1$ 表示 5 月 22 日之后。属于处理组还是控制组表示为：如果 DMA i 在处理组中，那么 $d_i = 1$，否则 $d_i = 0$。于是，SEM 在时刻 t 对于 DMA i 是打开的，除非 $t \times d_i = 1$。那么差异对差异回归模型就是：

$$\mathbb{E}[y_{it}] = \alpha + \beta_d d_i + \beta_t t + \gamma d_i t \tag{5.13}$$

我们想要的处理效果就是 γ，即 d_i 和 t 之间**交互作用**的系数。

在对原始数据进行了一番整理之后,我们得到了一个简单的数据集,每个 DMA 在 $t=0$ 和 $t=1$ 时在里面都有一行:

```
> head (semavg)
  dma t d       y
1 500 0 1 11.22800
2 501 0 0 14.58000
3 502 0 0 10.38516
4 503 0 0 10.48166
5 504 0 0 13.39498
6 505 0 1 12.81640
```

这种格式使得运行公式 5.13 中的回归非常容易。但要注意,这些数据行并不满足标准独立性假设:同一 DMA 上的每两个观测是相关的。例如,如果一个 DMA 对应一个大城市,那么它的对数收入(y)往往会比 $t=0$ 和 $t=1$ 的观测的平均值大。就像前面对家庭内部依赖性所做的那样,可以使用 sandwich 包中的**集群**标准误差估计器。

```
> semreg <- glm(y ~ d*t, data=semavg)
> coef(semreg)
 (Intercept)            d            t          d:t
10.948646049   0.014080564 -0.039399629 -0.006586852
> sqrt(vcovCL(semreg, cluster=semavg$dma)['d:t','d:t'])
[1] 0.005534297
```

该模型中的处理效果是 γ,即 $d_i \times t$ 上的交互作用系数,那么 ATE 的 90%置信区间就是:

$$\gamma \in -0.006\,59 \pm 2 \times 0.005\,53 = [-0.177, 0.0045]$$

这说明了处理措施——关闭付费搜索广告——对对数收入有较小但统计上不显著的负效果(下降了约 0.66%,标准误差约为 0.55%)。尽管这个结果在统计上不显著,但考虑营销成本的话,也有理由怀疑付费搜索能得到正的 ROI。需要注意的是,这个结果是针对特定公司的,而且是在 eBay 公司经常出现在自然搜索结果中的情形下取得的。其他情形中的数字营销是可以得到正的 ROI 的,特别是当广告主不出名或不会出现在自然搜索结果中时。

如果集群标准误差不直观,可以通过**控制**回归均值公式中的特定 DMA 收入水平来得到同样[1]的结果。也就是说,用一个包含 DMA 专用截距(经济学家称为"DMA 固定效应")的模型来代替公式 5.13:

$$\mathbb{E}[y_{it}] = \alpha_i + d_i\beta_d + t\beta_t + \gamma d_i t \tag{5.14}$$

既然我们假定 DMA 专用水平具有独立性,那么可以使用一般的回归标准误差。

```
> dmareg <- glm(y ~ dma + d*t, data=semavg)
> summary(dmareg)$coef["d:t",]
    Estimate   Std. Error      t value     Pr(>|t|)
-0.006586852  0.005571899 -1.182155571  0.238493640
```

---

[1] 添加固定效应与集群标准误差不同,但这两种方法都考虑了 DMA 内部的依赖性。没有哪个明显更好,而是各有优点。例如,添加固定效应的方法可以很容易地扩展到更复杂的依赖性结构。

这个 γ 的估计值和标准误差与前面使用集群标准误差的回归分析实际上相同。

这里的推导和分析应该能够说明差异对差异方法只是应用回归建模中的一个实例。不过,这种方法经常呈现出另外一种形式,它利用了在处理前后观测的配对。在这种形式下,应该先计算出每个 DMA 在处理前后的**差异**:

$$r_i = y_{i1} - y_{i0} \tag{5.15}$$

然后,收集处理组和控制组的平均差异,即 $\overline{r_1}$ 和 $\overline{r_0}$,并使用这两个平均差异的差作为 ATE 的估计值,如下所示:

$$\hat{\gamma} = \overline{r_1} - \overline{r_0} \tag{5.16}$$

这个过程就是"差异对差异"这个名称的由来。DMA 之间的独立性意味着每个 r_i 也是独立的,你可以使用常用公式来计算均值差异的标准误差:$\mathrm{se}(\hat{\gamma}) = \mathrm{se}(\overline{r_1}) + \mathrm{se}(\overline{r_0})$。

```
> r <- tapply(semavg$y, semavg$dma, function(y) y[2]-y[1])
> d <- semavg[match(names(r), semavg$dma), "d"]
> rbar <- tapply(r,d,mean)
> rbarvar <- tapply(r, d, function(r) var(r)/length(r))
> rbar[2] - rbar[1]
              1
-0.006586852
> sqrt(sum(rbarvar))
[1] 0.005555082
```

这个结果和前面回归分析中的结果也相同。

断点回归估计器利用了另一种常见的近似实验设计:由某个"强迫变量"的阈值来决定处理分配,在任意一侧接近阈值的被试都是可比的,都可以用来进行因果关系估计。例如 J. Hahn 等人[①]评价了一条区别对待性法规,它只适用于那些雇员多于 15 人的公司。在这里,雇员数量就是强迫变量。文章作者比较了 15 位雇员这个阈值任意一侧的公司。这种情况随处可见:分数阈值决定了能否进入教育项目,收入阈值影响社会保障计划的资格,小孩在 4 之岁前可以免费参观博物馆。我们将考虑一种常见的数字营销情形,其中显示广告的规则是看最高的(或次高的)广告拍卖"分数"是否超过一个既定阈值。

断点回归设计的一个优点是你完全清楚需要控制的那个唯一的混淆变量:强迫变量。回想一下前面讨论过的非完美实验设计,你需要控制(包含在回归中)所有与处理分配和响应相关的变量。在一个严格的断点回归中,处理分配**完全**由强迫变量决定,所以你只需要控制强迫变量。在刚才给出的例子中,需要控制的是每个公司的雇员数量或每个广告主在广告拍卖中的分数。

① J. Hahn, P. Todd, W. Van der Klaauw. Evaluating the effect of an antidiscrimination law using a regression-discontinuity design. NBER Working Paper, 1999.

还有一种"模糊"断点回归设计，其中阈值改变了不同处理措施的概率，但分配不是确定性的。这是一种使用工具变量（稍后讨论）的情形。更多细节，参见 Guido Imbens 和 Thomas Lemieux 的论文"Regression discontinuity designs: A guide to practice"。

断点回归分析需要对响应如何随着处理阈值附近的强迫变量而变化做出假设。你必须假定如果阈值有轻微的变动，那么那些改换了处理组的被试的行为与**新**处理组中它们附近的被试的行为相似。这是一种**连续型**假设，它意味着你可以观察强迫变量和阈值某一侧响应之间的关系并外推到另一侧。

图 5-4 展示了两个处理组的观测到的（实线）和未观测到的（虚线）预期响应函数。断点回归连续型假设所指的就是我们在处理阈值（实线跳跃）附近看到的行为。即使在观测到的平均响应中有一个不连续（跳跃）的点，每个处理组的基本响应函数在这个点也是连续的（每个组的平均响应都可以平滑地从实线过渡到虚线）。这就可以让你在两个处理组之间对反事实响应进行比较。

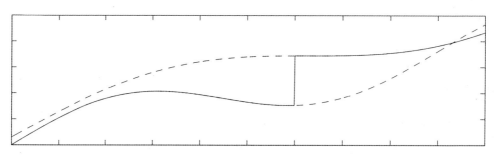

图 5-4　断点回归连续型假设图示，取自 Guido Imbens 和 Thomas Lemieux 的论文"Regression discontinuity designs: A guide to practice"。实线是在给定强制变量（x 轴）时观测到的平均响应（y 轴），虚线是每个组未观测到的平均响应

我们可以使用潜在结果表示法更精确地定义上面的问题。回想一下，$y_i(d)$ 是用户 i 在处理 d 之下的潜在结果，d_i 是它们的处理组，所以 $y_i(d_i)$ 就是观测到的响应。对于断点回归设计，我们加入一个强迫变量 r_i：r_i 相对于处理阈值的位置决定了处理状态。**简单起见，我们假定该阈值总是 0**，只要从强迫变量中减去一个非零阈值即可实现。如果只限定在二元处理，那么强迫变量 r_i 的处理分配就是：

$$d_i = \mathbb{1}_{[r_i > 0]} \tag{5.17}$$

这是一种近似实验设计，因为只需要控制强迫变量——给定 r_i，处理分配与响应无关：

$$[y_i(0), y_i(1)] \perp\!\!\!\perp d_i \mid r_i \tag{5.18}$$

最后，重要的连续性假设可以写成（要记得处理阈值是 $r_i = 0$）如下形式，对于一个小的 ε：

$$\mathbb{E}\big[y_i(d)\,|\,r=-\varepsilon\big]\approx\mathbb{E}\big[y_i(d)\,|\,r=0\big]\approx\mathbb{E}\big[y_i(d)\,|\,r=\varepsilon\big] \tag{5.19}$$

这些公式都准备好了之后，就可以在阈值的两侧分别拟合两个回归模型，并比较它们在 $r=0$ 时的预测值，以此估计处理措施的因果效应。例如，我们通常会在距离阈值 δ 的距离内分别估计两个线性回归：

$$\mathbb{E}\big[y_i\,|\,r_i,\ -\delta < r_i < 0\big]=\alpha_0+\beta_0 r_i$$
$$\mathbb{E}\big[y_i\,|\,r_i,\ 0 < r_i < \delta\big]=\alpha_1+\beta_1 r_i \tag{5.20}$$

其中第一个回归的 $d_i=0$，第二个回归的 $d_i=1$，那么在 $r_i=0$ 时的处理效果估计为：

$$\mathbb{E}\big[y_i(1)-y_i(0)\,|\,r_i=0\big]=\alpha_1-\alpha_0 \tag{5.21}$$

这就为那些 r_i 接近 0 的被试给出了一个**条件** ATE。估计出的测量效果对应图 5-4 中跳跃点处的潜在结果差异。你根本不会知道这个差异离阈值很近（潜在结果甚至会经过阈值）。在一个断点回归设计中，你只能知道阈值处的处理效果，这是个局限，但只要知道了一个条件 ATE，这个结果通常就是有意义的。

　　数字营销示例的处理分配如图 5-5 所示。就像前面的差异对差异 SEM 示例一样，数据对应于赞助搜索，但我们已经知道了在搜索页面上为广告分配位置的过程。在广告拍卖中，广告主先给出报价，然后这些报价与来自广告平台（搜索引擎供应商）的关于每个广告被用户点击（只有广告被点击，平台才能得到收入）的可能性信息组合起来。有多种报价和点击概率的组合公式，但不管它们的具体细节[①]如何，组合的结果就是一个排名分数，它决定了广告在拍卖中的顺序优先级，排名分数最高的广告会最先显示。

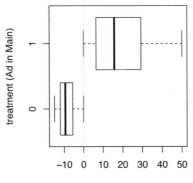

图 5-5　数字营销断点回归示例中的强迫变量（排名分数减去保留值）和处理状态（广告是否在主线中显示，而不是在边栏中显示）。请注意，当且仅当广告的排名分数大于保留值时，广告才在主线中显示（$d=1$）

① Hal R. Varian. Online ad auctions. The American Economic Review, 2009.

响应变量 y 是一种**广告收入**——不管广告是否被点击，都要乘以一个 CPC（cost-per-click，每点击费用）。可以把 CPC 看作拍卖过程中的次高出价（这是份模拟数据，不是某人的真实收入）。你需要考虑的处理措施是一种具体的**位置**效果，即广告出现在"主线"中（$d=1$）——主要搜索结果之上——而不是在边栏中（$d=0$）。搜索平台对于主线广告有一个保留价格，如果某个广告的最高排名分数低于该保留价格，它就不会出现在主线中，而会出现在边栏中。如果排名分数高于保留价格，广告就会出现在主线中。因此，这个保留价格可以作为主线广告位置的处理分配阈值。我们将强迫变量定义为排名分数减去保留价格，这样处理阈值就是 $r=0$，这就是图 5-5 所示的过程。

假设条件预期收入在该阈值附近是平滑的，我们就可以利用断点回归来试着建立模型，研究位置对收入的处理效果。一种简单方法是只比较阈值 $r=0$ 两侧的收入均值 y。首先需要在阈值的上面和下面选择一个窗口。出于演示的目的，我们考虑保留价格两侧各 3 个排名分数单位：

```
> w <- 3
> above <- which (D$score > 0 & D$score <w)
> below <- which (D$score < 0 & D$score >-w)
```

然后找出每个窗口的响应均值，它们之间的差就是处理效果的估计值：

```
> # 常量预测模型
> mua <- mean (D$y [above])
> mub <- mean (D$y[below])
> (te <- mua - mub)
[1] 0.01484979
```

在这个例子中，我们得到了一种对"收入"的正处理效果——如果广告位于搜索结果的主线中而不是边栏中，就可以以更高的价格得到更高的点击率。因为这些都是独立的观测（根据假设），所以我们可以使用常用的公式来算出每个窗口均值和处理效果均值（均值的差）的方差。

```
> vara <- var(D$y [above])
> varb <- var(D$y [below])
> sdte <- sqrt(vara/length (above) + varb/length(below))
> te + c(-2,2)*sdte
[1] 0.01305012 0.01664947
```

最后的 95% 置信区间完全是正的。根据这个分析，几乎可以确定主线位置对收入具有正效果（这似乎是理所应当的，至少在短期内如此）。

这种"均值间差异"分析的模型有一个隐含假设：响应在阈值两侧的窗口中是固定不变的。这不能令人信服，因为排名分数会随着广告主的出价和预期点击率的升高而提高，所以有理由预期更高的 r_i（排名分数）往往会导致更高的 y_i——点击率乘以 CPC。实际上，这种使用均值间差异的处理效果估计方法一般被视作断点回归设计的一种**糟糕想法**。通常的情况是响应会随着独立于处理效果的强迫变量而变化（思考前面提到的断点回归示例），因此需要在阈值的任意一侧都对这个效果进行控制。

更好的方法是使用局部线性回归，即在阈值两侧±δ 的窗口中分别拟合一条 OLS 直线。这完全就是前面公式 5.20 中介绍过的情形。使用交互项，我们可以将这两个回归写成一个模型：

$$
\begin{aligned}
\mathbb{E}[y_i] &= \alpha + \gamma\,\mathbb{1}_{[r_i>0]} + r_i(\beta_0 + \beta_1\mathbb{1}_{[r_i>0]}) \\
&= \alpha + \gamma d_i + r_i(\beta_0 + \beta_1 d_i)
\end{aligned}
\tag{5.22}
$$

公式 5.22 中的处理效果是 γ，等价于公式 5.20 中的 $\alpha_1 - \alpha_0$。需要再次注意的是，这需要假定阈值（断点）出现在 $r_i = 0$ 时。

> 文献中常见阈值两侧的**加权最小二乘**回归，它加在观测上的权重随着与阈值之间距离的增大而减小。这样可以使推断对窗口大小的选择不太敏感，但它引入了一个需要调整的新参数（如权重的衰减率），而且在实际工作中这种更复杂的方法没有明显的优点。图 5-6 中的 loess 平滑器是加权最小二乘拟合的一个例子。

下面为数字营销示例拟合一个局部线性回归估计器，还是使用 $\delta=3$ 单位的窗口。这可以在 R 中使用交互项来进行：

```
> h <- 3
> window <- which(D$score > -h & D$score < h)
> summary(linfit <- lm(y ~ treat*score, data=D, subset=window))

Coefficients:
             Estimate Std. Error t value Pr(>|t|)
(Intercept) 0.0820048  0.0011768  69.682  < 2e-16 ***
treat       0.0119216  0.0017396   6.853  7.3e-12 ***
score       0.0006188  0.0006627   0.934     0.35
treat:score 0.0007242  0.0010020   0.723     0.47
```

现在估计出的处理效果约为 0.012。为了找出该估计值附近的不确定性，我们应该使用对异方差稳健的标准误差（因为没有理由认为阈值两侧有固定的误差结构）。

```
> seate <- sqrt(vcovHC(linfit)["treat", "treat"])
> coef(linfit)["treat"] + c(-2,2)*seate
[1] 0.00834634 0.01549686
```

注意这个置信区间，尽管都大于 0，但大部分要比前面均值差异分析中的置信区间低。

图 5-6 给出了分析。在阈值 $r=0$ 处，两条线性回归直线末端之间的间隙对应上面 R 输出中的 $\hat{\gamma} \approx 0.012$。浅灰色的线展示了条件均值（可以认为它是一个移动平均）的一个 loess 平滑估计。图中还给出了前面固定均值拟合的 mua 和 mub。可以看出，只要 y 在阈值任意一侧随着 r 增大，均值差异分析就会导致一个有较大偏差的处理效果估计。

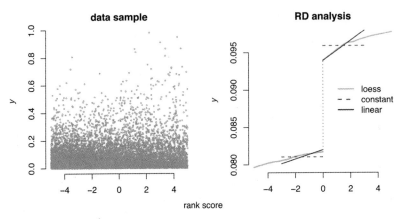

图 5-6 数字营销断点回归分析图示。左侧是响应变量 y 在处理阈值 0 任意一侧的取值样本。右侧是一个放大的视图：在 R 中使用 loess 线性平滑器（自由度为 1）和 0 两侧各 3 个分数单位的线性回归估计了 y 的条件均值。均值差异分析用虚线表示

最后，任何断点回归分析对于局部分析窗口的大小都是敏感的。这里选择 $\delta = 3$ 是因为图 5-6 中右侧的移动平均（loess）均值估计似乎在这个窗口中主要是线性的，但这只是粗略的肉眼判断。此外，图 5-6 左侧的数据中没有明显的信号可用来判断线性（或者任何其他性质。直到使用了移动平均，数据中的噪声才掩盖了所有明显的不连续性）。

最好的做法是对多个窗口计算出断点回归处理效果。图 5-7 给出了这个例子的结果，在其他应用中这种结果也很常见。开始有一个高方差区域，此时窗口太小了，以至于不能估计出可靠的线性回归；然后，结果逐渐稳定在 $\hat{\gamma} \approx 0.012$ 附近。更大的窗口会降低估计值附近的不确定性，但代价是需要更严格的线性假设（需要假设函数在距离阈值更远的部分近似线性）。在实际工作中，这种窗口大小的选择更近于艺术而非科学，你需要确定结果在多个合理值之间是稳定的。

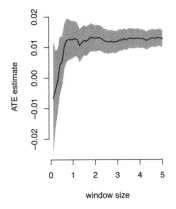

图 5-7 对 ATE 的断点回归推断（均值和 90% 置信区间），ATE 作为窗口大小的函数，在数字营销例子中 $\delta = 3$

断点回归分析是数据分析中一个常用且有效的工具,但本书的介绍比较简略。更多相关信息,参见 Guido Imbens 和 Thomas Lemieux 的论文 "Regression discontinuity designs: A guide to practice" 及相关文献。有一种情形非常重要:如果处理阈值不严格(就像前面例子中一样),而是相对**模糊**的,即 $r_i > 0$ 改变了处理**概率**,但处理分配在阈值任意一侧都不是确定性的,这时就可以使用类似的工具进行分析。这种模糊断点回归设计实际上是一种特殊的工具变量设计。下面介绍工具变量。

5.3 ◆工具变量

在商业和经济系统中有大量输入,这些输入组合起来就能产生有趣的结果。正如本章一直强调的,理解这种系统中的因果关系需要随机化——需要有的事件**看起来**像实验。前面讨论了对本身已随机化的策略的处理效果的分析,但还有一些常见的策略,它们不能**直接**随机化,而是要通过对能影响策略选择的变量进行实验来**间接**随机化,我们需要知道这种策略的处理效果。这些间接的随机化事件,或随机化的上游来源,被称为**工具变量**,它们构成了应用计量经济学的基础。

一个直观的工具变量例子可见于"意向性分析"中。在一项医学试验中,某种药物被随机发放给受试患者。这是一项完全随机化实验,但问题是并非所有受试患者都会服用该药物。服用这种药物可能会引起疼痛或者造成不便,或者人们只是忘了吃药。因此,你的实验将药物的服用随机化,但比实际的药物处理少了一个步骤。还有,人们可能会由于与响应相关的原因而自行选择:病情严重的患者服药后可能会更加痛苦,病情较轻的患者可能更不愿意去执行不方便的治疗协议。因此,治疗措施是与多种潜在的**未观测**因素相关的,这些因素也会影响响应,所以难以控制服药者和未服药者之间的相关差异。

好在工具变量提供了一种方法来解决这种意向性分析问题并推断药物处理效果。在这个例子中,唯一的工具变量就是随机化的组分配(被试是否被发放了药物)。你可以利用这种随机化,方法是跟踪工具变量,看看它是如何改变用户服药**概率**的。如果药物不可及,那患者服药的概率就是 0 或很小(他们可能通过其他方式获得药物)。如果他们被分配到药物可及组,那服药概率就会大大提高。工具变量分析就是通过建模研究这种**概率变化**是如何影响患者身体状况(如存活或其他健康指标)的。由随机化直接控制的处理措施有个比例(由工具变量表示出的处理概率),将这个比例与响应联系起来,就可以发现响应是如何改变处理状态中的随机化部分的。由此可以根据病人是否服用了药物来对反事实建模。

下面借助数学来更精确地阐释这个概念。首先解释**内生性**(endogeneity)这个一般性问题。在常用的工具变量模型中,有一个处理变量 p 和一个响应变量 y,可能有也可能没有能直接影响响应变量的可观测协变量 x,总是有一个**工具变量** z,它只能通过影响处理措施来影响响应变量。此外,还有**未观测**因素或误差,记为 e,它对处理措施和响应变量都有影响。图 5-8 左侧是该模型的关系图,它清楚地表明了工具变量 z 的两个重要特征:它只能通过 p 对 y 产生作用,以及它与未观测误差 e 是完全独立的。

图 5-8　一个简单工具变量模型的示意图。在每个图形中，箭头表示 "起始端对末端有因果影响"。在左侧图中，z 是工具变量，p 是策略（处理措施）变量，x 是一个可观测协变量，y 是响应变量，e 是一个未观测变量，它既影响处理变量，也影响响应变量。在右侧图中，在一个意向性药物试验中以模型组件的形式实现了这些变量

图 5-8 右侧将这些变量与一个药物意向性分析试验联系了起来。响应变量是康复时间。简单起见，我们只设置了一个未观测变量，称为**疾病状态**，它与患者的服药倾向和康复时间均相关（例如，假设病情更严重的患者需要的康复时间更长，服药的可能性也更小）。工具变量是随机的药物可及性（RCT 中的患者分组），这种随机化只能通过改变患者的服药概率来影响响应变量。最后，患者的年龄作为可观测协变量——可以使用它来对与年龄相关的药物效果进行建模。

我们可以用一个回归来表示这个因果模型：

$$y = g(x, p) + e, \quad \mathrm{cov}(e, p) \neq 0 \tag{5.23}$$

其中 $g(x, p)$ 是一个**结构化**函数，用以表示 p 是如何作用于 y 的（它可能也是 x 的函数，眼下简单起见，可以忽略 x）。公式 5.23 和一般回归模型之间的重要区别是，它的误差与策略相关：$\mathrm{cov}(e, p) \neq 0$。这意味着在给定处理变量 $\mathbb{E}[e \mid p] \neq 0$ 时，误差项的期望值不是 0，这与一般的统计回归不同。这是因为 "误差" 会影响策略选择，所以策略实现会给出一些关于误差项的信息。

在这种情况下，我们认为策略变量是响应变量的**内生变量**。它作为未观测因素或误差的一个函数，与响应变量一起被确定。相反，对于**外生**误差，有 $\mathrm{cov}(e, p) = 0$，一般统计模型就是如此，不必深究。在公式 5.23 的情况下，在研究 $g(p, x)$ 时使用现成的回归或机器学习工具是有问题的。考虑使用回归来估计 y 的非因果关系条件期望：

$$\mathbb{E}[y \mid x, p] = \mathbb{E}[g(x, p) + e \mid x, p] = g(x, p) + \mathbb{E}[e \mid p] \tag{5.24}$$

出于说明的目的，我们假设 x 对 e 没有影响，所以 $\mathbb{E}[e \mid x, p] = \mathbb{E}[e \mid p]$。这对于我们要讨论的所有方法都是不必要的，但更容易表示和理解。

这样，标准回归技术就可以发现真实的结构化联系，$g(x, p)$ 加上一个偏差项：$\mathbb{E}[e \mid p]$。经济学家把这个问题称为 "遗漏变量偏差"，只要是处理非实验数据，这个问题就会是困扰。

公式 5.24 说明了因果关系推断与普通统计（"预测性"）推断之间的根本性差异。对于机器学习研究者来说，如果你想预测与过去基本相似的未来，那么 $\mathbb{E}[e \mid p]$ 不是偏差。任何有助于在

给定 p 的情况下预测 e 的模式都可以用来改善对未来的预测。但是，在策略制定环境中，你是想**改变** p 的，比如改变价格或使用一种新药。这意味着在未来你会**打破** p 和 e 之间的关系，在过去数据中观测到的 $\mathbb{E}[e|p]$ 模式不存在了，任何通过 g 混淆了这一项的推断都会被视作偏差。也就是说，在比较反事实策略 p_1 和 p_0 时，你想知道 $g(p_1,x)-g(p_0,x)$ 并加上 $\mathbb{E}[e|p_1]-\mathbb{E}[e|p_0]$，这会导致错误的结论和糟糕的策略选择。

这种"内生性"问题的一种经典示例见于需求分析中。考虑航空旅行，在假期和需求高峰期会出现两种情况：航班被订满，而且票价非常高。当然，航班被订满并不是因为价格变高，而是价格和销量都反映了消费者基本需求的变化。航空公司非常善于跟踪这种需求，并修改票价以获取最大利润。

在前面的例子中，如果用价格去回归销量，就会发现一个**正相关**关系：销量随着价格的提高而增加。这就是经济学家所担心的"向上倾斜的需求曲线"。这是一种垃圾结果：它描述不了任何真实的经济系统。很容易找出出现这种情况的原因。考虑一个简单的线性需求系统，其中需求冲击 e 和价格 p 都会使销量 y 增加或减少：

```
> yfun <- function(e,p){
+     y = 2 + 10*e-3*p + rnorm(length(e),0,.1)
+     y[y<0] <- 0
+     return(y) }
```

出于说明的目的，需求冲击是随机且独立的。

```
> e <- rgamma(100,1,1)
```

我们将提取两个独立的价格集合。在第 1 种"已观测"情形中，假设你有一份来自价格制定者的过去数据，该价格制定者可以设定不同的价格——他按照与需求冲击正相关的关系来设定价格（价格等于 e 加上一个随机误差 z）：

```
> z <- rgamma(100,1,1)
> p_observed <- e + z
```

在第 2 种情形中，假设你进行了一次实验，其中价格是完全随机的：

```
> pind <- rgamma(100,2,1)
```

最后，把需求冲击和这两个价格集合都输入到销售函数中：

```
y_observed <- yfun(e, p_observed)
y_counterfactual <- yfun(e, p_counterfactural)
```

图 5-9 展示了结果。左侧图显示出由内生性所决定的价格导致了价格和销量之间的正相关。对已观测价格数据的 OLS 直线拟合错误地预测出了一条向上倾斜的需求曲线。在右侧图中，随机的价格变动使 OLS 找出了正确（向下倾斜）的需求关系。另一条"2SLS"拟合直线从已观测数据中重新找出了价格与销量之间的正确关系，这条直线背后的分析利用了工具变量 z，即价格中的随机变动。

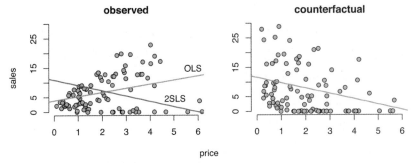

图 5-9   虚拟需求系统图解。在左侧图中，价格是由未观测需求冲击内生（联合）决定的。在
右侧图中，价格独立于需求随机决定。标有 OLS 的两条直线是对每个数据集的 OLS 拟
合，左侧图中还有一条 2SLS 拟合直线，它与右侧图中的反事实 OLS 拟合非常接近

2SLS（两阶段最小二乘）是一种可以从工具变量变动中找回因果效果的简单方法。回想一
下公式 5.23 中的回归公式，并在工具变量 z 的条件下求公式两侧的期望。眼下可以忽略协变量 x，
所以 $y = g(p) + e$，则条件期望如下：

$$\mathbb{E}[y \mid z] = \mathbb{E}[g(p) \mid z] + \mathbb{E}[e \mid z] = \mathbb{E}[g(p) \mid z] \tag{5.25}$$

因为 e 与 z 无关（工具变量的一个关键特性），所以在 0 均值误差的标准假设之下，$\mathbb{E}[e \mid z] = \mathbb{E}[e] = 0$。因此，如果给定 z，y 就有了一个条件分布，该分布的均值等于 $g(p)$ 在给定 z 时的平均
数。请注意，p 在这个公式中是一个随机变量。例如，如果是二元处理措施，则有：

$$\mathbb{E}[g(p) \mid z] = g(0) \mathrm{p}(p = 0 \mid z) + g(1) \mathrm{p}(p = 1 \mid z) \tag{5.26}$$

继续简化，使用一般线性处理模型，其中 $g(p) = \gamma p$，则公式 5.23 变为：

$$y = \gamma p + e \tag{5.27}$$

结合公式 5.25，得到 2SLS 的关键方程如下：

$$\mathbb{E}[y \mid z] = \gamma \, \mathbb{E}[p \mid z] \tag{5.28}$$

这样就可以使用两阶段算法来估计 γ 了（可以将任何协变量 x 加入条件集合）。

算法 13   2SLS

❏ 使用 OLS 为 p 在 x 和 z 上拟合第一阶段期望 $\mathbb{E}[p \mid x, z] = \alpha_p + z_i \tau + \boldsymbol{x}_i' \boldsymbol{\beta}_p$。对每个已观测的
$(p_i, \boldsymbol{x}_i, z_i, y_i)$ 元组，都可以提供一个**预测策略** $\hat{p}_i = \hat{\alpha}_p + z_i \hat{\tau} + \boldsymbol{x}_i' \boldsymbol{\beta}_p$。

❏ 在预测策略和协变量之上为响应变量运行第二阶段回归，使用 OLS 来进行估计：

$$\mathbb{E}[y \mid \hat{p}_i, \boldsymbol{x}_i] = \alpha_y + \hat{p}_i \gamma + \boldsymbol{x}_i' \boldsymbol{\beta}_y \tag{5.29}$$

然后，就可以将得到的 $\hat{\gamma}$ 估计解释为 p 在 y 上的因果效果。

在前面的模拟定价示例中，这种算法可以分为两个简单步骤来实现。回想一下，已观测价格被设置为需求冲击和一个独立的随机误差之和：p_observed=e+z。将 z 看作一个可观测的工具变量，我们就可以运行 2SLS：

```
> preg <- lm(p_observed ~ z)
> phat <- predict(preg, data.frame(z=z))
> lin2SLS <- lm(y_observed ~ phat)
> summary(lin2SLS)

Coefficients:
            Estimate Std. Error t value Pr(>|t|)
(Intercept)  11.9030     1.7697   6.726 1.17e-09 ***
phat         -2.2023     0.8168  -2.696  0.00825 **
```

该过程找到了一个 γ 估计值，在真实值（−3）的一个标准差之内：

```
> summary(lm(y_observed ~ p_observed))

Coefficients:
            Estimate Std. Error t value Pr(>|t|)
(Intercept)   1.3751     1.0701   1.285    0.202
p_observed    3.0502     0.4503   6.774 9.37e-10 ***
```

尽管销量在价格上的简单回归得到了一个完全不同（错误）的模型，但 2SLS 是成功的。

本章开头介绍过的 OHIE 实际上就是一种意向性分析的情况。尽管俄勒冈州通过发行彩票随机化了医保的**可及性**，但不是所有有资格申请医疗补助的人都利用这次机会并加入了医保。对有些人来说，加入医保的过程太烦琐了，而另一些人可能有其他保险选择。因此，前面的结果描述的不是加入医保的处理效果，而是扩大了保险可及性的间接效果。我们可以通过工具变量分析来优化这个结果。

和前面在 OHIE 中的分析一样，如果被试去看了 PCP，那么响应变量 $y_i=1$，否则 $y_i=0$。可以申请医保是原来的处理措施，现在，这种申请资格将作为工具变量。对于那些被选择加入医保的人，$z=1$，否则 $z=0$。新的处理措施 p 是患者是否**加入医保**。因为 z 是随机化的（通过彩票进行分配），而且它只能通过影响是否加入医保来影响看 PCP，所以它满足了工具变量的定义。我们可以看看 p（进入医保系统）是如何随着 z（抽中彩票）的变化而变化的，再推断加入医保对看 PCP 的处理效果。

在前面的模拟工具变量分析中，z 是完全随机的。但在 OHIE 分析中，需要控制家庭人数 numhh，因为来自大家庭的人更容易获得申请资格（只要某个家庭成员抽中了彩票，那所有家庭成员都有申请资格）。如算法 13 所示，这意味着第一阶段回归和第二阶段回归中都需要包括 numhh。调用 lm（或者 glm）可以完成以上所有工作：

```
> stage1 <- lm( medicaid ~ selected + numhh, data=P)
> phat <- predict(stage1, newdata=P)
> stage2 <- lm(doc_any_12m ~ phat + numhh, data=P, x=TRUE)
> coef(stage2)
```

```
(Intercept)          phat        numhh2         numhh3+
0.55883837    0.21259703    -0.05302372    -0.14483052
```

估计出的处理效果 $\hat{\gamma}$ 是 phat 的系数：0.21，这说明加入医保可以使去看 PCP 的概率比未加入
医保时高约 21%。相比之下，之前的分析发现有资格加入医保只能将看 PCP 的概率提升 5%~6%。
这项分析给出了工具变量结果的一个弱化版本，因为**有资格**申请是实际加入医保过程中省略了的
一个步骤，那些即使有资格也不愿意加入医保的人也是不愿意去看 PCP 的。

需要注意**工具变量估计的标准误差**。我们直觉上想使用"三明治"HC 方差估计器，但是因
为一些微妙的原因[1]，"三明治"中的"肉"应该是来自第二阶段回归的残差，而第二阶段应该使
用真实的处理措施作为输入（而在拟合第二阶段回归时，我们实际使用的是 $\hat{p}$ 作为输入）。这就
使得"三明治"的构建非常复杂：

```
> resids <- P$doc_any_12m - predict( stage2,
+ newdata=data.frame(numhh=P$numhh, phat=P$medicaid))
> meat <- Diagonal(x=resids^2)
> bread <- stage2$x%*%solve(t(stage2$x)%*%stage2$x)
> sandwich <- t(bread)%*%meat%*%bread
> print( segam <- sqrt(sandwich[2,2]) )
[1] 0.02112
```

得到的标准误差为 0.021，这意味着医保在提高看 PCP 概率方面的处理效果的 90% 置信区间
为 17%~25%：

```
> coef(stage2)["phat"] + c(-2,2)*segam
[1] 0.1703514 0.2548427
```

我们一步一步地运行了算法 13 并构建了标准误差。而以后只需调用一个函数就可以完成所
有的工具变量分析步骤，并得到正确的标准误差。前面为了稳健性和计算集群标准误差使用过
AER 包，这个包还提供了一个 ivreg 函数来进行工具变量分析。该函数的语法与 glm 和 lm 基
本相同，只是需要使用管道符号"|"将第一阶段和第二阶段的输入分隔开。

```
> library(AER)
> aeriv <- ivreg(doc_any_12m ~ medicaid + numhh | selected + numhh, data=P)
```

在上面的例子中，策略（处理）变量 p 是指示变量 medicaid，它和协变量 numhh 一起列在
管道符号之前，作为基本输入。在管道符号之后，列出了所有工具变量（我们只有一个工具变量
z，就是 selected 标志），还有需要控制的协变量，因为它们与完美随机化相关[2]。这个关于医
疗补助对看 PCP 处理效果的工具变量分析的摘要结果如下所示：

```
> summary(aeriv)

Coefficients:
                Estimate Std. Error t value Pr(>|t|)
```

① Joshua D. Angrist, Jörn-Steffen Pischke. Mostly Harmless Econometrics, 2009.
② 该函数会自动检测到两个输入集合中都有 numhh，因此知道它应该是协变量，而非工具变量。

```
(Intercept)   0.558838   0.007147   78.191   < 2e-16 ***
medicaid      0.212597   0.021153   10.050   < 2e-16 ***
numhh2       -0.053024   0.006952   -7.627  2.49e-14 ***
numhh3+      -0.144831   0.063747   -2.272    0.0231 *
```

点估计 $\hat{\gamma} = 0.212\,597$ 与前面相比没什么变化，标准误差也基本相同，只是在第 5 位小数处略有差异：0.021 15 和 0.021 12。出现这种现象的原因是，摘要中的默认标准误差与 glm 一样，也是假定第二阶段回归中误差的方差是不变的（同方差性）。在工具变量拟合上使用 HC 协方差函数就可以得到与前面的三明治估计器更接近的结果：

```
> sqrt(vcovHC(aeriv)[2,2])
[1] 0.02112588
```

这些差别很微小，但在其他例子中，异方差可能会导致更大的差别。最后，回想一下在最初的 OHIE 分析中，我们想得到能在家庭水平上**聚集**的标准误差（因为不能假定同一家庭中的每个人是独立的）。同样，我们只需在拟合出的工具变量对象上使用 AER 库函数，就能得到正确的集群标准误差：

```
> (seclust <- sqrt(vcovCL(aeriv, cluster = P$household_id)[2,2]) )
[1] 0.02163934
```

这个标准误差比前面的略大，处理效果的 90% 置信区间也稍稍扩大了。如果保留到小数点后两位，现在得到的结果是看 PCP 的概率提高了 17%~26%。

```
> coef(aeriv)["medicaid"] + c(-2,2)*seclust
[1] 0.1693183 0.2558757
```

工具变量分析是一个很大的话题，这类模型在应用计量经济学中占主导地位。Joshua D. Angrist 和 Jörn-Steffen Pischke 的 *Mostly Harmless Econometrics* 是深入研究这种分析框架的极佳参考资料。例如，他们耐心、细致地阐述了关于如何在一般情形中解释 $\hat{\gamma}$ 的理论。在这种情形中，算法 13 中的回归只是 z、p 和 y 之间真实关系的一个近似[①]。如果想更深入地理解工具变量分析，可以从这本书开始，还可以阅读 Guido Imbens 和 Donald Rubin 的 *Causal Inference in Statistics, Social, and Biomedical Sciences* 以及 Stephen L. Morgan 和 Christopher Winship 的 *Counterfactuals and Causal Inference* 第 2 版。

工具变量方法诞生于 20 世纪三四十年代，起源于 Jan Tinbergen 和 Trygve Haavelmo 等人对经济**系统**参数的测量工作。与此同时，Fisher 等统计学家制定了随机实验的规则，他们试图弄清楚如何在不可能随机化的情况下（如不可能对一个经济体内的个人收入进行随机化）进行社会科学研究。因为他们的工作成果，计量经济学理论通常注重在工具变量 z 不能显式随机化的情况下如何设定工具变量。图 5-8 中的排他性结构可以在没有随机工具变量的情况下成立，只需工具变

---

① 一般说来，即使算法 13 中的回归有错误设定，也可以将 $\hat{\gamma}$ 解释为局部 ATE：由于工具变量的具体实现而分配到各个处理组的个体（那些因为彩票结果而进入或没有加入医保的人）之间的 ATE。示例见 Joshua D. Angrist、Guido W. Imbens 和 Donald B. Rubin 的 "Identification of causal effects using instrumental variables"。

量**独立**于以处理变量为条件的响应变量。在需求分析中，分析师有时候会认为影响供应商货物**成本**的因素是销售**价格**的一个工具变量。例如，北大西洋的天气条件（会使捕鱼变得更容易或更难）已经被视作纽约鱼类价格的工具变量[①]。使用天气工具变量的工具变量分析可以用来推断价格对销量的处理效果。

　　这些非随机工具变量示例中的问题是，工具变量是否有效。海上的天气真的与纽约的天气相差很远，不会直接影响鱼类销售吗？答案可能是"是"，只要你依据的是事实。前面引用过的 Angrist 等人的论文是一个很好的需求分析示例。这种质疑使得从业者以一种怀疑的眼光来看待工具变量分析（确实，有些工具变量分析就是胡言乱语）。这种质疑经常错误地出现在工具变量已经显式随机化的情形中，就像在意向性分析中那样。当工具变量被显式随机化之后，你就会清楚涉及的所有依赖，更确信工具变量模型和排他性结构是正确的。这种情况下的工具变量分析和部分随机实验的结果一样稳健并且容易解释。

　　关于工具变量模型与分析的重要性，最后需要注意的是，在企业内部（特别是现代的技术企业内部）**显式随机化的工具变量随处可见**。正如本章开头所讨论的，企业所用的算法和过程一直都在进行随机化。这就是 A/B 测试的普适策略。经常有这样的情况：有些策略本身不能随机化，只能作为 A/B 测试的下游，但决策者们想知道这种策略的效果。假设有一种算法可用来预测潜在借款者的信誉度并分配贷款。即使贷款分配过程本身未随机化，但如果机器学习算法中用来对信用评分的参数进行了 A/B 测试，那么这些实验就可以作为贷款分配效果的工具变量。这种"上游随机化"极为常见。在这种情况下，工具变量分析就是进行因果推断的核心工具。

[①] Joshua D. Angrist, Kathryn Graddy, Guido W. Imbens. The interpretation of instrumental variables estimators in simultaneous equations models with an application to the demand for fish. The Review of Economic Studies, 2000.

## 第 6 章

控　制

如果能对生活做实验，那它会更美好。如果生活是一项完全随机化的 A/B 测试、一个近似实验设计，或一种工具变量情形，那么通过显式随机化就可以建模，研究处理变量**独立于**其他协变量进行变化的效果。这就是反事实建模的关键：既然你想采取处理措施，就应该知道当处理变量独立变化时，响应变量会如何随之改变。

然而现实是并非总有机会做实验。在商业环境中，经常需要在不能显式随机化的情况下，基于历史数据对未来行动做出决策。对这种数据的分析称为**观察性研究**，进行实验时不设置处理措施，只是观察发生的现象。在这种情况下，反事实估计依赖 CI 假设：你已经跟踪并能够控制所有能影响处理变量 d 及其响应变量 y 的混淆因素。

选择控制因素的过程是主观的，需要耗费大量人力。应用经济学的讨论主要围绕着是否所有的重要因素都得到了控制。这种主观性和争论中有些是难以避免的：不经过实验很难进行因果推断。有些基本方法和最佳原则有助于增强可信度，你还可以在选择过程中的某些环节使用一些机器学习方法。如果你想快速、自动地完成商业决策，就会发现这些方法越来越重要。

本章将介绍在 CI 假设之下的各种反事实分析方法。首先详细介绍 CI 假设并解释在我们熟悉的低维回归模型中它是如何生效的。然后介绍一种特殊的"部分线性"处理效果模型，并说明如何使用机器学习方法进行**正交化**高维控制。这种技术可以扩展为对异质性处理效果建模，我们将以消费者需求估计为例介绍这种思想。最后介绍合成控制方法，在高科技产业中有时也称**实时预报**（nowcasting）方法。

6.1　条件可忽略性与线性处理效果

条件可忽略性（CI）是指观测能影响处理措施及其响应的所有变量。只要因果关系声明包括"在控制了其他因素之后"，就隐含了 CI 假设。

然而 CI 通常只是一种理想情况。在多数时候，观测能影响处理措施及其响应的**所有**因素是不现实的。相反，只能尽量控制足够的主要因素，使结果令人信服。

确切地说，CI 假设经常使用潜在结果表示方法进行介绍。回想一下，每个个体 i 都有一个**潜**

在结果 $y_i(d)$，对应每个处理状态，如 $d=0$ 或 $d=1$。观测到的 $y_i(d)$ 不是对所有 d 的，只是对某个 d_i 的，即在第 i 次观测中观测到的处理状态。CI 可以表示为：

$$\{y_i(d)\forall d\} \perp\!\!\!\perp d_i \mid \boldsymbol{x}_i \tag{6.1}$$

该公式表明，给定控制变量 $\boldsymbol{x}_i$，所有潜在结果 $y_i(d)$ 都是独立于 d_i 的。也就是说，在考虑了 $\boldsymbol{x}$ 中所有信息的影响之后，所有处理水平之上的潜在结果与实际被分配的处理状态无关[①]。在公式 6.1 中假定了 CI 条件之后，只要把 $\boldsymbol{x}$ 包含在回归模型中，就可以**控制** $\boldsymbol{x}$ 中的影响因素。当 $\boldsymbol{x}$ 的维度非常高，或者不清楚它对 d 和 y 的影响是何种形式时，问题会变得更难，但稍后将介绍如何借用机器学习工具来解决这个问题。

看看第 2 章中的橘子汁数据。我们使用价格和其他信息（品牌和广告）回归了橘子汁的销量，来了解消费者的价格敏感度。这里再次使用这个例子只是为了说明，但在模型中忽略了价格弹性中的品牌和广告依赖（使用一个比第 2 章中更基本的模型）。通过简单的对数回归，我们得到了价格弹性估计值为-1.6，即价格每提高 1%，销量减少约 1.6%。

```
> basefit <- lm(log(sales) ~ log(price), data=oj)
> coef(basefit)
(Intercept)  log(price)
  10.423422   -1.601307
```

为了在 CI 假设之下用**因果关系**来解释这个弹性，我们需要假定没有其他因素能同时影响价格和销量，这显然是不正确的。首先我们知道橘子汁有不同的品牌，其中一些价值更高。例如，我们预计相同价格下 Tropicana 比 Dominick's 销量多，而不同品牌的橘子汁也是按照这种预期来定价的。如果我们**控制**了品牌效果，弹性估计值就变为-3.14。

```
> brandfit <- lm(log(sales) ~ brand + log(price), data=oj)
> coef (brandfit)
(Intercept) brandminute.maid    brandtropicana      log(price)
 10.8288216       0.8701747         1.5299428      -3.1386914
```

发生了什么？在更高的价位，优质品牌 Minute Maid 和 Tropicana 与 Dominick's 的销量相当。所以，如果我们不控制品牌，那么对于那些 Minute Maid 和 Tropicana 的观测来说，似乎价格提高没有影响这些观测的销量。这就抑制了价格和销量之间能观测到的关系，从而导致了（虚假的）低价格弹性估计-1.6。如果在回归中包含了品牌，就能看到它对 Minute Mail 和 Tropicana 的销量都有正向效果。模型把这些销量的增加归功于品牌效果，我们就得到了更真实的价格弹性-3.14。

从技术上看，在回归中这种情况是如何出现的？OLS 回归系数表示的是每种输入在去除了与其他输入的关联之后的**局部**效应。要看到这种局部效应，可以使用另外一种逐步控制算法。首先

[①] 在二元处理的特殊情况下，公式 6.1 可以简化为一种我们熟悉的形式，$\{y_i(1),y_i(0)\} \perp\!\!\!\perp d_i \mid \boldsymbol{x}_i$，这样处理效果 $y_i(1)-y_i(0)$ 也是独立于处理状态的。

使用 brand 对 log(price)进行回归，然后使用这个回归的**残差**作为输入来预测 log(sales)。

```
> pricereg <- lm(log(price) ~ brand, data=oj)
> phat <- predict(pricereg, newdata=oj)
> presid <- log (oj$price) -phat
> coef(residfit <- lm(log(sales) ~ presid, data=oj))
(Intercept)      presid
   9.167864  -3.138691
```

presid 的系数就是品牌对价格对数回归中的残差。在前面使用对数价格和品牌对对数销量的多元线性回归中，log(price)的系数与 presid 的系数完全相同。这也是理解 OLS 工作方式的一种方法：它分别求出每个独立于其他输入的输入的系数。

前面的示例表明了 CI 的一种常见结构模型——LTE（linear treatment effect，线性处理效果）模型：

$$y = d\gamma + x'\beta + \varepsilon, \quad \varepsilon \mid d, x = 0$$
$$d = x'\tau + v, \quad v \mid x = 0 \tag{6.2}$$

其中 d 是处理状态变量，y 是响应变量，x 是所有能影响 d 和 y 的变量，即潜在的混淆变量。逗号后面的条件 $\varepsilon \mid d, x = 0$ 和 $v \mid x = 0$ 表示 CI 假设。这两个公式给出了使用机器学习方法解决这种因果推断问题的路径图。

我们将使用这种 LTE 模型作为本章中多数方法的基础，在很多商业情形中，它是对实际情况的一个合理近似。它还是一种经过充分研究的简约模型，在存在错误设定的情况下，也可以放心使用。可以通过多种方式扩展该模型，例如，在存在异质性处理效果时，γ 可以随着 x 的改变而变化，或者可以使用更灵活的函数 $l(x)$ 和 $m(x)$ 在"部分线性"处理效果模型中替换 $x'\beta$ 和 $x'\tau$。

公式 6.2 中系统的第一行看上去有些像普通线性回归——一个简约形式的模型，其中 β_j 表示随着 x_j 的改变 y 的平均改变，但没有考虑因果关系。区别在于公式 6.2 充分确定了 ε、x 和 d 之间的关系。公式中的第二行表明 x 包含了所有影响 d 和 y 的变量，所以 CI 假设成立，并可以用**因果关系**来解释 γ。也就是说，γ 表示在 d 独立于其他所有影响因素进行变化时 y 发生的变化。

当 x 是简单低维度（维度 $p \ll n$）变量时，不用担心对公式 6.2 中第二行的估计。在 CI 假设之下，大 n 和小 p 意味着对于 $\mathbb{E}[y \mid d, x] = d\gamma + x'\beta$ 的标准 OLS 回归估计，我们能够找到正确的、可以用因果关系解释的 $\hat{y}$。看看前面对 OLS 回归机制的解释，在 OLS 中有这种情况是因为我们将 γ "识别为" v 在 y 上的效果。"如果你需要调整混淆变量，那就将它们包含在回归中。"这条常见的实际建议也是出于这种原因。绝大多数观察性研究——在经济学、医学、商业或其他领域——可以使用这种标准回归技术。逻辑回归没有与 OLS 一样的"残差回归"解释机制，但它的工作方式几乎与之相同：如果你想控制混淆变量，只要将它们作为输入就可以了。

当需要控制的变量非常多时，$n \gg p$ 的假设就不成立了，这时就会出现问题。在这种情况下，估计时要特别小心，然而总是有太多混淆变量。在几乎所有观察性研究中，都有大量可能的外部影响因素。分析人员之所以能够使用低维 OLS 技术，**唯一**的原因就是他们基于直觉、经验和各种主观判断，**选择了维度更低的** x，这个 x 包含了"重要的"混淆变量。

在实际工作中，你无法知道哪些是正确的混淆变量。手动挑选控制变量非常耗时、不稳定且难以复制。分析人员的选择和动机总是使结果受人诟病。因此，从更高的层次来看，几乎所有处理效果估计问题都是高维问题。我们已经知道标准 OLS 回归技术不是解决高维问题的完美工具，因此需要使用像 lasso 和交叉验证这样的机器学习工具在 CI 模型中进行因果推断。

6.2   高维混淆变量调整

只要你的分析以 CI 假设为前提，就非常容易受到引入其他控制变量的影响，直到模型接近饱和，而且你也无法测量所有变量。这就是使用 OLS—— 一种低维方法——作为回归工具的不足之处。

可以通过对处理分配过程建模来更好地控制混淆因素。也就是说，需要认真对待公式 6.2 中 LTE 系统第二行中的"处理回归"，并对其进行估计。可以使用像 lasso 或交叉验证这样的机器学习工具来完成这项任务。在此过程中，很多思想与我们使用正则化在有多个潜在输入的情况下提升预测效果相同。但是，现在要估计的是因果关系处理效果，所以需要围绕该目标来重新开发一套模型构建方法。在因果推断中简单地使用机器学习工具会导致大量错误的结果。

回想第 3 章，当时采用了一套简单的模型构建方法：先使用一条惩罚路径创建一组**候选**模型，然后使用预测效果（通过交叉验证或信息准则来衡量）作为指标从中选出最优模型。这种方法的一个关键特性是，**它使用非结构化预测作为模型评价的基础：目标是在新的** x **上最好地预测出** y，**而这些新的** x **来自与训练样本输入相同的分布**。也就是说，你要选择出这样一个模型，它对从 $p(x, y)$ 中提取出的新数据的预测效果最好，$p(x, y)$ 是一个联合 DGP（data generating process，数据生成过程），它与提供训练数据的过程相同（想想交叉验证算法就会明白）。但是，现在你有一个特殊输入 d（处理变量），你想知道当 d **独立于**其他影响因素而变化时对 y 的处理效果。也就是说，不是在现有的 DGP 下，而是在主动改变 d 时产生的 DGP 下做出最佳预测 $\hat{y}$。

结构化或反事实预测背后的思想是，从处理效果估计 $\hat{y}$ 中移除其他与 d 相关的影响因素的效果。如前所述，这些外部影响称为**控制变量**或**混淆变量**，如果它们的效果与 d 的效果**混杂**起来，就会影响对处理效果的估计。同样，如果有一个潜在混淆变量的低维集合，问题就非常简单了，只需把它们包含在回归中即可。但是，如果有一个潜在混淆变量的大型集合，就需要更多建模工作。

再看看公式 6.2 中的 LTE 系统，反事实估计的关键是除了对响应公式的建模，还有对第二行（对 $\mathbb{E}[d \mid x]$ 的处理分配公式）的建模。具体而言，我们要循序渐进，先对处理分配过程建模，然后将该模型的拟合值作为控制变量，在第二阶段的回归中使用。

在算法 14 中，通过估计 $\hat{d}$ 并把它包含在公式 6.3 中，就可以将 d 的**随机**变动与混淆变量的预期影响分离开来。这些随机变动就像是在 d 中做实验，在第二步中，我们再估计出这些随机变动在 y 上的效果。也就是说，我们使用第一步"处理回归"来构建一个近似实验设计。

算法 14　LTE lasso 回归

1. 使用交叉验证或 AICc lasso 估计 $\mathbb{E}[d\mid \boldsymbol{x}] = \boldsymbol{x}'\boldsymbol{\tau}$，并收集拟合值 $\hat{d}_i = \boldsymbol{x}_i'\hat{\boldsymbol{\tau}}$。

2. 使用交叉验证或 AICc lasso 估计

$$\mathbb{E}[y\mid \boldsymbol{x},d] = \hat{d}\vartheta + d\gamma + \boldsymbol{x}'\boldsymbol{\beta} \tag{6.3}$$

在 ϑ 上没有惩罚（无惩罚地包含 $\hat{d}$）。

然后，$\hat{\gamma}$ 就是对 d 在 y 上处理效果的估计值。

要理解该算法，就要思考与其理论上等价的算法（对大 n）在拟合第 i 步后用 $\boldsymbol{x}$ 回归 y，拟合残差为 $\hat{v} = d - \hat{d}$。$\hat{v}$ 上的系数就是 $\hat{\gamma}$，处理效果的估计值。要知道为什么 v 的效果与 d 的处理效果相同，就要将公式 6.2 中 LTE 系统的信息组合成一个响应公式：

$$\begin{aligned}
\mathbb{E}[y\mid \boldsymbol{x},d] &= d\gamma + \boldsymbol{x}'\boldsymbol{\beta}\\
&= (\boldsymbol{x}'\boldsymbol{\tau} + v)\gamma + \boldsymbol{x}'\boldsymbol{\beta}\\
&= v\gamma + \boldsymbol{x}'(\gamma\boldsymbol{\tau} + \boldsymbol{\beta})
\end{aligned}$$

最后一行是简约形式回归的结构化版本：

$$\mathbb{E}[y\mid \boldsymbol{x},d] = \hat{v}\gamma + \boldsymbol{x}'\dot{\boldsymbol{\beta}} \tag{6.4}$$

其中 $\dot{\boldsymbol{\beta}} = \gamma\boldsymbol{\tau} + \boldsymbol{\beta}$。这样，$\gamma$ 在两个模型中是一样的，所以 v 在 y 上的效果就与 d 在 y 上的结构化效果相同。在公式 6.3 中控制 $\hat{d}$ 不被惩罚与估计残差 $\hat{v}$ 的处理效果本质上相同。在这两种情况下，$\hat{\gamma}$ 都基于 d 中与 $\hat{d}$ 正交（在样本中独立于 $\hat{d}$）的变动。

倾向模型是 LTE 框架对二元处理问题的一种修改。在这种情况下，公式 6.2 中 LTE 系统第 2 行中的处理公式就被替换为二元分布：

$$\begin{aligned}
&y = d\gamma + \boldsymbol{x}'\boldsymbol{\beta} + \varepsilon,\quad \varepsilon\mid d,\boldsymbol{x} = 0\\
&d \sim \text{Bernoulli}(q(\boldsymbol{x})),\quad q(x) = \frac{\mathrm{e}^{x'\tau}}{1+\mathrm{e}^{x'\tau}}
\end{aligned} \tag{6.5}$$

这样，d 就使用来自伯努利分布（掷一次硬币）的数据进行建模，$d=1$ 的概率就是通过我们熟悉的逻辑回归模型（还有其他方法，但 logit 链接函数更常用）得到的 $\boldsymbol{x}$ 的一个函数。

处理概率 q 被称为**倾向性分数**（propensity score）。给定该分数的一个估计（$\hat{q}(\boldsymbol{x})$），就有各

种处理效果估计的选择。倾向性分数调整拟合线性回归 $\mathbb{E}[y \mid d, \hat{q}(\boldsymbol{x})] = \alpha + d\gamma + \hat{q}(\boldsymbol{x})\varphi$，倾向性分数加权则估计 $\mathbb{E}[y / \hat{q}(\boldsymbol{x}) \mid d] = \alpha + d\gamma$。更多详细信息，参见 Guido Imbens 和 Donald Rubin 的著作 *Causal Inference in Statistics, Social, and Biomedical Sciences*。只要公式 6.5 中的模型设定正确，这两种方法就都可以用来估计真实的 γ。所谓的双重稳健估计可以使用以上任何一种方法，还需要在第二阶段回归中包含 $\boldsymbol{x}$。我更喜欢双重稳健方法，它与算法 14 中的 LET lasso 非常相似，先拟合一个 lasso 逻辑回归来进行估计：

$$\mathbb{E}[d \mid \boldsymbol{x}] = q(\boldsymbol{x}) = \frac{\mathrm{e}^{x'\tau}}{1 + \mathrm{e}^{x'\tau}} \tag{6.6}$$

然后按照算法 14 中的第二步，拟合一个 lasso 回归来估计：

$$\mathbb{E}[y \mid \boldsymbol{x}, d] = \hat{q}(\boldsymbol{x})\vartheta + d\gamma + \boldsymbol{x}'\boldsymbol{\beta} \tag{6.7}$$

ϑ 上没有惩罚。

倾向性分数**匹配**是一种相关算法，常用于医学领域，它为每个被试估计出一个 $\hat{q}(\boldsymbol{x}_i)$，再运行一个匹配算法找到个体之间的配对 (i^0, i^1)，其中 $\hat{q}(\boldsymbol{x}_{i0}) \approx \hat{q}(\boldsymbol{x}_{i1})$，但 $d_{i^1} = 1$ 而 $d_{i^0} = 0$。然后，处理效果就可以估计为 n 个匹配配对之间差异的平均值，$\hat{\gamma} = \dfrac{1}{n} \sum_i (y_{i^1} - y_{i^0})$。配对过程的实现非常困难，因为对于大 n 来说，配对算法的计算成本非常高昂，而且因为结果对配对规则（有多接近才足以配对）的选择非常敏感，所以非常不稳定。但它的优点是便于向不懂统计的人解释："有两个看上去身体状况相同的患者，一个采用了治疗措施，另一个作为对照……"你可以随心所欲地使用这种说辞来直观地解释结果（我总是这么做），即使你实际使用的是本节介绍的回归技术。

6.3　◆样本分割与正交机器学习

LTE lasso 及其相关方法可以给出处理效果的点估计，但它们没有 OLS 那样好的**推断特性**（标准误差）。第 3 章介绍了参数 bootstrap 和子抽样作为模型选择后的不确定性定量分析方法，这些方法经过改造之后，也可以用于处理效果估计中。但是，对于 LTE 模型有另外一种非常好的推断方法：样本分割。

利用样本分割算法，你可以将样本分割为两部分，先使用其中一部分选择模型，然后根据选择出来的模型在另一部分样本上进行标准推断。例如，在进行线性 lasso 时，你可以在第二阶段的 OLS（拟合 MLE）中仅使用那些在第一阶段 lasso 回归中选出的系数不为 0 的协变量。

回想一下第 3 章中冰球的例子。对于每个进球，如果主队进球，则 $y=1$；如果客队进球，则 $y=0$。我们用表示球队的指示变量、表示比赛情况（如以多打少）的指示变量和表示某位球员是否在场上的指示变量来回归 y。按照是主队还是客队，这些指示变量是有符号的。例如，对于进球 i，主队球员在场上时就有 $x_{ij}=1$，客队球员在场上时就有 $x_{ij}=-1$（那些不在场上的都记为 0）。

然后，我们建立一个大型 lasso 回归来预测当某球员在场上时，每个进球是主队进球还是客队进球的概率。

> 与第 3 章中的分析不同，这将对所有变量进行惩罚（包括球队和场上情况的系数）。这旨在保持这个例子的简单性，你也可以根据前面的设定使用样本分割。

要通过样本分割进行推断，首先使用一半数据拟合一个回归模型：

```
> library(gamlr)
> data(hockey) # 加载数据
> x <- cBind(config, team, player)
> y <- goal$homegoal
> fold <- sample.int(2, nrow(x), replace=TRUE)
> nhlprereg <- gamlr(x[fold==1,], y[fold==1],
+   family= "binomial", standardize=FALSE)
```

然后，我们找出哪一列 **x** 在这个 nhlprereg 对象中有非零系数，并仅使用这些变量在另一半数据上拟合一个**无惩罚**的（MLE）逻辑回归模型。

```
> # -1 用来删除截距
> selected <- which(coef(nhlprereg)[-1,] != 0)
> xnotzero <- as.data.frame(as.matrix(x[,selected]))
> nhlmle <- glm(y ~ ., data=xnotzero,
+               subset=which (fold==2), family=binomial)
```

现在，假设你想预测一个具体进球是主队得分的概率。例如，看看该数据集中的第一个进球，它发生在 2002 年达拉斯之星队和埃德蒙顿油工队在阿尔伯塔省埃德蒙顿市进行的一场比赛中：

```
> x[1,x[1,]!=0]
     DAL.20022003   EDM.20022003    ERIC_BREWER    JASON_CHIMERA    ROB_DIMAIO
               -1              1             -1                              -1
DERIAN_HATCHER   NIKO_KAPANEN   JERE_LEHTINEN   JUSSI_MARKKANEN   JANNE_NIINIMAA
                                          -1
    RYAN_SMYTH   BRIAN_SWANSON    MARTY_TURCO     SERGEI_ZUBOV
             1              1                              -1
```

为了得到主队得分概率和正确的标准误差，我们使用了对 glm 的标准预测过程。因为输入设计 xnotzero 是使用与拟合 nhlmle 不同的数据选择出来的，所以可以使用现成的标准误差方法：

```
> predict(nhlmle, xnotzero[1,,drop=FALSE], type="response", se.fit=TRUE)$fit

        1
0.5241451

$se.fit
          1
0.002970447
>
> 0.5241451 + c(-2,2)*0.002970447
[1] 0.5182042 0.5300860
```

埃德蒙顿队得分概率的 90% 置信区间是 52%~53%。

在这个例子中，我们可以得到**预测值**的一个置信区间，预测值为 $\hat{y} = e^{\tilde{x}\beta} / (1 + e^{\tilde{x}\beta})$，其中协变量向量 $\tilde{x}$ 仅包含从完整输入空间 x 中预先选出的一个变量子集。在第一阶段，我们选择了一个有用的协变量集合；在第二阶段，我们在使用了这些特定协变量的情况下为回归量化了不确定性。经济学家 Guido Imbens 评论这种方法[1]：我们"改变了规则"。这是非常公正的，因为模型选择结果（确定了哪些系数为 0，哪些不为 0）根本不是我们感兴趣的基本目标——它没有实际意义。在我们部署了拟合出的预测模型之后，就可以把它作为给定条件来处理。样本分割不适合对容易进行模型选择的单个系数进行不确定性量化。例如，如果 x_{ij} 上的某个系数 β_j 在预抽样 lasso 中被设为 0，样本分割就没有任何方法来量化关于这项决策的不确定性。

样本分割是一种非常好的处理高维控制变量的方法，因为这些控制变量的效果是**妨害函数**（nuisance function），所以它们不是我们感兴趣的基本目标，我们在 CI 模型中估计处理效果时需要除掉它们。Victor Chernozhukov 等人[2]开发的**正交机器学习**框架[3]提供了一种对高维控制变量使用样本分割的通用方法，这种方法很容易应用于公式 6.2 的 LTE 模型中：妨害函数是处理变量和响应变量在给定控制变量时的期望，即 $\mathbb{E}[d \mid x]$ 和 $\mathbb{E}[y \mid x]$。在一个辅助样本上估计出这些期望之后，你可以基于样本外残差估计处理效果。他们还提供了一个智能的**交叉拟合**（cross-fitting）算法，可以让你在最后的处理效果估计中使用全部数据（不用像我们之前那样在样本分割时扔掉一半数据）。完整的算法框架见算法 15，它是对交叉验证的某种改造，是为了估计而非预测。

算法 15　用于 LTE 的正交机器学习

将数据分割为 K 个随机的、大小基本相等的折。

1. **妨害估计**。对 $k = 1, \cdots, K$，

❏ 使用有选择功能的机器学习工具在除第 k 折外的所有数据上拟合以下预测函数：

$$\hat{\mathbb{E}}_k[d \mid x] \text{ 和 } \hat{\mathbb{E}}_k[y \mid x] \tag{6.8}$$

❏ 在第 k 折数据上为这些拟合出的预测函数计算样本外残差：

对于第 k 折中的 i，

$$\tilde{d}_i = d_i - \hat{\mathbb{E}}_k[d_i \mid x] \text{ 而 } \tilde{y}_i = y_i - \hat{\mathbb{E}}_k[y_i \mid x] \tag{6.9}$$

---

① Richard K. Crump, V. Joseph Hotz, Guido W. Imbens, et al. Dealing with limited overlap in estimation of average treatment effects. Biometrika, 2009.

② Victor Chernozhukov, Denis Chetverikov, Mert Demirer, et al. Double/debiased machine learning for treatment and structural parameters. The Econometrics Journal, 2017.

③ 因为正交算法需要运行两次机器学习例程，所以也被作者称为"双重机器学习"。本书使用"正交"这个名称意在强调使估计公式与妨害控制函数正交（独立）的重要性。

2. **处理效果推断**。收集妨害估计阶段的所有样本外残差，使用 OLS 拟合如下回归：

$$\mathbb{E}\left[\tilde{y}\,|\,\tilde{d}\right] = \alpha + \tilde{d}\gamma \tag{6.10}$$

最后得到的估计值 $\hat{\gamma}$ 再加上异方差一致标准误差（通过函数 vcovHC），就可以得到处理效果的置信区间。

执行算法 15 的函数可以接受任意两个回归模型来拟合 $\hat{\mathbb{E}}_k[d\,|\,\boldsymbol{x}]$ 和 $\hat{\mathbb{E}}_k[y\,|\,\boldsymbol{x}]$，并输出最后残差对残差回归的结果：

```
> orthoLTE <- function(x, d, y, dreg, yreg, nfold=2)
+ {
+      # 将数据随机划分为折
+      nobs <- nrow(x)
+      foldid <- rep.int(1:nfold,
+          times = ceiling(nobs/nfold))[sample.int(nobs)]
+      I <- split(1:nobs, foldid)
+      # 创建残差对象供填充
+ ytil <- dtil <- rep(NA, nobs)
+ # 运行样本外正交化
+ cat("fold:")
+ for(b in 1:length(I)){
+      dfit <- dreg (x[- I[[b]],], d[-I[[b]]])
+      yfit <- yreg(x[- I[[b]],], y[-I[[b]]])
+      dhat <- predict (dfit, x[I[[b]], ], type="response")
+      yhat <- predict(yfit, x[I[[b]], ], type="response")
+      dtil[I[[b]]] <- drop(d[I[[b]]] - dhat)
+      ytil[I[[b]]] <- drop(y[I[[b]]] - yhat)
+      cat(b, " ")
+ }
+ rfit <- lm(ytil ~ dtil)
+ gam <- coef(rfit)[2]
+ se <- sqrt(vcovHC(rfit)[2,2])
+ cat(sprintf("\ngamma (se) = %g (%g)\n", gam, se))
+
+ return( list(gam=gam, se=se, dtil=dtil, ytil=ytil))
+ }
```

我们可以使用算法 15 重新评价冰球运动员的表现。回想一下，在原来的分析中，我们要估计的是不被场上形势和球队实力影响的球员效果。只要包含一些不被惩罚的变量（如球队指示变量），就会从球员效果中彻底消除这些变量的影响。但是，球员的个人效果维度太高了，无法不受惩罚地包含在回归中。我们拟合的是在所有球员系数上带有 lasso 惩罚的模型，这实际上是前面提到的"简单"处理效果 lasso。这样，在每个球员效果估计中，其实没有**充分**控制队友和对手的影响。

看看 Sidney Crosby，匹兹堡企鹅队的明星队长。在前面的 lasso 回归估计中，他在场上可以将主队进球得分（而不是对手得分）的发生比提高约 50%。

```
> exp(coef(nhlreg) ["SIDNEY_CROSBY",])
[1] 1.511523
```

算法 15 可以使用正交机器学习重新评估 Sidney Crosby 的处理效果。请注意，这意味着在假定的回归模型中有一些改变：原来的逻辑回归是对 Sidney Crosby 所在球队（匹兹堡企鹅队）得分发生比的**乘法**效应进行建模，而公式 6.2 中 LTE 设定的模型研究的是为他的球队得分概率的**加法**效应。

我们使用 AICc 线性 lasso 回归处理变量（在设计矩阵中，Sidney Crosby 的值是–1、0 或 1），使用 AICc 逻辑 lasso 回归二元响应变量（这里也可以使用线性 lasso，关键是使用你认为预测效果最好的工具）。同样，这些函数是执行正交机器学习的 orthoLTE 函数的输入：

```
> sid <- grep("SIDNEY_CROSBY", colnames(x))
> dreg <- function(x,d) {
+     gamlr(x, d, standardize=FALSE, lmr=1e-5)}
>
> yreg <- function(x, d){
+     gamlr(x, d, family="binomial", standardize=FALSE, lmr=1e-5)}
>
> resids <- orthoLTE(x=x[,-sid], d=x[, sid], y=y,
+               dreg=dreg, yreg=yreg, nfold=5)
fold: 1  2  3  4  5
gamma(se) = 0.247739 (0.0211225)
> 0.247739 + c(-2,2) *0.0211225
[1] 0.205494 0.289984
```

这样就找到了一个大小为 0.21~0.29 的**加法**效应，该效应是由于 Sidney Crosby 在场上而提高的匹兹堡队进球得分概率。为了将它转换为可与之前逻辑回归相比较的结果，我们将 1/2 作为某个进球是匹兹堡队得分而不是对手得分的基准概率。Sidney Crosby 在场上会将某个进球是匹兹堡队得分的发生比从 0.5/0.5 = 1 提高到 0.71/0.29 ≈ 2.45 和 0.79/0.21 ≈ 3.76 之间。

由 Sidney Crosby 贡献的匹兹堡队得分发生比提高介于 145%~276%，这比前面 lasso 逻辑回归分析中的 50% 发生比提高得多。据此判断，原来的结果是错误的。为什么 nhlreg 对处理效果估计不起作用？因为 Sidney Crosby 是队中头号球员，当没有完全控制他的队友和对手因素时，就会低估他的效果。这种模式在球员之间非常普遍：之前的 lasso 回归对球员效果的估计被弱化了，因为他们的发挥与队友的作用合并在一处了。只有通过正确的因果分析，明星球员的完整右尾效应才能显现。

6.4 异质性处理效果

前面的分析都忽略了处理效果中一项非常明显的特性：对于不同的被试，处理效果是不同的。处理措施（你控制的策略变量）的影响作为处理对象的函数，是随着处理对象而变化的，这种现象称为 HTE（heterogeneous treatment effect，异质性处理效果）。现代机器学习工具方便了对 HTE 建模，不再仅限于研究 ATE，这种精度更高的处理效果研究对商业决策产生了巨大影响。

首先要明白，HTE 的确存在。尽管存在误导性的对异质性的理论检测，但几乎所有实践者都认为，他们的处理措施——医疗、广告、Web 服务——在不同个体上的效果是不同的。例如在 eBay 上买衣服的人更喜欢买有大幅展示图片的衣服，而买汽车零件的人更喜欢图片更小而每页项目更多的商品。对于网站设计来说，你不用知道**为何**出现这种现象，你的任务与预测时一样：发现那些由可观测的协变量 $\boldsymbol{x}$ 表现出来的模式。

对于随机的处理效果，如 A/B 测试，HTE 建模非常容易，运行一个处理变量与异质性来源之间交互作用的回归即可。例如，如果 d 随机分配给被试，就可以拟合一个基本交互作用模型，如下所示：

$$\mathbb{E}\left[y_i \mid \boldsymbol{x}_i, d_i\right] = \alpha + \boldsymbol{x}_i'\boldsymbol{\beta} + d_i\gamma_0 + (d_i \times \boldsymbol{x}_i)'\gamma \tag{6.11}$$

其中 $(d_i \times \boldsymbol{x}_i)'$ 是表示处理变量和协变量之间交互作用 $\left[d_i x_{i1}, \cdots, d_i x_{ip}\right]$ 的向量，$\boldsymbol{\gamma}' = [\gamma_1, \cdots, \gamma_p]$ 是响应的回归系数。任意被试个体 d_A 和 d_B 之间的相对处理效果 HTE 就是：

$$\text{HTE}_i = \mathbb{E}\left[y_i \mid \boldsymbol{x}_i, d_B\right] - \mathbb{E}\left[y_i \mid \boldsymbol{x}_i, d_A\right] = (\gamma_0 + \boldsymbol{x}_i'\boldsymbol{\gamma}) \times (d_B - d_A) \tag{6.12}$$

因为 d_i 是随机化的，所以这里实际上不需要 $\boldsymbol{x}_i'\boldsymbol{\beta}$ 这一项。不过，包含一个对 HTE 来源的主效果调整，是一种非常好的做法。

同样，如果 d_i 的值是随机的，使得它们与 x_i 的值大致独立，就可以使用普通回归工具拟合公式 6.11。例如，对于高维 $\boldsymbol{x}_i$，可以使用 lasso 方法。

回想一下第 5 章中的 OHIE。在这个实验中，我们想观测的是随机选出的申请医疗补助资格对某个人每年至少看一次 PCP 概率的处理效果。处理变量是 selected，表示一个人的家庭是否被选中获得医保资格，响应变量是一个二元变量 doc_any_12m。获得医保资格是一种不完美的随机化，因为如果家庭中任何一人被选中，那么整个家庭都可以获得资格。我们通过在估计 ATE 时控制 numhh（家庭成员数量）解决了这个问题：

```
> lin <- glm(doc_any_12m ~ selected + numhh, data=P)
> round(summary(lin)$coef["selected",],4)
  Estimate Std.  Error  t value  Pr(>|t|)
    0.0639       0.0065   9.9006    0.0000
```

最终的 ATE 是看 PCP 的概率提高了 6%~7%。

作为异质性的来源，我们有一个含 27 个协变量的集合，它们来自医疗补助彩票发行 12 个月后进行的一项对被试的统计调查。其中很多是分类变量，例如 edu_12m 是一个教育水平分类变量。我们可以使用 gamlr 对公式 6.11 中的模型运行一次 lasso 线性回归，对主效果 numhh 的系数不进行惩罚，以确定我们已经控制了这个不完美随机化的来源。但是，在完成这个示例之前，首先看看缺失数据这个棘手（但可以解决）的问题。

我们需要处理调查响应中的缺失数据。 对于某些被试, 观测是不完整的, 在实际工作中这种问题经常出现。这个问题不是 HTE 或反事实建模所特有的, 在任何大型调查分析 (和其他大量情况) 中, 都会有缺失数据问题。处理这个问题有多种方法, 下面介绍几种基本方法, 分别面向分类变量 (因子) 和数值 (实数或整数) 变量。

对于**分类变量** (categorical variable), 可以简单地将 "缺失" 的观测单独作为一类。正如第 3 章介绍稀疏模型矩阵时那样, 在为 lasso 创建模型矩阵时, 添加一个 NA 观测类别是一种非常好的做法。这样可以强制 R 在每个变量中为每个观测类别构建一个单独的系数。你可以使用第 3 章提到的 naref 函数为每个因子变量添加一个 NA 类别:

```
> levels(X$edu_12m)
[1] "less than hs"              "hs diploma or GED"
[3] "vocational or 2-year degree" "4-year degree"
> levels(naref(X$edu_12m))
[1] NA                          "less than hs"
[3] "hs diploma or GED"         "vocational or 2-year degree"
[5] "4-year degree"
> X <- naref(X)
```

代码最后一行将 NA 作为 X 中所有分类变量的参照水平。

对于**数值变量** (numeric variable), 可以使用类似的方法: 对于一个观测的所有缺失维度, 都可以用专用于该缺失变量的一个额外虚拟指示变量进行标记。不过, 你还需要**填充**缺失的数值, 以使它在数据矩阵中不为空 (否则会在估计过程的优化例程中引起问题)。你可以选择不同方法来填充缺失数据。填充缺失数据 (或者猜测缺失值) 本身就是非常有趣的回归问题。对于多数问题, **零填充**和**均值填充**是两种效果非常好的方法。对于稀疏变量 (其中多数值是 0), 建议使用零填充, 用 0 替换缺失值。均值填充则是使用非缺失项的均值来替换缺失值[1]。

看看 OHIE 的协变量, 只有 4 个数值变量, 其中第 1 个变量 (smk_avg_mod_12m) 是稀疏的, 其他都是密集的。

```
> xnum <- X[, sapply(X, class)%in%c("numeric","integer")]
> xnum[66:70,]
   smk_avg_mod_12m birthyear_12m hhinc_pctfpl_12m hhsize_12m
66               0          1974               NA          NA
67              15          1963        150.04617           1
68              NA          1962        150.04617           1
69              20          1964         61.44183           3
70              10            NA         14.71825          10
> colSums(is.na(xnum))/nrow(xnum)
smk_avg_mod_12m   birthyear_12m  hhinc_pctfpl_12m  hhsize_12m
     0.14523737      0.02241745       0.09750292  0.05085039
```

---

[1] 理论上均值填充有更好的特性, 但对于稀疏数据, 如果你填充了大量虽然不是 0 但非常小的值 (当数据多数是 0 时, 均值也非常接近 0), 就会丢掉非常便于计算的稀疏性, 这是不应该的。

有缺失值（NA）的观测比例介于 2%~15%。为了搞清楚这个问题，首先为这些观测创建一个缺失性表示矩阵：

```
> xnumna <- apply(is.na(xnum), 2, as.numeric)
> xnumna[66:70,]
smk_avg_mod_12m birthyear_12m hhinc_pctfpl_12m hhsize_12m
[1,]              0             0                1          1
[2,]              0             0                0          0
[3,]              1             0                0          0
[4,]              0             0                0          0
[5,]              0             1                0          0
```

然后，根据变量的缺失性（参见实现填充的函数 mzimpute），用 0 或非缺失值的均值来替换缺失值：

```
> mzimpute <- function(v){
+     if(mean(v==0,na.rm=TRUE) > 0.5) impt <- 0
+     else impt <- mean(v, na.rm=TRUE)
+     v[is.na(v)] <- impt
+     return(v) }
> xnum <- apply(xnum, 2, mzimpute)
> xnum[66:70,]
      smk_avg_mod_12m birthyear_12m hhinc_pctfpl_12m hhsize_12m
[1, ]               0      1974.000         77.20707   2.987188
[2, ]              15      1963.000        150.04617   1.000000
[3, ]               0      1962.000        150.04617   1.000000
[4, ]              20      1964.000         61.44183   3.000000
[5, ]              10      1965.777         14.71825  10.000000
> # 替换/增加原始数据框中的变量
> for(v in colnames(xnum)){
+     X[,v] <- xnum[,v]
+     X[,paste(v, "NA", sep=".")] <- xnumna[,v] }
```

这段代码运行完毕后，X 中的数值变量就使用变量均值填充了缺失值，我们也为每个变量中的缺失性模式添加了指示变量。

现在可以把所有变量放入一个稀疏模型矩阵。我们向该矩阵中添加了表示家庭成员数量的变量 numhh，这是因为不完美随机化而需要控制的变量。

```
> xhte <- sparse.model.matrix(~., data=cbind(numhh=P$numhh, X))
    [,-1]
> xhte[1:2, 1:4]
2 x 4 sparse Matrix of class "dgCMatrix"
  numhh2  numhh3+ smk_ever_12mNo smk_ever_12mYes
1      .        .              .               1
2      .        .              1               .
> dim(xhte)
[1] 23107    91
```

这样，矩阵中的每一行都是一个 x_i，每个 x_i 都是一个长度为 91 的向量，它们都是异质性的潜在来源。

回到 HTE 建模，我们使用 AICc lasso 来拟合公式 6.11 中的回归模型。

```
> dxhte <- P$selected*xhte
> colnames (dxhte) <- paste("d", colnames (xhte), sep=".")
> htedesign <- cBind(xhte, d=P$selected, dxhte)
> # 包含 numhh 控制变量和无惩罚的基准处理变量
> htefit <- gamlr (x=htedesign, y=P$doc_any_12m, free=c
  ("numhh2","numhh3+", "d"))
> gam <- coef (htefit) [-(1:(ncol(xhte)+1)), ]
> round(sort(gam) [1:6], 4)
               d.race_asian_12mYes d.employ_hrs_12mwork 20-29 hrs/week
                           -0.0446                           -0.0433
      d.hhinc_cat_12m$32501-$35000        d.hhinc_cat_12m$27501-$30000
                           -0.0293                           -0.0232
      d.hhinc_cat_12m$15001-$17500                 d.race_hisp_12mYes
                           -0.0195                           -0.0173
> round(sort(gam, decreasing=TRUE) [1:6],4)
                         d         d.race_pacific_12mYes
                    0.0927                        0.0404
d.hhinc_cat_12m$2501-$5000  d.hhinc_cat_12m$5001-$7500
                    0.0221                        0.0137
d.live_other_12mYes                 d.race_black_12mYes
               0.0116                        0.0067
```

现在的基准处理效果是看 PCP 的概率提高 9%[①]。但是，关于该值还有大量异质性来源。例如，太平洋岛民后裔的处理效果提高了 13%，而亚裔的处理效果只提高了 5%。正如第 9 章因果关系树分析中将确认的，收入水平对处理效果有很大影响。

消费者需求估计是 HTE 建模的一个著名用例。在该领域中，对混淆因素的控制也非常重要。理解一个完整的需求系统（包括消费者学习和渠道转换）需要精巧的经济学建模；但在很多情况下，使用非常基本的统计模型就可以发现价格变动的**局部效应**（微小变化的短期效果）。在稍后的例子中，我们将正交机器学习方法与 HTE 建模组合起来，研究百货商店中某些产品的短期价格弹性。

需求的价格弹性（用 γ 表示）定义为将销量作为价格的函数时，销量变动的百分比除以价格变动的百分比，这是一个著名的公式：

$$\gamma = \frac{\Delta q}{q} \bigg/ \frac{\Delta p}{p} = \frac{p}{q}\frac{\Delta q}{\Delta p} \tag{6.13}$$

其中 Δ 表示一个固定的变化量。对于连续函数，某个点上的弹性就是销量的价格导数乘以价格与销量的商。在许多需求系统和价格最优化任务中这个弹性是关键参数。例如，如果弹性不变，企业的固定单位成本为 c，那么由一条启发式经验法则确定的最优价格 p^* 就是：

$$p^* = \frac{\gamma}{1+\gamma}c \tag{6.14}$$

---

① 请注意，这不是一个 ATE，因为系数的均值不是 0。ATE 是 $\hat{\gamma}_0 + \bar{x}'\hat{\gamma} = 0.056$，它在前面估计的范围内。

这样，$\gamma/(1+\gamma)$ 就表示毛利率[①]。

估计价格对销量的处理效果是一个古老的经济学问题，理解消费者价格弹性对于设定价格和掌握市场都是必不可少的。还有一个问题，就是简单机器学习方法往往达不到我们的要求（但似乎这并不能阻止人们使用它们并得到荒唐的结果）。价格和销量都受一个共同的、无法观测的因素影响：消费者需求。例如春季假期的酒店房间：房间预订一空（销量增加）而且价格居高不下，但销量的增加并不是因为价格提高，而是因为价格和销量都是由假期中暴增的内在需求决定的。但是，简单机器学习方法用价格回归销量就可以得到"向上倾斜的需求曲线"——这是一个更高价格导致更高销量的虚假模型[②]。

多数分析人员清楚，不能简单地依靠观察性研究来确定消费者对价格的敏感度。在此强烈建议，只要有可能，就引入随机价格变动来帮助估计价格的因果效应（参见芝加哥大学在 20 世纪 90 年代对 Dominick's 百货商店的相关研究[③]）。但是，在很多情况下无法做实验，或者从来没做过实验。这时，最后的常用解决方案就是所谓的**联合分析**（conjoint analysis）：让焦点小组的成员使用模拟货币在商品之间进行选择。但是，可以想见，焦点小组和模拟货币是对现实的一种糟糕近似。

但是可以使用本章介绍的方法来进行需求分析。考虑一下 LTE 模型的设定：如果 CI 假设成立，就会有各种控制变量 x，它们都可能影响价格和销量。忽略了供给侧的问题，如缺货（如果发生，就应该对其进行控制），这个 x 就是由消费者相关信息组成的。但是，更具体地说，只有那些价格制定者能够知道的**需求信号**（demand signal）才需要被控制。如果消费者 Joe 在广播中听了一首乡村音乐，使他想买一辆皮卡车，他就找到当地的经销商，不管任何价格都要买到皮卡车。这个事实并不重要，只要**经销商**不知道 Joe 有这样的需求，而且不在乎价格，那么乡村音乐的效果对销量来说就是误差项的一部分，独立于价格变化。用更基本的名词来说，这种情况下的 CI 假设是假定你了解能决定价格的所有需求信号。如果你为设定价格的商店工作，应该能够收集所有这些信号。

有很多标准的结构化需求模型[④]，如果你想解释需求中所有的复杂性（如允许产品竞争或者让弹性随着总财富而变化），就应该使用经济学建模方法。但是，基本的 log-log LTE 模型提供了

---

① 公式 6.14 仅在 $\gamma < -1$ 时成立。如果商品的价格弹性大于-1，就意味着价格每提高 1%，销量下降幅度低于 1%，这被视作非弹性的。实际上，这通常说明商品的当前价格过低（从企业角度）。在更高的价格上，弹性会降低到小于-1（弹性不变只是一种启发式假定，实际情况中很难发生）。更常见的是，你没有得到一个对真实价格弹性的良好估计。

② 向上倾斜需求的一个罕见特例可能存在于奢侈品市场，此时价格代表品质和优越感。我曾经在红酒的销售数据中观察到这种现象。

③ Stephen J. Hoch, Byung-Do Kim, Alan L. Montgomery, et al. Determinants of store-level price elasticity. Journal of Marketing Research, 1995.

④ 有两种著名的经济计量学模型，分别参见 Angus Deaton 和 John Muellbauer 的 *An almost ideal demand system*，以及 Steven Berry、James Levinsohn 和 Ariel Pakes 的 *Automobile prices in market equilibrium*。

让人喜出望外的分析平台。假设对于交易 t 中的产品 i，q_{it} 是销量的某种度量，p_{it} 是价格（其中 t 可以表示在特定时段和特定商店内的总销量，可以是多个商店，也可以是与单个消费者的交易），那么 LTE 需求模型就是：

$$\log q_{it} = \log p_{it}\gamma + \boldsymbol{x}'_{it}\boldsymbol{\beta} + \varepsilon_{it}$$
$$\log p_{it} = \boldsymbol{x}'_{it}\boldsymbol{\tau} + v_{it}$$
(6.15)

与公式 6.2 一样，$\varepsilon_{it} \mid p_{it}, \boldsymbol{x}_{it} = 0$，$v_{it} \mid \boldsymbol{x}_{it} = 0$。其中 $\boldsymbol{x}_{it}$ 是价格制定者已知的需求信号集合。这个模型非常好，因为从第 2 章可知，在一个 log-log 模型中，γ 可以直接解释为 p 每变动 1% 导致 q 变动的百分比。也就是说，γ 可以直接解释为需求的价格弹性（见公式 6.13 中价格弹性的表示）。此外，如前所述，企业的分析人员应该知道所有需求信号 $\boldsymbol{x}_{it}$，这样就正如 CI 假设所要求的，$\varepsilon \perp v$。这样，公式 6.15 定义的模型就是公式 6.2 中 LTE 系统的一个实例，可以使用本章介绍的方法进行分析。

下面以分析 Dominick's 商店 1989 年至 1994 年在芝加哥大区的啤酒销售数据[1]为例。对于每种啤酒的 UPC（unique product code，唯一商品编码），我们都有它的每周总销量（MOVE）和在 63 家商店之间的平均价格。

```
> load ("dominicks-beer.rda")
> head(wber)
  STORE         UPC  WEEK  PRICE  MOVE
1     8  1820000008    91   1.59     5
2     8  1820000008    92   1.59     7
3     8  1820000008    93   1.59     9
4     8  1820000008    94   1.59     4
5     8  1820000008    95   1.59     2
6     8  1820000008    96   1.59    10
```

对于每个 UPC，我们都有它对应的啤酒容量（OZ，盎司[2]，表示液体的体积）和简短的文字描述。

```
> head(upc)
                          DESCRIP  OZ
1820000008  BUDWEISER BEER N.R.B 320Z  32
1820000016         BUDWEISER BEER 6pk  72
1820000051            BUSCH BEER 6pk  72
1820000106  BUDWEISER LIGHT BEER 6pk  72
1820000117  BUDWEISER LIGHT BEER 320Z  32
1820000157  O'DOUL'S NON-ALCH CA 6pk  72
> dim(upc)
[1]  287    2
```

数据中有 287 个 UPC，它们有各种特性，包括品牌、包装体积和啤酒类型。这些特性以及周

---

[1] 这份数据来自芝加哥大学布斯商学院的 Kilts 营销中心。数据中还有对每个商店的统计信息。作为练习，你可以重新分析数据，把商店数据也作为异质性的来源。

[2] 1 盎司约等于 30 毫升。——编者注

趋势和商店趋势都应该包含在需求信号控制集合中。

全样本数据包括 160 多万个 UPC–商店–周的观测。为了说明各种弹性估计技术的优缺点，我们在一个有 5000 笔交易的小型子样本上进行分析，再使用整个数据集进行验证（伪验证，因为我们没有进行一个价格随机化的实验）。

```
> nrow(wber)
[1] 1600572
> ss <- sample.int(nrow(wber), 5e3)
```

此外，为了将处理变量标准化，我们计算出每 12 盎司啤酒售价的对数，并使用这个数据。

```
wber$lp <- log(12*wber$PRICE/upc[wber$UPC, "OZ"])
```

在进行 THE 建模之前，首先试着估计啤酒的单独弹性（对数价格的 ATE）。我们发现拟合一个没有控制变量的回归会得到一个可疑的小弹性：

```
> coef( margfit <- lm(log (MOVE) ~ lp, data=wber[ss, ]))
(Intercept)           lp
1.0124931    -0.7194031
```

这意味着价格每提高 1%，销量仅下降 0.7%。如前所述，大于−1 的弹性说明商品实际上是**无弹性**的：提高价格能直接获得利润。当产品定价过低时，就会出现这种情况，但对于超市中的啤酒这是不可能的，要么就是你对弹性的估计非常糟糕。几乎可以肯定就是后面这种情况：我们没有控制任何产品特性或时间动态趋势。

我们可以做得更好。为了建立控制集合 x，我们先为啤酒类型（UPC）、周和商店创建虚拟指示变量：

```
> # 指示周、商店和啤酒类型的数值型矩阵
> wber$s <- factor(wber$STORE)
> wber$u <- factor(wber$UPC)
> wber$w <- factor(wber$WEEK)
> xs <- sparse.model.matrix( ~ s-1, data=wber)
> xu <- sparse.model.matrix( ~ u-1, data=wber)
> xw <- sparse.model.matrix( ~ w-1, data=wber)
```

这使得销量和价格都作为啤酒类型、交易周和商店的函数，并随之变化。

但是，为每种啤酒都建立一个独立模型是不好的做法（尤其是在 $n = 5000$ 的小型子样本上）。如果一包 6 罐的百威清啤在需求上与一包 12 瓶的百威清啤完全独立，那么能用于对每个啤酒类型进行建模的数据就会少得可怜。相反，就像在正则化时一直做的那样，我们应该创建一个回归设计，让模型在数据中找出一种**层次结构**。如果有一个表示"百威"的虚拟变量，还有一个表示"清啤"的虚拟变量，以及另一个表示"百威清啤"的虚拟变量，模型就可以在品牌和啤酒类型之间收缩。单独的啤酒 UPC 指示变量可以放在层次结构的最下方——例如"一包 18 罐的百威清啤美国国旗特别版"的表现是否与其他百威清啤不同——但对于大多数啤酒来说，它们与层次结构上其他类型的啤酒在模型上都是相似的。

　　所有这些层次信息都可以在零售商数据库中找到，但为了减少编码工作量——也作为一个示例，看看非结构化数据的机器学习是如何代替复杂的人工分类的——我们只使用啤酒描述作为信息来源。作为第 8 章的一个预演，我们使用**词袋**（bag-of-words）表示法，并对描述进行分词，将其转换为虚拟指示变量，表示每个单词是否存在于啤酒描述词汇表中。

```
> library(tm)
Loading required package: NLP
> descr <- Corpus(VectorSource(as.character(upc$DESCRIP)))
> descr <- DocumentTermMatrix(descr)
> descr <- sparseMatrix(i=descr$i, j=descr$j, x=as.numeric(descr$v>0),
+                dims=dim(descr), dimnames=list(rownames(upc),colnames(descr)))
> dim(descr)
[1] 287 180
```

这样，每种啤酒都可以表示为一个二进制向量，这个向量说明了啤酒描述中是否存在总共 180 个单词中的某个词。

```
> descr[1:5,1:6]
5 × 6 sparse Matrix of class "dgCMatrix"
           32oz beer budweiser 6pk busch light
1820000008    1    1          1   .     .     .
1820000016    .    1          1   1     .     .
1820000051    .    1          1   .     1     1
1820000106    .    1          1   1     .     1
1820000117    1    1          1   .     .     1
> descr[287,descr[287,]!=0]
   6pk    red    ale  honey oregon
     1      1      1      1      1
```

这些词语显现出一种自然的层次结构。例如，很多啤酒是 6 个一包进行出售的，但有少量是在俄勒冈州生产酿造的，还有更少量是红色的加了蜂蜜的麦芽啤酒。这些信息连同州、商店和产品指示变量，一起构成了控制变量集合。

```
> controls <- cBind(xs, xu, xw, descr[wber$UPC,])
> dim(controls)
[1] 1600572    837
```

在子样本上运行一个对数销量在对数价格和 x 上的简单 lasso 回归[①]，可以得到平均弹性约为-2。

```
> naivefit <- gamlr(x=cBind(lp=wber$lp,controls) [ss,],
+                y=log(wber$MOVE) [ss],
+                free=1, standardize=FALSE)
> print( coef(naivefit) ["lp",] )
[1] -2.132603
```

与前面无控制变量的-0.7 弹性相比，这个值真实多了；但与使用正交机器学习进行处理效果的无偏估计相比，它还是太低了。

---

① 我们使用了 standardize=FALSE，因为控制变量的值都是 0/1，我们也不想在品牌或 descr 中的单词上进行额外的惩罚。

```
> source("orthoML.R")
> dreg <- function(x,d){
+     gamlr(x, d, standardize=FALSE, lmr=1e-5) }
>
> yreg <- function (x,y) {
+     gamlr(x, y, standardize=FALSE, lmr=1e-5) }
>
> resids <- orthoPLTE( x=controls[ss, ], d=wber$lp[ss], y=log(wber$MOVE) [ss], d$
fold: 1 2 3 4 5
gamma (se) = -3.39466 (0.167152)
```

正交机器学习方法找到的平均弹性在–3.7～–3.1，这个值处于我们对啤酒（或者软饮料[1]）价格弹性的预计范围之内。

为了进行比较，我们使用 160 万观测的全样本。这些数据足够多，可以通过无偏 MLE 估计可靠地估计出所有必要的周/商店/UPC 控制效果[2]，以此作为这个例子中弹性估计的最佳标准。

```
> fullfit <- gamlr(x=cBind(lp=wber$lp, controls),
+                   y=log(wber$MOVE), lambda.start=0)
> print( coef(fullfit) ["lp", ] )
[1] -3.567488
```

全样本的弹性值位于 90%置信区间，该区间是由正交机器学习在小型子样本上得出的。

下面进行 HTE 建模，我们认为 UPC 描述文本的词袋表示也是一种异质性来源[3]。回想一下，如果你进行了一次实验，那么随机处理 HTE 建模就非常简单，只要运行公式 6.11 中的回归即可。这里没有做实验，但之前知道正交机器学习可以得到处理残差 $\tilde{d}$，在 CI 假设之下它基本上是随机的。响应残差 $\tilde{y}$ 中也有已删除的控制变量的效果。因此，在运行了算法 15 之后，我们可以运行以下回归得到对协变量 x 的 HTE 估计：

$$\mathbb{E}\left[\tilde{y}_i \mid \tilde{d}_i, \boldsymbol{x}_i \right] = \alpha + \tilde{d}_i \gamma_0 + (\tilde{d}_i \times \boldsymbol{x}_i)' \boldsymbol{\gamma} \tag{6.16}$$

像公式 6.12 那样，我们可以为每个观测计算出 HTE[4]。

请注意，尽管我们使用了 x 这个表示符号，但异质性来源并不一定是控制变量的整个集合。实际上，我们经常仅使用全部控制变量的一个子集作为潜在的异质性来源[5]。

---

[1] Stephen J. Hoch, Byung-Do Kim, Alan L. Montgomery, et al. Determinants of store-level price elasticity. Journal of marketing Research, 1995.

[2] 因为全样本数据太大，无法以密集形式保存在内存中，所以我们使用无惩罚的 gamlr 来计算 MLE 拟合。

[3] 如果想扩展这个分析，还可以加上 UPC/周/商店的指示变量，尽管在 5000 个观测的子样本上这些变量很难提供太多信号。

[4] Victor Chernozhukov, Matt Goldman, Vira Semenova, et al. Orthogonal machine learning for demand estimation: High dimensional causal inference in dynamic panels, 2017.

[5] 这种做法没有科学依据，但在很多应用中，你只是想找出异质性的主要因素，而不是要建立一个详细的个体特异的处理效果模型。如果你确实需要个体特异效果，就应该使用所有可用变量来找出异质性。

为了拟合公式 6.16 中的回归，我们先创建一个设计矩阵，其中包括词袋矩阵和表示 γ_0 的截距。

```
> xhte <- cBind(BASELINE=1, descr[wber$UPC, ])
```

然后，使用 gamlr 为公式 6.16 中的回归拟合一个 AICc lasso。

```
> dmlhte <- gamlr(x=xhte[ss,]*resids$dtil,
+                 y=resids$ytil,
+                 free=1, standardize=FALSE)
```

这里要做的就是用一个残差与协变量交互作用的 lasso 回归代替算法 15 后面的 OLS 步骤。最后得到的弹性绘制在图 6-1 中，我们可以输出一些最大的异质性来源。

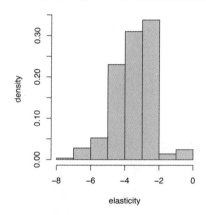

图 6-1   在正交机器学习残差上进行 lasso 回归得到的啤酒价格弹性

```
> B <- coef(dmlhte)[ -(1:2),]
> B <- B[B!=0]
> head(sort(round(B,2)))
   draft    lite   export   miller   girl   guinness
   -1.55   -1.22   -1.18    -1.16   -1.14   -1.08
> head(sort(round(B,2), decreasing=TRUE))
   sharp    ale   amstel  heineken  strohs    btl
   3.58    2.50    2.05    1.24     0.79     0.70
```

我们发现标签为 "Draft" 以及 "Guinness" 或 "Miller" 的啤酒消费者（或潜在消费者）的价格敏感度往往高于基准水平（至少位于这些啤酒价格的正常范围内）。这说明很多消费者只在大减价时才购买这些啤酒，价格弹性最大的产品是 24 瓶一包的 Miller Lite（美乐低卡啤酒）。

```
> upc[names(sort(gamdml)[1:3]), ]
                          DESCRIP    OZ
3410057306      MILLER LITE BEER 24pk   288
3410064306      MILLER LITE "ICE" 24pk  288
```

24 瓶一包的美乐低卡啤酒的价格弹性是 −7，这说明这种产品每降价 1%，销量就会增加 7%。另外，我们发现瓶装啤酒（btl）的价格弹性往往低于听装啤酒。sharp 这个较大的正向效果有点奇怪，经过调查分析，该单词对应一种具体的产品——Miller Sharp's 无酒精啤酒。

为了进行对比，我们再使用公式 6.11 中的基本回归模型对 HTE 进行直接估计，该模型的另一种形式如下：

$$\mathbb{E}[y_i \mid \boldsymbol{x}_i, \boldsymbol{z}_i, d_i] = \alpha + \boldsymbol{z}_i'\boldsymbol{\beta} + d_i\gamma_0 + (d_i \times \boldsymbol{x}_i)'\gamma \tag{6.17}$$

其中，我们用 z 表示控制变量，把它们和 HTE 协变量区分开来。也就是说，我们不使用正交机器学习的残差回归和样本分割，而试图在一个回归（包含控制变量）中发现特异性。首先为回归模型拟合一个 AICc lasso，该模型包括全部控制变量以及对数价格和文本数据的交互作用。

```
> d <- xhte*wber$lp
> colnames (d) <- paste ("lp", colnames (d), sep=":")
> naivehte <- gamlr (x=cBind (d, controls) [ss,],
+                    y=log (wber$MOVE) [ss],
+                    free=1, standardize=FALSE)
```

其次，回归设计的维度足够低（1018 个变量），所以我们可以试着使用 MLE 方法（OLS）来估计同一个模型。

```
> mlehte <- gamlr(x=cBind(d,controls) [ss,],
+    y=log(wber$MOVE) [ss], lambda.start=0)
```

图 6-2 和图 6-3 给出了最后的弹性估计。简单 lasso 估计（没有使用正交）的弹性值高度集中在 $-2.0 \sim -1.5$。MLE 弹性则分布得非常广泛，从特别大的负值到特别大的正值都有。正值高达 20，表示价格每提高 1%，销量可以**增加** 20%。（在图中我们略去了两个极小的负值，-500 和 -1300。）MLE 的结果是完全不现实的，对于每个品牌来说，几乎没有随机的价格波动，所以这种估计严重缺乏数据支持，而且是过拟合的。尽管 $n = 5000$ 与 $p = 1018$ 相比已经比较大了，但还是出现了这种情况，这说明对于一般经济学家常说的"MLE 是无偏的，所以结果不会太糟糕"这句话需要谨慎对待。

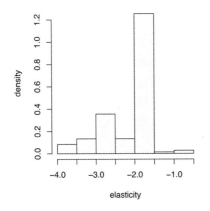
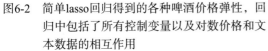
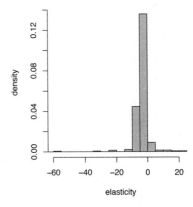

图6-2　简单lasso回归得到的各种啤酒价格弹性，回归中包括了所有控制变量以及对数价格和文本数据的相互作用

图6-3　MLE方法得出的各种啤酒价格弹性，拟合的是公式6.17中的同一回归模型

最后，还记得所有这些工作都是在完整数据集的一个子样本上做的吗？为了进行验证，我们可以在所有 160 万个观测上用 MLE 重新拟合公式 6.17 中的回归。与子样本的结果不同，这次有足够的数据来得到精确的 MLE HTE 估计。

```
> fullhte <- gamlr(x=cBind(d,controls),
+                  y=log(wber$MOVE), lambda.start=0)
```

尽管全样本 MLE 弹性不是"真实的"，在 CI 假设之下也非常接近真实值[1]。图 6-4 绘制出了这些全样本 MLE 与子样本估计（图 6-1~图 6-3）之间的比较，正交机器学习估计（目前来说）是与之最接近的。在一个简单线性回归中，它们似乎是无偏的，而且解释了最佳标准估计中超过 40% 的变动。相比之下，公式 6.17 中模型的简单 lasso 和 MLE 估计仅能解释 15% 和 1% 的这种变动。简单 lasso 的结果严重偏离，MLE 估计则有最多噪声。

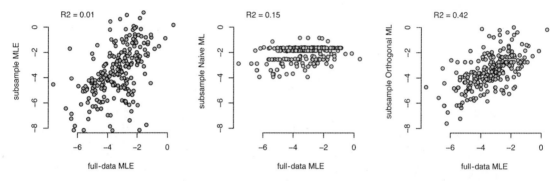

图 6-4   在 $n = 5000$ 的子样本和全部 160 万观测上 MLE 结果的弹性估计比较，每张图都给出了在全部值上的子样本 OLS 回归估计的 R^2 值

6.5   合成控制法

本章内容是关于控制的，最后介绍一种用于因果推断的简单策略，它通常用于评价大规模商业决策。在这种情况下，有很多聚合的**单位**，如地理区域或产品类别，但只有一两个单位是处理过的。例如你想实施一项新的销售策略，但只能在一个地区（比如美国）进行。你想知道这项新策略的因果效应，但如果简单地比较实施前后在美国的销量，得出的结果会有偏差。在这个时段内，会发生其他影响销量的事件，比如宏观经济波动和自然销售周期改变。你当然不想对处理效果的估计受到这些同期变动的影响。

但是，如果这些其他事件也会影响加拿大市场（这里还没有实施新策略），那会如何呢？你可以使用加拿大的销量作为控制因素：如果新策略实施以后，美国的销量增长得比加拿大快，就

---

[1] 全样本 MLE 包括了一些接近（甚至大于）0 的弹性（还是 Miller Sharp's）。这表明，至少对于少量啤酒品牌来说，我们没有控制住与价格和销量都相关的混淆因素。我怀疑存在与具体品牌相关的需要在模型中考虑的时间动态趋势（例如应季商品的折扣）。你可以通过文本与周指示变量（或更平滑的时间函数）之间的交互作用来研究这个问题。

有证据说明新策略起作用了。更好的做法是，不仅关注加拿大，你可以用多个国家在处理后的平均销量与美国相比。每个国家都根据时间进行加权，这样它们在聚合之后就是对美国销量的一个非常好的估计。也就是说，你可以使用未经处理的别国销量来预测如果没有实施新策略美国的销量会是多少[①]。

　　这就是**合成控制**（synthetic control）方法[②]。使用潜在结果的表示方法，你有一个时间序列，在每个时刻 t，对于单位（国家）j 上的响应（销量），$y_{jt}(1)$ 表示处理后的结果，$y_{jt}(0)$ 表示未处理的结果。在每个时间点你只能观测到其中一个结果，即 y_{jt}。简单起见，可以让 $j=1$。与一般的 CI 情况不同，你不一定有控制变量 x_t 的整个集合。但是，你的确有大量相关时间序列的响应值——$k \neq 1$ 时的未处理单位 $y_{kt}(0)$。假设这些未处理序列与处理后的序列一样，都依赖同一个未观测的潜在控制变量集合。在这个强假设之下，就可以使用其他序列的结果预测 $k=1$ 时未处理的反事实结果 $y_{1t}(0)$。

　　假设你在时刻 T 引入了处理措施，那么，对于时刻 $t=1, \cdots, T$，所有序列都是未处理的。也就是说，对于所有单位 $j=1, \cdots, J$，你观测到的都是 $y_{jt} = y_{jt}(0)$。在时刻 T 之后，对于所有 $k \neq 1$，你观测到的是 $y_{kt} = y_{kt}(0)$，而对于处理后的序列，只能观测到 $y_{1t} = y_{1t}(1)$。那么处理效果就是：

$$\gamma_{1t} = y_{1t}(1) - y_{1t}(0), \quad t > T+1 \tag{6.18}$$

　　因为对于 $t > T$，你观测到的是 $y_{1t} = y_{1t}(1)$，所以要得到处理效果，你"只"需估计出未处理结果 $y_{1t}(0)$。好在你还观测到了其他大量未处理序列，在 T 之后的一段时间，你有一个大部分完整的 $J \times (T+1)$ 的未处理值矩阵：

$$\boldsymbol{Y}^{T+1}(0) = \begin{bmatrix} y_{11}(0) & y_{12}(0) & \cdots & y_{1T}(0) & ? \\ y_{21}(0) & y_{22}(0) & \cdots & y_{2T}(0) & y_{2T+1}(0) \\ \vdots & & \vdots & & \vdots \\ y_{J1}(0) & y_{J2}(0) & \cdots & y_{JT}(0) & y_{JT+1}(0) \end{bmatrix} \tag{6.19}$$

如果继续扩展该矩阵到未来时间点，那么缺失的仍然只有每列的第一个元素。

　　给定这些可用数据之后，合成控制分析首先建立一个模型，根据 $\boldsymbol{y}_{-1t}(0) = [y_{2t}(0), \cdots, y_{Jt}(0)]'$ 来预测 $y_{1t}(0)$。我们使用阶段 $t \leqslant T$ 的全部观测数据来估计该模型，然后用它来预测未观测的控制值 $y_{1T+1}(0)$、$y_{1T+2}(0)$，等等。在 Abadie 和 Gardeazabal 最初的合成控制工作[③]中，在预测处理序列时，

① 你可能已经发现，这里介绍的合成控制与第 5 章中的差异对差异分析非常相似。确实，可以将合成控制理解为一个差异对差异分析的聚集。关于该领域近期利用这个关系所做的创新，参见 Dmitry Arkhangelsky、Susan Athey 和 David A. Hirshberg 等人的论文"Synthetic difference in differences"。

② Alberto Abadie, Alexis Diamond, Jens Hainmueller. Synthetic control methods for comparative case studies: Estimating the effect of California's tobacco control program. Journal of the American Statistical Association, 2010.

③ Alberto Abadie, Javier Gardeazabal. The economic costs of conflict: A case study of the Basque country. The American Economic Review, 2003.

他们使用总和为 1 的正权重来组合控制序列。不过在自己的应用中，你可以使用任何预测效果最好的回归模型。因为相对于时间阶段数量（T），通常有更多的控制序列（J），所以经常应该使用像 AICc lasso 这样的正则化回归。

算法 16　合成控制

- 为 $\mathbb{E}\big[y_{1t}(0)\,\big|\,\boldsymbol{y}_{-1t}(0)\big]$ 建立一个回归模型，并使用时间阶段 $t=1,\cdots,T$ 中的数据估计这个回归。
- 使用这个回归预测 $\hat{y}_{1T+1}(0)$、$\hat{y}_{1T+2}(0)$，等等，估计以下每个时间点的处理效果：

$$\hat{\gamma}_{1T+s} = y_{1T+s}(1) - \hat{y}_{1T+s}(0)$$

对于合成控制不确定性的量化，我们可以使用**置换检验**（permutation testing）根据零分布创建一个样本。在这种方法中，你需要将估计出的处理效果与使用相同方法在**对照**单位（未采取处理措施）上得出的结果做比较。

> 置换（或对照）检验通常是一种在复杂推断情形中增强把握的直观方法。

合成控制具有局限性。这种方法依赖序列之间存在**固定的**结构关系——联系控制序列和处理序列的模型在处理前后不能改变。在较高的层次上，这种固定关系似乎是不大可能的。此外，合成控制方法还要求单位之间的独立性。

不过，尽管有这些局限性，但在你不确定能观测到全部实际控制时，合成控制还是提供了一种方法，能得到不错的处理效果的因果估计。你还可以将合成控制与已观测的控制变量结合起来：将协变量 x_t 作为额外的协变量加入算法 16 的回归模型。文献中还有算法 16 的各种有用扩展。谷歌的研究人员[①]为 R 创建了一个 causalInference 包，使用贝叶斯时间序列实现了合成控制方法。其后，Susan Athey 等人[②]将合成控制方法与"矩阵补全"（补全公式 6.19 中的"?"）这一普通机器学习问题联系起来。他们证明了对于一个大数值 j，可以使用现有的机器学习工具有效地建立合成序列 $\hat{y}_{jt}(0)$。如果你有很多处理单位，那么这种方法非常有用。

本章介绍的所有方法，从基本的低维 OLS 到合成控制，最好与可用的实验证据结合使用。实验提供了**无偏的**因果效应证据，可以与在大型数据集上的观察性研究形成互补。如果没有一定的领域结构知识，任何因果推断都没什么用。你应该一直扪心自问，处理措施通过何种机制才能作用于响应变量，并使用这种信息来指导你的实验设计、控制变量选择和异质性建模。本章和第 5 章介绍的机器学习和统计学工具对于你的商业分析生涯应该是有用的，但你不能在未深刻思考现有问题的情况下机械地使用它们。

---

① Kay H. Brodersen, Fabian Gallusser, Jim Koehler, et al. Inferring causal impact using Bayesian structural time-series models. The Annals of Applied Statistics, 2015.

② Susan Athey, Mohsen Bayati, Nikolay Doudchenko, et al. Matrix completion methods for causal panel data models, 2017.

## 第 7 章

分　解

在数据科学中，我们需要一直考虑的一件事情是数据**降维**（dimension reduction）。从高维 x 中，我们试图学习出某种低维概要，其中包括进行良好决策所需的必要信息。

数据降维可以是有监督的，也可以是无监督的。在**监督学习**中，一个外部响应变量 y 指明了数据降维的方向。在回归中，一个高维的 x 通过系数 β 进行投影，创建出低维（单变量）的概要 $\hat{y}$。第 2 章到第 4 章讨论的都是监督学习。

相反，在**无监督学习**中，没有响应变量或结果，你有一个高维 x 并试图对它建模，使其可以根据若干成分生成。你是为了数据 x 本身而做简化。为什么呢？举个例子，你有部分已观测到的值，并想根据这些已知事实来预测未知事项，这就是"推荐引擎"的一种思路。例如，假设 x 是个向量，其中每个元素 x_j 表示某用户对电影 j 喜爱程度的评分，从 1 到 10。Netflix 试图根据用户已观看并评分的电影来预测他对未观看电影的评分 x_j。

另一种常见情况是，你确实想根据 x 预测 y，但你的很多 x 观测没有 y。例如，你想根据在 Twitter 上的留言内容预测人们的情感。在成千上万条 Twitter 留言（很多 x 观测）中，你只知道一少部分是表达正面情感还是负面情感（例如，通过 Twitter 人类用户使用的握手标记）。一种无监督分析会将所有 Twitter 留言内容分解为**话题**（topic），这样你就可以很容易地按照某些有标记 Twitter 表达出的情感对话题进行排序。

本章将研究各种**分解**（factorization）方法——将对每个 x 的期望分解为少量因子的总和的工具。首先介绍无监督分解方法，然后介绍添加 y 的方法，最后探讨有监督的因子建模。一如既往，我们以最小化样本外偏差为目标来解决问题。

7.1　聚类

聚类分析用于对相似的观测进行分组。例如：

❑ 将一个语料库中的文档分解为话题；
❑ 按照偏好或价格敏感度对消费者进行细分；
❑ 按照投票者投票的议题对其进行分组；

❑ 找到可能喜欢同一风格或乐队的音乐听众。

聚类的工作方式是将数据表示为一种**混合分布**（mixture distribution）的输出。假定每个观测 x_i 都是从 K 个**混合成分**（mixture component，即概率分布 $p_k(x)$，$k = 1, \cdots, K$）中提取出来的，这些成分分布的特性（尤其是均值）定义了聚类所用的簇。

即使单个成分非常简单，它们混合在一起也可以产生各种复杂的分布。如果你不知道生成成分 k，那么 x 的**无条件**（unconditional）分布（边际分布）就是：

$$p(x) = \pi_1 p_1(x) + \cdots + \pi_K p_K(x) \tag{7.1}$$

其中 π_k 是成分 k 在总体中的概率。这种混合分布的每个基本成分可以有多种模式，如图 7-1 所示。

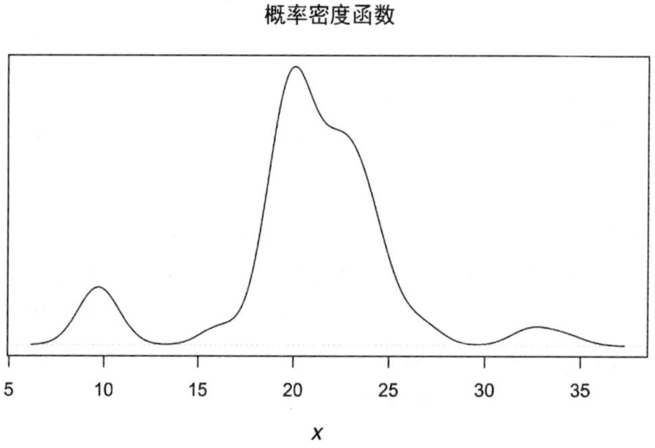

概率密度函数

图 7-1　星系速度的无条件分布

图 7-1 中的数据对应太空中星系的估计速度。天文学家对这类数据非常感兴趣，因为它们可以给出关于宇宙历史的信息。基本的星系团有助于描绘太空，但我们只有图 7-1。不知道星系团有哪些成员，怎么去估计它们呢？

假设对于每个观测到的 x_i，都有 K 个可能的均值，

$$\mathbb{E}[x_i \mid k_i] = \mu_{k_i}, \ k_i \in \{1, \cdots, K\} \tag{7.2}$$

如果 $k_i = 1$，那么 $\mathbb{E}[x_{i1}] = \mu_{11}$，$\mathbb{E}[x_{i2}] = \mu_{12}$，等等。这还不是一个混合模型，只是对均值的特殊说明。在回归中，你需要通过概率分布完成这些说明，这样就有一个偏差可以最小化。

K-均值混合**正态**模型是至今为止最常用的聚类基础模型：

$$p_k(x) = N(x; \mu_k, \Sigma_k) \tag{7.3}$$

其中 $N(\cdot)$ 表示**多元正态**分布。更为常见的是，该公式可以简化为假定每个元素 x 相互独立，而且

有同样的方差，这样协方差矩阵就可以写成：

$$\boldsymbol{\Sigma}_k = \mathrm{diag}\left(\sigma_k^2\right) = \begin{bmatrix} \sigma_k^2 & 0 & & & \\ 0 & \sigma_k^2 & & \ddots & \\ & & \ddots & & \\ & \ddots & & \sigma_k^2 & 0 \\ & & & 0 & \sigma_k^2 \end{bmatrix} \tag{7.4}$$

公式 7.3 中的概率分布都变成了每个维度上的一元正态分布的乘积，则完整的混合模型就是：

$$\mathrm{p}\left(\boldsymbol{x}_i \mid k_i\right) = \mathrm{p}_{k_i}\left(\boldsymbol{x}_i\right) = \prod_j \mathrm{N}(x_{ij}; \mu_{k_i j}, \sigma_k^2) \tag{7.5}$$

对该模型的估计就形成了算法 17 中的 K-均值方法，它会重复多次平方误差最小化的步骤。

K-均值算法是在 K 个成分之间估计簇成员关系的常用方法，它的目标是使公式 7.5 表示的似然最大化，它估计成分均值 $\hat{\boldsymbol{\mu}}_k$，并更新成员关系 k_i，使得 $\boldsymbol{x}_i$ 靠近 $\hat{\boldsymbol{\mu}}_{k_i}$。算法 17 中的最小二乘步骤使得公式 7.5 中独立正态混合模型的（条件）偏差最小化[①]。如果向 K-均值模型中输入 $\boldsymbol{x}_i$ 值的一个集合，它会返回分配关系 k_i 和中心点 $\hat{\boldsymbol{\mu}}_k$。

图 7-2 给出了一个示例，这是二维 x 变量 3-均值聚类的收敛状态。图 7-3 给出了图 7-1 中星系数据的 4-均值聚类。

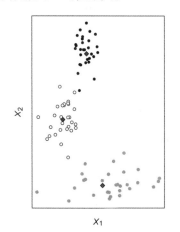

图7-2 3-均值收敛

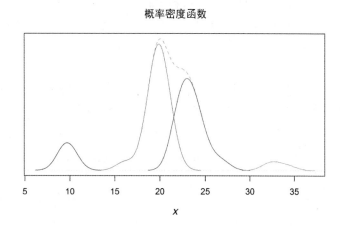

概率密度函数

图7-3 星系速度数据的4-均值聚类。图中每个峰值都是一组观测的拟合密度，这些观测具有相同的拟合分配关系 k_i

①K-均值只是拟合混合模型的一种方法。对它的一个重大改进是在更新中心点 $\hat{\boldsymbol{\mu}}_k$ 时考虑每个 k_i 的不确定性，这种改进形成了 EM（expectation-maximization）算法。

算法 17　K-均值

要将观测 $\{x_i\}_{i=1}^n$ 聚类到 K 个组中，先对每个 i 随机抽取分配关系 $k_i \in \{1, \cdots, K\}$，然后重复以下步骤直至收敛。

□ 估计簇中心点

$$\hat{\boldsymbol{\mu}}_k = \bar{\boldsymbol{x}}_k = \frac{1}{n_k} \sum_{i:k_i=k} x_i$$

其中 $\{i : k_i = k\}$ 是 $k_i = k$ 的 n_k 个观测。

□ 对每个 i，更新 k_i 为中心点 $\hat{\boldsymbol{\mu}}_k$ 距 x_i 最近的成分：

$$k_i = \arg\min_k \sum_j (x_{ij} - \hat{\mu}_{kj})^2$$

在 K-均值和迄今为止讲到的其他偏差最小化算法之间有一个非常烦人的差别：如果多次运行 K-均值算法，可能会得到不同的结果。出现这种现象的原因是最初对 k_i 的随机分配，以及最小化目标是**非凸的**（nonconvex）。非凸性是指偏差的表面不是简单地只有一个最小值的杯形（如 x^2），而是凹凸不平的，这样在算法 17 中 k_i 收敛时会得到多个"解"。因此，我们通常建议以不同的初始随机分配多次运行 K-均值算法，然后选取偏差最小的解（与中心点 $\hat{\boldsymbol{\mu}}_k$ 的误差平方和最小）。

更一般的情况是，对于这种不确定性，应该停下来想一想：如果每次运行算法得到的估计都不同，那么这些聚类结果到底能在多大程度上反映世界的"真实"状态呢？实际上，正是由于没有明确的结论，因此解释聚类结果时，除了一些有用的探究性信息和简单预测，我们对其他解释都非常谨慎。

为了说明聚类过程，我们看看根据食物对（苏联未解体前）欧洲不同国家的聚类。我们的数据是关于各国的蛋白质消费的，涉及 25 个国家每人每天消费的蛋白质克数：

```
> food <- read.csv("protein.csv", row.names=1) # 第 1 列是国家
> head (food)
                RedMeat WhiteMeat Eggs Milk Fish Cereals Starch Nuts Fr.Veg
Albania            10.1       1.4  0.5  8.9  0.2    42.3    0.6  5.5    1.7
Austria             8.9      14.0  4.3 19.9  2.1    28.0    3.6  1.3    4.3
Belgium            13.5       9.3  4.1 17.5  4.5    26.6    5.7  2.1    4.0
Bulgaria            7.8       6.0  1.6  8.3  1.2    56.7    1.1  3.7    4.2
Czechoslovakia      9.7      11.4  2.8 12.5  2.0    34.3    5.0  1.1    4.0
Denmark            10.6      10.8  3.7 25.0  9.9    21.9    4.8  0.7    2.4
```

要在 R 中拟合 K-均值，需要先将数据转换为一个数值型矩阵 x（需要将所有因子扩展为虚拟变量）。在这份蛋白质数据中，所有数据都是数值型的，但是，我们还要考虑数据**缩放**（scaling）。在 x 的多个维度上最小化平方误差时（如 K-NN 算法[①]），总是要考虑数据缩放，维度上所用的**单**

---

① 尽管 K-NN 与 K-均值的名称相似，但除了都需要小心地缩放输入，二者之间几乎没有任何关系。

位会影响估计结果。我们将其转换为**标准差**单位，在 $\tilde{x}_j = (x_{ij} - \bar{x}_j) / \mathrm{sd}(x_j)$ 这种转换形式上进行聚类。这种新单位也进行了平移操作，以使均值为 0，因此可以表述为**合并均值标准差**（standard deviations from the pooled average）单位。

```
> xfood <- scale(food)
> round(head(xfood),1)
               RedMeat WhiteMeat Eggs Milk Fish Cereals Starch Nuts Fr.Veg
Albania            0.1      -1.8 -2.2 -1.2 -1.2     0.9   -2.2  1.2   -1.4
Austria           -0.3       1.7  1.2  0.4 -0.6    -0.4   -0.4 -0.9    0.1
Belgium            1.1       0.4  1.0  0.1  0.1    -0.5    0.9 -0.5   -0.1
Bulgaria          -0.6      -0.5 -1.2 -1.2 -0.9     2.2   -1.9  0.3    0.0
Czechoslovakia     0.0       0.9 -0.1 -0.6 -0.7     0.2    0.4 -1.0   -0.1
Denmark            0.2       0.8  0.7  1.1  1.7    -0.9    0.3 -1.2   -1.0
```

kmeans 函数使用参数 centers 来定义 K，使用参数 nstart 来确定算法的重复运行次数（如前所述，每次开始都进行随机分配）。在 nstart 次重复运行中，偏差最小的一次将报告给用户。我们对蛋白质数据拟合一个简单的 3-均值模型：

```
> (grpMeat <- kmeans(xfood, centers=3, nstart=10))
K-means clustering with 3 clusters of sizes 6, 15, 4

Cluster means:
  RedMeat WhiteMeat Eggs Milk Fish Cereals Starch Nuts Fr.Veg
1    -0.8      -0.5 -1.2 -0.9 -1.0     1.4   -0.8  0.9   -0.5
2     0.5       0.5  0.6  0.6  0.1    -0.6    0.4 -0.7   -0.2
3    -0.5      -1.1 -0.4 -0.8  1.0     0.1   -0.2  1.3    1.6

Clustering vector:
       Albania        Austria        Belgium       Bulgaria   Czechoslovakia
             1              2              2              1                2
...
```

grp$cluster 对象保存了对每个观测的簇分配，图 7-4 是使用这个对象绘制出的在红肉和白肉这两个类别上的 3-均值聚类结果。结果显示，有一个最大的簇，还有一个较小的簇（主要是苏联），以及另一个较小的簇（包括西欧地中海沿岸国家）。

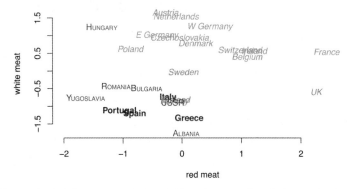

图 7-4　按照蛋白质消费对一些国家的 3-均值聚类，以红肉和白肉两个类别显示（但拟合时使用了所有数据类别）

作为对比，图 7-5 给出了一个 7-均值聚类结果。同样，我们在所有 9 个蛋白质类别上进行聚类，但只在红肉和白肉两个类别上绘制结果。阴影和字体都表示成员关系。仅仅根据从蛋白质消费学到的聚类结果，就可以看出很多熟悉的文化和地理分组。

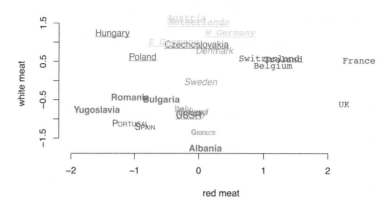

图 7-5　按照蛋白质消费对一些国家的 7-均值聚类，以红肉和白肉两个类别显示

K 的选择是非常主观的。数据中几乎没有信息能给出簇的实际数量，能自动选择 K 的算法对成分概率模型的相关假定非常敏感。除非你想在**之后**的某种预测任务中使用这种簇成员关系，比如作为一个回归模型的输入，这时可以使用一般的交叉验证方法作为选择簇数量的标准。但在其他情况下，一切都是描述性的——你只是想把数据分解为同质性较强的几个组。明智的做法是试验几个 K 值，然后使用那个能得到对你有意义的簇的 K。

当然，你也可以选择使用基于数据的模型构建方法。一如往常，这个过程要先枚举模型，然后选择模型：

(1) 枚举出使用 $K_1 < K_2 < \cdots < K_T$ 个簇的模型；
(2) 使用一种选择工具选出对于新的 x 效果最好的模型。

新的 x 是关键：一如既往，模型的样本外偏差需要很小。样本内偏差是无用的，因为只要令 $K = n$，就总能使样本内偏差为 0。

这里可以使用交叉验证：对每个 K，可以先在部分数据上拟合出混合模型，然后在保留样本上对公式 7.1 中的拟合**无条件**似然进行偏差评价[①]。因为不知道保留的 x_f 的 k_f，所以必须使用根据无条件似然建立的偏差。

但是，因为 K-均值的计算成本非常高昂，所以运行一个完整的交叉验证通常是不现实的。更一般的做法是使用信息准则来选择簇的数量。K-均值的全部样本内偏差——对于公式 7.5 中的模型——是平方和 $\sum_i \sum_j (x_{ij} - \hat{\mu}_{k_i,j})^2$，自由度数目等于簇中心点中的参数数量：$K \times p$。知道了

---

① 你可以使用 $\hat{\pi}_k = n_k / n$ 来估计混合成分权重。

这两个值，就可以使用一般的 AIC/AICc 和 BIC 公式。例如，图 7-6 给出了蛋白质数据国家聚类的 BIC 曲线——它选择了 $K=2$。

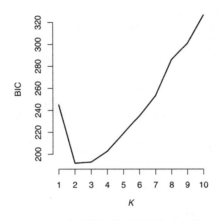

图 7-6 蛋白质消费聚类示例中每个 K 的 BIC

但是，还需要知道的是，所有这些工具——从交叉验证到 BIC——都不如在回归中那么可靠。因为模型拟合与 K 相关，是不稳定的，所以交叉验证会遇到麻烦（就像前向逐步回归，交叉验证在其中表现很差），而 AIC/AICc/BIC 所依赖的理论近似在混合模型中也不像在回归模型中那么有效。如果要使用其中一种方法，那么有些证据表明 BIC 在混合模型上的表现很好[①]，我也认为它好于其他方法，但不是非常信任它。例如，图 7-6 表明，在欧洲国家蛋白质示例中，与直觉相比，BIC 选择了更少的簇。

7.2 因子模型和主成分分析

聚类和混合模型是一种更广义的无监督降维框架的特殊形式，这种框架就是数据分解。给定一个高维数据矩阵 x，你会想把它降维成几个"重要"因子的函数。要达到这个目的，需要建立一个线性模型，将 x 作为这些未知因子的函数，然后同时估计这些因子和模型。因子模型的形式如下：

$$\mathbb{E}[x_i] = \varphi_1 v_{i1} + \cdots + \varphi_K v_{iK} \tag{7.6}$$

其中 x_i 和 φ_k 都是长度为 p 的向量，v_{ik} 是单变量评分，表示观测 i 在因子 k 上的载荷。

当你使用比 p 小很多的 K 时，因子模型为 x 提供了一个非常简约的表示，每个观测 x_i 都被映射到 K 个因子 $v_{i1}, \cdots, v_{ik}$，这些因子是 x 的一个低维概要。图 7-7 展示了从基因 SNP 信息向量（一个高维 x）到二维因子空间的一个拟合映射。在用阴影标出每个人的出生地之后，一个模式

① K. Roeder, L. Wasserman. Practical Bayesian density estimation using mixtures of normals. Journal of the American Statistical Association, 1997.

就显现出来了：因子表示出一幅（有标记的）欧洲地图。这说明基因信息的最佳二维概要就是经度和维度，换言之，知道了某人的基因信息，就能知道他是哪里人[①]。

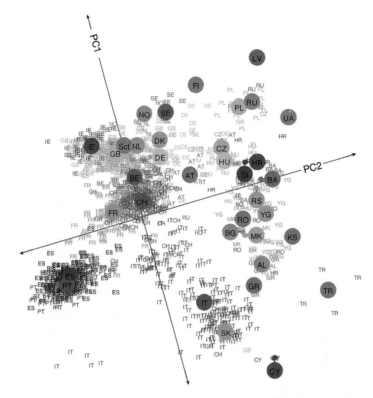

图 7-7 对基因序列的 2-因子表示，取自 John Novembre 等人的论文 "Genes mirror geography within Europe"。每个点都是一个独立的基因序列，阴影表示出生地，显示在 2-因子降维空间中

我们可以将公式 7.6 中的模型扩展为对 x 的每个独立维度，写作：

$$\mathbb{E}\left[x_{ij}\right] = \varphi_{j1}v_{i1} + \cdots + \varphi_{jK}v_{iK}, \quad j = 1, \cdots, p \tag{7.7}$$

公式 7.6 和公式 7.7 描述的是同一个模型。v_{ik} 的值会附加在每个观测上，它们就像回归中的输入 x_{ij}，但现在只是需要估计的未知**隐含因子**。系数 φ_{jk} 称为**载荷**或**旋转**，它们是模型属性，在所有观测之间共享，是 x_{ij} 在 v_i 上回归的系数。

请注意该因子模型和算法 17 中 K-均值表示之间的联系。如果设 $\boldsymbol{\mu}_k = \boldsymbol{\varphi}_k$，$v_{ik_i} = 1$ 且在 $j \neq k_i$ 时 $v_{ij} = 0$，那么混合均值公式就等同于公式 7.7。K-均值表示是一个特定的因子模型，其中的因子评

[①] 图 7-7 中的地理模式非常漂亮，但这两个因子只解释了 0.45% 的原始基因变动，不要被它误导了，过分强调地理在基因上的重要性。

分被强制为一个二进制向量，即它是一个仅能装载在一个因子上的因子模型。与之不同的是，一般的因子模型可以有**混合的成员关系**。在蛋白质消费示例中，K-均值强制一个簇中所有国家的饮食结构预期相同；相反，一个全因子模型会让每个国家使用一个混合的基本饮食结构。例如，希腊在某些维度上与意大利相似，而在其他维度上接近土耳其。

如何估计因子模型？ 你需要在 v 上回归 x，这非常容易，除了 v 是隐含的：你不知道 v，需要估计它。其实有多种快速方法可以使用线性代数工具来估计公式 7.6 中的模型，实际上，估计一般因子模型要比对限定聚类模型运行 K-均值算法更简单。这里不涉及线性代数的详细细节，只是介绍几种启发式的因子估计方法，然后你可以使用 R 中现成的分解函数进行估计。

看看下面的**贪婪算法**。假设你想找到因子的第一个维度，$v^1 = [v_{11}, \cdots, v_{n1}]$，我们用上标"1"来使它区别于 v_1，即第一个观测的所有因子。我们可以为这个单因子模型写出一组公式：

$$\mathbb{E}[x_{i1} \mid v_{i1}] = \varphi_{11} v_{i1}$$
$$\vdots$$
$$\mathbb{E}[x_{ip} \mid v_{i1}] = \varphi_{1p} v_{i1}$$

对于 $i = 1, \cdots, n$，现在的问题是，找到能使所有维度上的平均误差平方和最小的 v^1 和 φ_1。方便的是，这个问题有一个简单的封闭解[①]。在解出 v^1 和 φ_1 之后，可以进行以下迭代：计算出残差 $x_{ij} - \varphi_{1j} v_{i1}$，然后根据同样的规则，找到能使这些残差的误差平方和最小化的 v^2。重复该过程直到残差都为 0，这会在第 $\min(p, n)$ 步之后出现（当因子数量和维度或观测一样多时，先达到哪个都可以）。

这个过程称为 PCA（principal component analysis，主成分分析）。PCA 的结果是一组**旋转** $\boldsymbol{\Phi} = [\varphi_1, \cdots, \varphi_K]$，这些旋转可用于得到任意观测 x_i 的因子评分 v_i。前面给出的这个贪婪算法实际上并不实用——还有更高效的算法——但胜在具体直观。对于模型

$$\tilde{x}_{ij}^k \sim N(v_{ik} \varphi_{kj}, \sigma_k^2) \tag{7.8}$$

我们重复拟合 φ_k 和隐含的 v^k 来使 $j = 1, \cdots, p$ 个维度和 $i = 1, \cdots, n$ 个观测上的偏差**最小化**。公式 7.8 中的

$$\tilde{x}_{ij}^k = \tilde{x}_{ij}^{k-1} - v_{ik-1} \varphi_{k-1j}$$

是拟合了 $k-1$ 个因子后的残差，从 $\tilde{X}^1 = X$ 开始。可以把 PCA 看作重复使用最能解释当前残差的因子来拟合回归的过程。

另一种直观理解 PCA 的方法是把它在低维空间中的行为可视化。看看图 7-8 中绘制出的二维数据，其中的直线是 x_2 在 x_1 上的 OLS 拟合（反之亦然，是同一条直线）。这条直线的某个**长度**

---

① 如果你熟悉线性代数，就知道 φ_1 作为协方差矩阵 $X'X$ 的第一个特征向量是可解的。因为对 v_{i1} 的任意平移和缩放在调整到 φ_{ij} 后都会给出同样的 R^2，所以我们添加了限制 $\sum_j^p \varphi_{kj}^2 = 1$ 来固定 φ 的规模。

贯穿了观测数据的范围,每个数据点都可以映射到直线上的某个位置,这个位置与它的坐标$[x_1, x_2]$最为接近。这条直线的斜率是由载荷 φ_1 定义的,每个点在直线上的映射位置就是它的因子评分 v_{1i}。

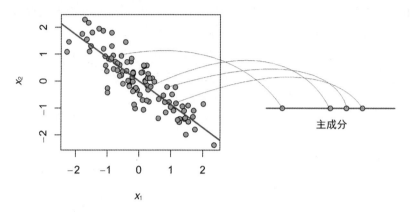

图 7-8　二维数据的 PCA 图示。PCA 就是找到能拟合 x_1 和 x_2 的直线,并在直线上找到
　　　　距离每个观测最近的点

在找到第一个 PCA **方向**时,我们将二维数据投影到了一维数轴上。算法的下一步是进行迭代,计算出 x_1 和 x_2 关于这条直线的残差并重复投影过程。如果使用这些残差的一个维度在其他维度上进行回归,就可以得到图 7-9 中的一条新直线(PC2)。因为只有两个维度,所以算法就停止了。这样,从 $[x_1, x_2]$ 到新的因子空间 $[v_1, v_2]$ 就有一个 1:1 的映射——所有点都可以完美地根据它的 PC1 和 PC2 的因子评分重新表示出来。

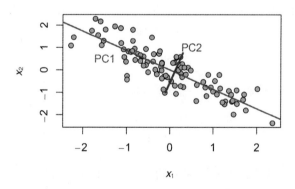

图 7-9　图 7-8 中数据的两因子 PCA 表示

由图 7-9 可知,PCA 对数据进行了**转轴**操作,将数据从原来的坐标系转换到了另一个空间。在新的空间中,多数数据变动沿着第一个坐标轴分布,少数变动沿着第二个坐标轴分布。实际上,这就是 PCA 的目标:它要从具有**大方差**的多元变量 x 中找出投影,由此得到的 v_{ik} 会沿着尽可能长的一条直线分布,如图 7-8 和图 7-9 中的 PC1 方向。最后得出的主成分会按照拟合投影的方差进行排序,使得 $\text{var}(v_{1i}) > \text{var}(v_{2i}) > \cdots > \text{var}(v_{pi})$。这样,仅仅通过前 $K \ll p$ 个成分,就可以反映

数据中的大部分变动。也就是说，可以拟合足够多的成分，完美地重建原始数据；但仅仅使用前面几个成分，就足以解释 x_i 中变动的主要方向。

拟合出旋转 $\boldsymbol{\Phi} = [\boldsymbol{\varphi}_1, \cdots, \boldsymbol{\varphi}_K]$ 之后，观测 i 的第 k 个主成分评分可以通过以下公式快速简单地计算出来：

$$v_{ki} = \boldsymbol{x}_i' \boldsymbol{\varphi}_k = \sum_{j=1}^p \varphi_{kj} x_{ij} \tag{7.9}$$

典型的做法是保留 $\boldsymbol{\Phi}$，在需要的时候使用公式 7.10 为任意 x_i 计算出 PC 评分[①]。将该公式与前面对因子方差的讨论结合起来，我们可以将 PC 评分总结为一系列的方差最大化，如算法 18 所示。

算法 18　PCA

设 $\tilde{\boldsymbol{X}}^1 = \boldsymbol{X}$，即你的 $n \times p$ 数据矩阵。然后，对 $k = 1, \cdots, \min(n, p)$，

❑ 找到

$$\boldsymbol{\varphi}_k = \arg\max_{\varphi_k} \left[\text{var}\left(\tilde{\boldsymbol{X}}^k \boldsymbol{\varphi}_k \right) = \text{var}\{v_{k1}, \cdots, v_{kn}\} \right] \tag{7.10}$$

其中 $v_{ki} = \boldsymbol{\varphi}_k' \boldsymbol{x}_i = \sum_{j=1}^p x_{ij} \varphi_{kj}$，$\sum_{j=1}^p \varphi_{kj}^2 = 1$。

❑ 使用 $\tilde{\boldsymbol{x}}_i^{k+1} = \tilde{\boldsymbol{x}}_i^k - v_{ki} \times \boldsymbol{\varphi}_k$ 更新 $\tilde{\boldsymbol{X}}^k$ 中的行。

在 R 中运行 PCA 有很多方法，在我的 MBA 课堂上试用了多种方法之后，最稳健的似乎是 prcomp(x,scale=TRUE)。其中的 scale=TRUE 参数非常重要：因为你要直接拟合 x_{ij}，就像在 K-均值和 K-NN 中那样，所以最好对数据进行缩放，以保证所用的单位是 x_j 的标准差，而不是什么随意的单位。为了说明这个方法，我们用它来处理蛋白质消费数据：

```
> pcfood <- prcomp(food, scale=TRUE)
> round(pcfood$rotation, 1)
          PC1  PC2  PC3  PC4  PC5  PC6  PC7  PC8  PC9
RedMeat   -0.3 -0.1 -0.3 -0.6  0.3 -0.5  0.2  0.0  0.2
WhiteMeat -0.3 -0.2  0.6  0.0 -0.3 -0.1  0.0  0.0  0.6
Eggs      -0.4  0.0  0.2 -0.3  0.1  0.4 -0.4 -0.5 -0.3
Milk      -0.4 -0.2 -0.4  0.0 -0.2  0.6  0.5  0.1  0.2
Fish      -0.1  0.6 -0.3  0.2 -0.3 -0.1 -0.1 -0.4  0.3
Cereals    0.4 -0.2  0.1  0.0  0.2  0.1  0.4 -0.7  0.2
Starch    -0.3  0.4  0.2  0.3  0.7  0.1  0.2  0.1  0.1
Nuts       0.4  0.1 -0.1 -0.3  0.2  0.0 -0.4  0.2  0.5
Fr.Veg     0.1  0.5  0.4 -0.5 -0.2  0.1  0.4  0.1 -0.2
```

[①] 如果研究细节，就会发现这个 v_{ki} 的定义是我们在别处描述过的某种算法中 PC 评分的一种平移和缩放版本。因为 v 是隐含的而且没有固定单位，所以这些定义本质上都相同。

这里的 "rotation" 矩阵就是 $\boldsymbol{\Phi}$，每一列是 $\boldsymbol{\varphi}_k = [\varphi_{k1}, \cdots, \varphi_{kp}]'$，即从第 k 个 PC 方向转换到 $\boldsymbol{x}$ 的每个维度（在这里就是蛋白质类型）时所用的系数。如果你想得到 PC 评分（$\boldsymbol{v}_i$ 的值）就对拟合出的 prcomp 对象使用 predict 方法。调用 predict 方法时，你可以提供想要映射到 $\boldsymbol{v}$ 的新 $\boldsymbol{x}$，也可以不提供任何新数据，这样就会返回 $\boldsymbol{X}$ 的 PC 评分矩阵，即拟合 PC 旋转时所用的样本数据。

```
> predict(pcfood, newdata=food["France",])
            PC1  PC2 PC3   PC4  PC5  PC6  PC7   PC8  PC9
France    -1.49 0.79   0 -1.96 0.25 -0.9 0.95 -0.02 0.54
> head( zfood <- predict(pcfood) )
                  PC1  PC2  PC3  PC4  PC5  PC6  PC7  PC8  PC9
Albania           3.5 -1.6 -1.8 -0.2  0.0 -1.0 -0.5  0.8 -0.1
Austria          -1.4 -1.0  1.3 -0.2 -0.9  0.2 -0.2 -0.3 -0.2
Belgium          -1.6  0.2  0.2 -0.5  0.8 -0.3 -0.2 -0.2  0.0
Bulgaria          3.1 -1.3  0.2 -0.2 -0.5 -0.7  0.5 -0.8 -0.3
Czechoslovakia   -0.4 -0.6  1.2  0.5  0.3 -0.8  0.3  0.0 -0.1
Denmark          -2.4  0.3 -0.8  1.0 -0.8 -0.2 -0.2 -0.6  0.5
```

对 PC 方向的解释颇有难度——既是科学，也是艺术。离开任何外部背景，这些因子只是由算法 18 中重复的方差最大化所定义的一些值，它们是在能解释大多数可能变动的方向上的评分。但是，对于这些因子经常要讲一些**故事**。实际上，低维因子潜在的可解释性就是人们在很多社会科学应用中使用 PCA 的幕后动机。如果你想使用 PCA 讲故事，有两种途径：自底向上和自顶向下。

对于一个自底向上的解释，你可以找出较大的几个 φ_{kj} 旋转来解释 v_{ki} 和 x_{ij} 之间映射的主要驱动因素。在蛋白质消费 PCA 中，每个国家在第 k 个 PC 方向上的评分是：

$$v_{ki} = \varphi_{k,\text{redmeat}}\, x_{i,\text{redmeat}} + \varphi_{k,\text{whitemeat}}\, x_{i,\text{whitemeat}} + \cdots + \varphi_{k,\text{nuts}} x_{i,\text{nuts}}$$

这个因子评分代表了一种饮食结构——可以表明某种蛋白质消费方式的潜在模式。因为 x_{ij} 被缩放为标准差单位，所以每个 φ_{kj} 表示的就是某国对蛋白质 j 每多消费一个 SD，而在饮食结构 k 的方向上的得分。看看前两个 PC 旋转：

```
> t(round(pcfood$rotation[,1:2],2))
     R.Meat W.Meat  Eggs  Milk Fish Cereal Starch Nuts Fr.Veg
PC1   -0.30  -0.31 -0.43 -0.38 -0.14   0.44  -0.30 0.42   0.11
PC2   -0.06  -0.24 -0.04 -0.18 0.65  -0.23   0.35 0.14   0.54
```

可以看出，如果消费了大量谷物和坚果，在 PC1 上的分数就非常高；反之，如果消费的是肉、蛋和奶这样的昂贵蛋白质，在 PC1 上的分数就非常低。第二个 PC 是地中海式饮食结构：消费大量的鱼和橄榄油（摄入更多水果、蔬菜和蛋白质），使得 v_{2i} 的分数非常高。

对于自顶向下的解释，你可以找到拟合后的 v_{ik}，再使用关于观测 i 的领域知识讲述一个故事。图 7-10 绘制出了蛋白质消费 PCA 前 4 个方向彼此之间的关系。可以看出，PC1 体现的是东西[①]之间的对比，PC2 代表的则是伊比利亚式的饮食结构，标志就是西班牙和葡萄牙的分数非常高。

---

① 非全球视角。——编者注

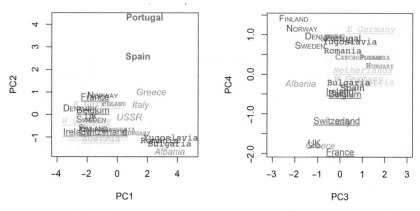

图 7-10 蛋白质消费前 4 个 PC 方向上的 PC 分数 v_{ki}。国家按照图 7-5 中的 K-均值聚类进行区分

如果你已经拟合出了所有 PC 方向，那么下一个问题就是，需要多少？就像 K-均值算法中簇的数量一样，这个问题不容易回答，除非你要在之后的预测问题中使用这些因子（这时通常会使用交叉验证和信息准则）。作为一种粗略的启发式原则，我们通常要看看每个 v^k 的方差随着 k 的变化减小得有多快。如果在一个特定的 k 之后方差明显减小，那就可能只需要保留 PC1 到 PCk。如果查看拟合出的 prcomp 对象的概要信息，就可以看到各个因子对方差的影响：

```
> summary(pcfood)
Importance of components:
                          PC1     PC2     PC3     PC4     PC5
Standard deviation     2.0016  1.2787  1.0620  0.9771  0.68106
Proportion of Variance 0.4452  0.1817  0.1253  0.1061  0.05154
Cumulative Proportion  0.4452  0.6268  0.7521  0.8582  0.90976
```

因为这些因子的总方差等于所有 x_{ij} 的总方差，所以从这个概要中也能得知每个 PC 方向所解释的方差比例。每个 PC 对方差的贡献是随着 k 的增大而减少的。你还可以使用 prcomp 对象绘制出一幅**碎石图**，将每个 PC 方向上的方差形象地表示出来。

你可以根据这些概要信息来判断哪些 PC 比较重要，但对于方差小到何种程度时 PC 就不值得保留，从来没有明确的标准。例如，在图 7-11 中，似乎第一个 PC 就解释了大多数方差；但是，PC2 有一个明确的对地中海/伊比利亚饮食结构的解释。选择使用多少个 PC 是非常主观的（同样，除非使用 PC 作为预测任务的输入）。与我们在聚类中的建议一样，应使用那些对你的解释分析和故事讲述有意义的 PC。

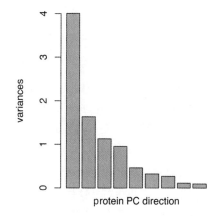

图 7-11 蛋白质消费 PCA 中每个主成分方向上的方差

7.3　主成分回归

既然我们已经学习了如何拟合因子模型，那么它适合做什么呢？在一些情况下，如前面的政治科学示例，因子本身有明确的意义，这有助于我们理解复杂系统。但更常见的情况是，我们搞不清因子的来源，对它的解释也没有把握。不过，它们仍然可以用作回归系统的**输入**。实际上，这就是 PCA 基本的实际功能——作为**主成分回归**（principal components regression，PCR）的第一阶段。

PCR 的概念非常简单：不是在 x 上对 y 进行回归，而是使用一组低维主成分作为协变量。这种策略卓有成效，原因如下：

❑ PCA 可以降低维度，这通常是好事；
❑ 各个 PC 是独立的，所以没有多重共线性，非常容易拟合最终的回归；
❑ 未标记的 x_i 可能远多于标记过的成对 $[x_i, y_i]$。

最后一点尤其强大，你可以在大量未标记数据上使用**无监督**学习（PCA），然后使用它的结果进行数据降维，以便在更小的已标记观测集合上进行监督学习。

PCA 是由 x 中变动的**主要**来源驱动的，这是 PCR 的缺点。如果响应变量与这些变动的主要来源有关系，PCR 的效果就很好；如果响应变量是由少量输入驱动的，更像是大海捞针，PCR 的效果就不会好。例如，在财务中，通常认为权益回报率只是由少量因子驱动的（参见引言中对 CAPM 的讨论）。如果你想利用其他未知市场因素，就需要研究那些没有被主要市场因素总结出来的信号。在这种情况下，PCR 的效果不佳。

在实际工作中，只有既试验了 PCR，又在原始输入 x 上拟合了 lasso 回归，才能知道面临的是哪种情况[①]。

两阶段 PCR 算法非常简单：先运行 PCA，然后进行回归。

```
mypca = prcomp(X, scale=TRUE)
v = predict(mypca) [,1:K]
reg = glm(y~., data=as.data.frame(v))
```

典型的做法是，使用某种子集选择来确定包括在回归模型中的 PC 数量，对于 $K = 1, \cdots, p$，使用 1 到 K 个 PC 建立 p 个不同模型，然后基于信息准则或样本外实验来选择最优的 K。因为 PC 是排过序（按照方差）而且是独立的，所以效果要好于在 x_i 的原始维度上进行子集选择（前面曾经提醒过不要这么做）。

这种 PC 选择过程很不错，但根据我的经验，在 PC 的完整集合上简单地运行一个 lasso 回归更容易，效果也更好。这样可以采用通常的选择过程来选择正则化权重 λ。除了 PC，这种选择过程也很容易集成其他信息。例如，实际工作中非常有效的一种方法是将 v 和 x（PC 和原始输入）

---

① 在社会科学中，当 PCA 因子有明确解释时（如唱名投票示例），人们可能更喜欢使用 PCR。在这种情况下，与使用纯 lasso 回归相比，PCR 的结果更容易解释。不过，要非常小心：社会科学非常擅长解释那些根本不存在的因子。

都放入 lasso 模型矩阵中，这样可以使回归既利用了 x 中的基本因子结构，又可以挑选出与 y 相关的独立 x_{ij} 信号。前面说过 PCR 的一个缺点是只能挑选出 x 中变动的主要来源，这种混合策略就是克服该缺点的一种方案。

算法 19　主成分（lasso）回归

给定一份作为回归输入的观测样本 $\{x_i\}_{i=1}^n$，以及相应的输出标记 y_i，对这些观测的某个子集：

(1) 在输入 x_i 的全部集合上拟合 PCA，得到长度为 $\min(n, p)$ 的 v_i；

(2) 对于有标记的子集，运行一个 y_i 在 v_i 上的 lasso 回归（通过交叉验证或 AICc 选择惩罚权重 λ）。

或者，在 x_i 和 v_i 上对 y_i 进行回归，这样可以对 PC 和原始输入同时进行选择。

要预测一个新的 x_f，先使用步骤(1)中得到的旋转算出 $v_f = \Phi x_f$，然后将这些分数输入步骤(2)中的回归拟合中。

在算法 19 中，我们打破了模型选择的一项规则：在步骤(1)中使用全样本拟合 PCA 时，我们在交叉验证循环外部对数据进行了处理。但是，如果不在样本外循环之外使用标记 y，使用全样本 x 是没有问题的。只要用作检验的 y 样本中的随机误差不影响模型拟合，训练出的模型在保留数据上的结果就仍是样本外预测效果的一个良好估计。实际上，交叉验证的基本原则就是进行一次样本外实验，模拟模型在未来真实数据上的拟合和使用效果。你可能会知道未来观测的 x 值，即使不知道它们的标记 y，也可以把它们包含在 PCA 拟合中。

为了说明 PCR，我们看一份电视数据。这份调查结果是关于目标群体对电视节目的试播评价（新系列的第一集）和第一年的最终评分（完整观看了该节目的人数）的。我们希望能建立一条规则，根据试播调查来预测观众兴趣，帮助电视台做出更好的节目决策。

调查数据包括了 6241 条意见，以及对 40 个节目的 20 个问题。调查中有两种问题，都会询问你对于某种说法的赞同程度。第一种问题的形式是"这个节目让我感觉……"，第二种问题的形式是"我觉得这个节目……"。

调查结果中有两个变量非常有意思。对电视节目适销性的经典度量方式就是**评分**，具体地说，就是 GRP（gross rating point，总收视率），它提供了一种对总收视量的估计。在这份数据中，我们还使用 PE（projected engagement，观众参与度）作为对观看节目的一种更细致的测量。在观看了电视节目之后，会有人联系观众，并按照电视节目中事件的顺序和细节向观众提问，这可以度量观众对电视节目的参与度（可能更重要的是对广告的观看情况）。PE 的值在 0~100，100 表示完全参与，0 则意味着观众对该节目不屑一顾。参与度本身也很重要，它既是 TRP 和 GRP 的一种驱动因素，也是一个调整因子，例如通过 GRP/PE 这种归一化可以得到**调整 GRP**（adjusted GRP）。

我们有对全部 40 个节目在第一年的 GRP 和 PE 结果，图 7-12 比较了二者，并按照节目类型进行了区分：**现实类**、**喜剧类**、**戏剧/冒险类**。我们注意到，高参与度往往对应高评分；但高参与度的喜剧，评分也可能较低（使用调整 GRP——GRP/PE——的图形会比原始 GRP 看起来更好一些）。现实类节目的参与度和评分通常较低（但它们的制作成本很低）。

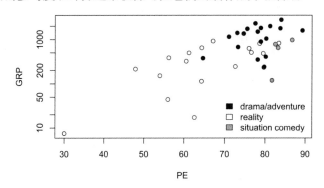

图 7-12　40 个 NBC 节目的评分（GRP）和参与度（PE）

这份数据看上去很多——6241 条试播意见——但只有 40 个节目和 20 个调查问题，也就是说，每个输入维度上只有两个观测值 y，所以这是个大数据维度的小数据集问题。如果想把调查结果与节目质量关联起来，首先需要计算出每个节目的平均问题调查结果，这就得到了一个 40×20 的设计矩阵 X，我们可以在该设计矩阵上拟合 PCA。

```
> PCApilot['rotation'] [,1:3]
                PC1   PC2   PC3
Q1_Excited     -0.3   0.1  -0.1
Q1_Happy       -0.1   0.2  -0.5
Q1_Engaged     -0.3   0.0   0.0
Q1_Annoyed      0.2   0.3   0.1
Q1_Indifferent  0.2   0.4   0.1
Q2_Funny        0.1   0.2  -0.5
Q2_Confusing   -0.1   0.3   0.2
Q2_Predictable  0.2   0.3   0.0
Q2_Entertaining -0.3  -0.1  -0.3
Q2_Original    -0.3   0.1  -0.2
Q2_Boring       0.2   0.4   0.1
Q2_Dramatic    -0.2   0.0   0.4
Q2_Suspenseful -0.3   0.0   0.3
```

对 PC 旋转输出的研究表明，PC1 似乎可以有简单的解释，即"你有多不喜欢这个节目"（负的 PC1 是个喜爱程度因子）。如果一个节目令观众感到激动和有参与感，如果节目内容是原创的、有娱乐性或非常悬疑，那它在 PC1 上的得分都非常低；如果人们感觉一个节目令人讨厌或者非常无聊，那它在 PC1 上的得分就非常高。PC2 的可解释性则不那么明显：如果你觉得一个节目无聊、乱七八糟和毫无悬念，那它在 PC2 上的得分就很高；但如果你觉得它好笑，那它在 PC2 上的得分也比较高。

图 7-13 提供了一些深入分析。可以看到，现实类电视节目在 PC1 和 PC2 上的分数都很高——它们既不讨人喜欢，也可能好笑但令人讨厌——而情节曲折的戏剧在这两个方向上的得分都很低。

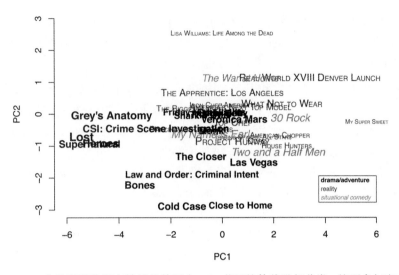

图 7-13　40 个节目平均调查结果的前两个 PC。节目按体裁进行分类，按照参与度分数
　　　　 设定了字号大小

　　我们在 PC 上对参与度进行回归。图 7-14 给出了对 K 和 λ 进行选择的 AICc 表面，既使用了
经典的 PC 子集选择过程，也使用了算法 19 中的 lasso PCR。子集选择过程选出了一个使用第 1
到第 7 个 PC 的模型，而对 lasso PCR 的 AICc 选择选出了 6 个 PC（但不是前 6 个）[①]。

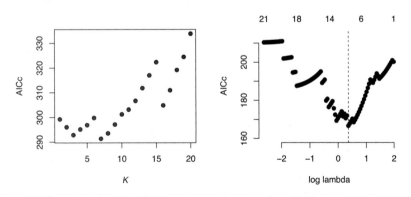

图 7-14　左侧图为 AICc 对 K 的选择结果，在 1–K 个 PC 上对 PE 进行 glm 回归。右侧图为 AICc
　　　　 对 λ 的选择结果，在所有 20 个拟合出的 PC 上对 PE 进行 gamlr lasso 回归

```
> LassoPCR <- gamlr (V, PE)
> B <- coef (LassoPCR) [-1,]
> B [B!=0]
    PC1     PC2     PC3     PC7    PC11    PC16
-2.1218 -0.8704 -1.2472 -4.2555 -0.5929 13.0778
```

[①] 这里的两条 AICc 曲线都不稳定，在 K 和 λ 的值之间来回跳跃，小数据样本会发生这种现象，即使使用了像 lasso
这样的常用稳定技术。

把这个输出结果与图 7-14 中的左侧图做比较，可以看出选择的第 7 个、第 11 个和第 16 个 PC 都对应子集选择 AICc 表面上的跳跃点，这些 PC 被两种方法都视为有用的，但只有 lasso 能有效地使用这些信息。

这是一种简单 PCR，我们把它和第 3 章中的 lasso 回归技术做比较。原始 x 上的 lasso 找到了一个**稀疏**模型（很多 $\hat{\beta}_j = 0$），而 PCR 假定了一个**密集**模型，其中所有 x_{ij} 值都是重要的，但只有通过它们在几个简单因子上提供的信息才能发挥作用。这两种策略都依赖数据降维，哪种策略更好因不同的应用而异。图 7-15 给出了一个 20 折（每次保留两个电视节目）样本外预测实验的结果。这个实验使用了 3 种回归——y 在 x 上的标准 lasso、y 在 v 上的 PCR lasso，以及一个在 x 和 v 上的混合 lasso。在这个例子中，PCR 回归的表现优于 x 上的 lasso，混合回归的效果和 PCR lasso 大致相同，只是增加了一些折间的方差（更宽的不确定性竖线）。对于这个应用，调查结果除了显示一些关于基本因子的信息，别无他用。这在调查数据中很常见：很多问题所问的是同一答案的不同版本。

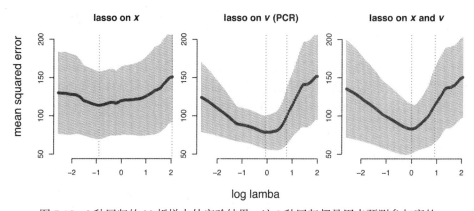

图 7-15　3 种回归的 20 折样本外实验结果，这 3 种回归都是用来预测参与度的

7.4　偏最小二乘法

在前面的两个例子中，x 中有一个明显的低维因子结构：国会投票中的意识形态以及电视试播调查中的喜欢与否。对于电视试播，这些因子还直接与响应变量 y 相关。然而，自然生成的 x 数据经常没有明显的因子结构，或者只有一些杂乱无章的因子混合着怪异的波动。即使 x 中存在因子结构，y 也经常与 x 中的主要变动来源没有什么关系。这时响应变量不是由前几个 PC 驱动的，如果试图将 v 作为 y 和 x 之间的中介进行估计，那么最后的效果欠佳。

只有 x 中的主要变动方向与 y 相关，PCR 才能发挥作用。不过，将几个能影响 y 的因子（或指数）融入输入这种思想非常有吸引力，采用这种策略可以得到比在原始输入上进行高维 lasso 更容易解释的结果。是否有方法可以强制因子 v 与 x 和 y 都相关呢？答案是有的，这种方法称为**有监督因子建模**（supervised factor modeling），它是一种非常有用的大数据技术。

有监督因子建模是个非常宽广的领域，有多种算法可以对 PCA 进行有监督改造[①]。这里介绍一种简单但强大的**偏最小二乘**（partial least squares，PLS）方法，它是一种有监督分解策略，起源于 20 世纪 70 年代的化学计量学[②]，至今已经过数次改造。

为了理解 PLS，我们从更基础的**边际回归**（marginal regression）算法开始。在边际回归中，我们先简单地使用 x 的每个维度独立地对 y 进行回归，再使用得到的回归系数将 x 映射为一个单变量因子 v。这个因子汇集了每个输入变量对 y 的**一阶**（first-order）效果，它将被 x_j 维度所主导，这些 x_j 既对 y 有很大的影响，也沿着同一方向进行一致的变动（因为它们在因子上的影响是可加的）。也就是说，边际回归构造了一个单因子，该因子既与 y 相关，也与 x 中变动的主要方向相关，这就得到了一个有监督因子。

算法 20　边际回归

为了建立一个模型根据 x 预测 y：

☐ 计算 $\boldsymbol{\varphi} = [\varphi_1, \cdots, \varphi_p]$，其中 $\varphi_j = \mathrm{cor}(x_j, y)/\mathrm{sd}(x_j)$，为在 x_j 上对 y 进行简单单变量回归得到的 OLS 系数；

☐ 对每个观测 i，设 $v_i = \boldsymbol{x}_i'\boldsymbol{\varphi} = \sum_j x_{ij}\varphi_j$；

☐ 拟合"前向"单变量线性回归 $y_i = \alpha + \beta v_i + \varepsilon_i$。

给定新的 $\boldsymbol{x}_f$，可以预测 $\hat{y}_f = \alpha + \beta \times (\boldsymbol{x}_f'\boldsymbol{\varphi})$。

MapReduce 有一个巨大的优点——计算效率高。分布式计算的兴起使得 MapReduce 重焕青春，因为它非常适合在 MapReduce 框架内进行编码。在 map 步骤中，首先生成按照维度关键字 j 索引的变量对 $[x_{ij}, y_i]$，然后在 reduce 步骤中运行 x_j 对 y 的单变量 OLS 并返回 φ_j。再使用另外一种快速 MapReduce 算法计算 $v_i = \boldsymbol{x}_i'\boldsymbol{\varphi}$，并在 v 上对 y 运行前向回归。MapReduce（相比 OLS）的另外一个优点是它适用于任意高的维度，即使 $p \gg n$。MapReduce 是在超高维度上的一种监督学习策略。

举个例子，看看如何将汽油的化学特性映射为它的辛烷等级（汽油品质的关键指标，决定了它在加油站的价格）这个问题。在传统做法中，辛烷值是通过在不同的压缩等级下在测试机中燃烧汽油来测定的，燃料燃烧的压缩比决定了它的辛烷值。

近红外（NIR）光谱分析技术可以实现低成本的辛烷值检测，它可以测量波长长于可见光的光波的反射比，NIR 波长测量路径可以提供关于汽油基本化学性质的明显特征。这个例子旨在在 NIR 值 x 和辛烷值 y 之间建立一个回归映射。我们有 60 份汽油样本和 401 条波长数据，所以这

① Eric Bair, Trevor Hastie, Paul Debashis, et al. Prediction by supervised principal components. Journal of the American Statistical Association, 2006.

② H. Wold. Soft modeling by latent variables: The nonlinear iterative partial least squares approach. In Perspectives in Probability and Statistics, 1975.

是一种 $p \gg n$ 的情况。图 7-16 给出了在波长范围内的 NIR 反射比测量结果，在 NIR x 中有一个明显的结构——测量值作为波长的一个平滑函数进行变动。边际回归可以将这些曲线之间的差别汇集起来，以帮助确定辛烷水平。

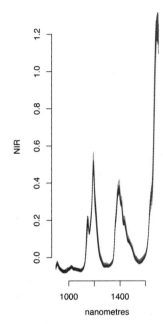

图 7-16　按照不同波长的近红外光谱测量值绘制出的汽油样本

算法 20 可以转换为以下 3 行 R 代码：

```
### 边际回归
> phi <- cor(nir, octane)/apply(nir,2,sd)
> v <- nir%*%phi
> fwd <- glm(octane ~ v)
```

最后得到的 MapReduce 因子见图 7-17。样本内 R^2 大约为 30%，这是仅使用每次 NIR 测量值和辛烷值之间的**边际**相关（单变量相关）得到的组合信号。

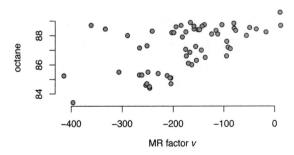

图 7-17　拟合出的 MapReduce 因子 v（第一个 PLS 方向）与辛烷值 y 的关系

PLS 是边际回归的一种扩展。它在运行完一次 MapReduce 之后，不是停止，而是继续迭代：算出第一次 MapReduce 的残差，再次运行 MapReduce 来预测这些**残差**。你可以算出第二次 MapReduce 的残差并继续迭代，直至达到 p 和 n 的最小值。

算法 21　PLS

从算法 20 开始，在 x 上对 y 运行一个 MapReduce，将 MapReduce 因子保存为 v^1，即第 1 个 PLS 方向，并使用 v^1 进行第 1 次前向回归 PLS(1)，拟合值为 $\hat{y}^1 = \alpha + \beta_1 \cdot v^1$。然后，对 $k = 2, \cdots, K$，计算步骤如下：

- 残差 $\tilde{y}_i^{k-1} = y_i - \hat{y}_i^{k-1}$；
- 经由 $\varphi_{kj} = \mathrm{cor}(x_j, \tilde{y}^{k-1}) / \mathrm{sd}(x_j)$ 得到旋转 φ_k 和因子 $v_i^k = x_i' \varphi_k$；
- 拟合值 $\hat{y}_i^k = \hat{y}_i^{k-1} + \beta_k v_i^k$，其中 $\beta_k = \mathrm{cor}(v^k, \tilde{y}^{k-1}) / \mathrm{sd}(v^k)$。

这样就得到了 PLS 旋转 $\boldsymbol{\Phi} = [\varphi_1, \cdots, \varphi_K]$ 以及因子 $V = [v^1, \cdots, v^K]$。

算法 21 中的 PLS 方法虽然包含多个步骤，但实际上非常简单，我们只是在每次 PLS(k) 拟合之后在残差上运行边际回归并更新拟合值。我们使用一个简单算法并重复把它应用于前一次拟合的残差上，这种通用过程称为**提升**（boosting）。也就是说，PLS 是一种**提升的边际回归**（boosted marginal regression）。提升方法[1]是一种通用且强大的机器学习技术，尽管本书不会详细介绍（第 9 章会重点介绍相关技术**装袋法**），但它仍是一种非常有用的方法，可以增强简单方法的灵活性。在你的数据科学生涯中会经常遇到这种方法。

> 如果 $p < n$，你使用 $K = p$ 来运行 PLS，那么拟合出的 $\hat{y}_{Ki}$ 就会与在 x 上对 y 运行 OLS 的结果相同。每个 x_{ij} 上的 PLS 系数（$\sum_k \beta_k \varphi_{kj}$）也会与 OLS 系数相匹配。所以，PLS 提供了一种 MapReduce 和 OLS 之间的模型路径。

只要使用提示方法，就可能过拟合。你应该使用样本外实验来选定提升方法何时停止，即为 PLS(K) 预测模型选择一个 K。与 PCR 不同，这里的 y 值是用来构建因子 v_k 的，因此，可以简单地把所有数据都放入 gamlr 中，来得到一个有效的样本外实验。此外，无法轻易知道每次 PLS(K) 拟合的自由度，所以不能使用像 AICc 这样的工具。你需要进行一次样本外实验，先在一个数据子集上运行 PLS，然后在保留样本上评价预测效果。

R 的 textir 包中有一个 pls 函数，再加上常用的 summary、plot 等工具，就可以运行 PLS。我们使用这些工具在汽油数据上为 $K \leqslant 3$ 拟合 PLS：

```
gaspls <- pls(X=nir, y=octane, K=3)
plot(gaspls)
```

---

[1] Jerome H. Friedman. Greedy function approximation: a gradient boosting machine. Annals of Statistics, 2001.

图 7-18 对比了拟合结果与真实值,每幅图中都标出了相关系数。可以看出,仅仅 3 次提升迭代之后,y_i 和 $\hat{y}_{3i}$ 之间的相关系数就达到了 0.99。

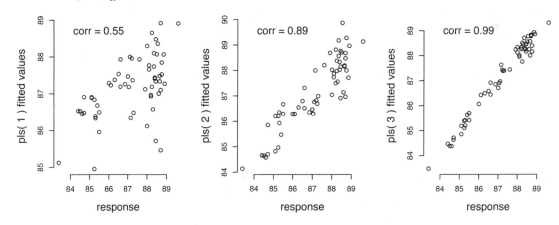

图 7-18 $K \leqslant 3$ 的辛烷值 PLS 回归的拟合值与真实值的对比。请注意,PLS(1)就是边际
回归,所以左侧图就是图 7-17 的另一种形式

我们还可以运行一次 6 折交叉验证,对 $K = 1, \cdots, 10$ 重复拟合 PLS(K),并在保留的那折数据上进行评价。图 7-19 展示了结果并与在原始 NIR 值上的对辛烷值的 lasso 回归进行了比较。从 $K = 1$ 到 $K = 3$,PLS 的效果不断改善,当 $K > 3$ 时,改善就停止了。与 $K = 3$ 的 PLS 相比,lasso 也可以得到同样的 MSE。尽管如此,我们还是更喜欢使用 3 个 PLS 因子,并根据它们做出相应解释,而不是使用一个表示不同波长上直接效果的稀疏矩阵。与原始的 lasso 回归相比,这种可解释性通常是 PLS 回归的主要优点。

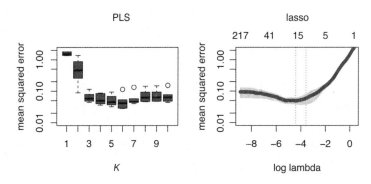

图 7-19 不同 K 值的 PLS 样本外预测结果(左),以及不同 λ 值的 lasso 样本外
预测结果(右)

## 第 8 章

文本作为数据

现代商业环境产生了海量非结构化原始文本。随着存储成本的下降，越来越多的对话和记录转移到了数字平台，因此积累了大量信息交流语料，包括客户对话、产品描述或评价、新闻、评论、博客和推文。对于商业决策者，利用这些文本信息可以深入研究客户关系并理解市场。对于包含在传统事务或客户数据库中的结构化变量来说，文本中的信息是一种非常有益的补充。

社会科学家也发现了这种数据中蕴含的潜力。近年来，使用文本数据进行的研究呈现出爆发式增长，Matthew Gentzkow 等人对这些研究进行了概述[1]。在金融领域，来自财经新闻、社交媒体和公司档案中的文本已被用于预测资产价格变动和研究新信息的因果关系效果。在宏观经济学中，人们使用文本信息来预测通货膨胀和失业潮中的变动，并估计政策不确定性的效果。在媒体经济学中，新闻和社交媒体中的文本被用来研究政治倾向的驱动因素和效果。在营销领域，广告和产品评价中的文本被用来研究消费者的决策过程。在政治经济学中，来自政客演讲的文本数据被用来研究政治议程和政治辩论中的发展变化。

要分析文本，需要先将其转换为能输入到数值回归和分解算法中的数据，这几乎总是通过将原始文本映射为单词计数或句子计数来完成的。本章先大致介绍**分词**过程，分词的结果是一些（特别）高维的 x 矩阵。通过前文介绍过的方法（如 lasso 回归），我们可以将这些文本矩阵集成到自己的分析中。实际上，使用文本数据是熟悉现代统计学习技术的一种非常好的方法。文本数据虽然混乱，但也是可解释的（单词是有意义的）；而它的维度非常高，对传统的统计学家来说是拦路虎。随着文本数据积累得越来越多，单词表容量（模型维度）也会增加。原来的统计学家有比变量多得多的观测，但现在再也不能那么安逸了。

本章还会介绍几种专用的文本分析技术，包括主题模型和多元逆回归。但重点还是介绍几种标准的数据科学工具，来从混乱的非结构化文本中提取信息，并将文本作为数据应用于商业决策中。

---

① Matthew Gentzkow, Bryan Kelly, Matt Taddy. Text-as-data, 2017.

8.1　分词

原始文本（人们阅读的文字）是一种意义极其丰富的对象。它不只是单词的堆积。意义是通过相互关联的有序单词**序列**表达出来的，这些单词通常被划分为句子和段落。但是，绝大多数文本分析会忽略这种复杂性，仅仅依赖语言**符号**的**数量**，这些语言符号包括单词、短语和其他基本元素。所幸这些简单的计数中包含了大量信息。过去 30 多年的经验教训表明，对于使用文本的预测和分类，除了简单的单词计数，很难有效地应用任何其他统计工具。随着深度学习技术（见第 10 章）的成熟和推广，这种情况迅速改观。但对于数据科学家和商业分析师来说，在可预见的将来，大量将文本作为数据的应用仍会使用单词和短语计数——基于符号的学习非常快速和有效，以至于不可或缺，当有海量文档需要训练时更是如此。

看下面这段出自莎士比亚的文字：

> All the world's a stage,
>
> and all the men and women merely players;
>
> they have their exits and their entrances,
>
> and one man in his time plays many parts…

这段文字简洁有力又充满诗意，但在数据科学家眼里却平平无奇。举例来说，我们可以计算出一些关键词的数量，把这段文字表示为一个数值向量 x：

```
world stage men women play exit entrance time
  1     1    2    1    2    1      1      1
```

这就是文本的**词袋**表示法。确切地说，词袋表示法认为文档是由一些单词构成的，这些单词是通过有放回方式从一个固定的词汇表集合中随机抽取出来的。通过将文档简化为一种单词计数，我们可以丢弃所有与文档构建中更复杂过程相关的信息。这种方法的优势在于它的简单性：可以通过建立一个单词概率模型将语言和外部变量（如作者或情感）之间的关系描述出来。

有多种算法可以将原始文本转换为简单的符号计数向量 x。基本方法是先除去以下文本内容：

- ❏ 过于常见或罕见的单词；
- ❏ 单独的标点符号（如逗号，但不包括:-P）和数字；
- ❏ 常见的后缀，如 s 或 ing。

然后对其余符号（单词或其他由空白字符隔开的元素）进行计数。在计数之前执行这些修剪操作旨在提高计算和统计效率：你只想保存并使用那些对当前任务非常重要的符号进行建模。

在上面这几个步骤中，切勿做得过头。因为在文本模型中要使用正则化和选择技术，所以不用过于担心使用了太多符号。对某种目的无用的单词可能对其他目的非常重要，例如，像 if 和 but 这样过于常见的单词被称为**停用词**（stop word）。文档中出现 the 的频率很可能对确定作者的情感没什么用，所以在很多应用中可以将其丢弃；但在其他应用中，这些常见单词可以体现出作者独特的写作风格。Frederick Mosteller 和 David Wallace 使用了常见词计数对《联邦党人文集》中有争议的文章作者进行了区分[①]。同样，在分析新闻文章或科技文献时，丢弃标点符号也基本没有问题；但在在线语料库中，标点符号可以提供重要的意义和情感信号，比如 Twitter 中的:-)。

去除罕见词可能会有问题，但不得不为之——这些词可能意义非常丰富（它们很罕见，所以不是普通的词），但它们的出现次数太少了，以至于不能指望从它们的含义中学到太多东西。如果积累了更多数据，就可以保留更罕见的词。去除罕见词也是一种降低计算成本的有效方法。我们通常会去除至少在 N 篇文档中没有出现的所有单词，其中 N 是某个由直觉确定的最小阈值。如果你略微调整了该阈值，需要确认结果不会改变。

词干提取（stemming）是将单词修剪到其词根的过程，例如 taxing、taxes、taxation 和 texable 的词干都是 tax。去除简单后缀，比如 s 和 ing，就是一种基本的词干提取。现在还有很多更复杂的方法，比如针对英语的 Porter 词干提取器。但是，这些工具经常过于激进，它们会把有不同含义的多个词削减到一个共享的词根。和我们对删除罕见词和常用符号的建议一样，最好不要删除太多单词，可以让统计学习工具通过词汇表中的其他元素进行排序。

除了上面列出的几个，还有其他很多分词步骤，更多相关介绍，参见 Matthew Gentzkow 等人的论文 "Text-as-data" 或者 Daniel Jurafsky 和 James H. Martin 的 *Speech and Language Processing* 第 2 版。一种常用策略是对 n 元词（n-gram）或 n 个单词的组合进行计数，而不是对单个词（前面一直对这种词进行计数）。例如，莎士比亚那段文字中的二元词就包括 `world.stage`、`stage.men`、`men.women` 和 `women.play`。自然语言方面的知识告诉我们，这种二元词可能非常有用——`very.good` 和 `very.bad` 完全不同。但是，从一元词转换到二元词，词汇表的维度会大幅增加。在实际工作中，它的好处很少能值回计算方面的开销。

我经常使用 Python 来解析文档。图 8-1 给出了一个简单的文本清理程序。用 Python（尤其是 Python 3）处理非 ASCII 字符集（如外文或表情符号）非常简单。Python 有一个庞大的生态系统，其中有很多基于 Python 的工具可以方便地进行分词和文本分析（如 gensim）。如果你需要处理大量原始文本，应该将 Python 程序添加到自己的工具库中。

8

---

① Frederick Mosteller, David Wallace. Inference in an authorship problem. Journal of the American Statistical Association, 1963.

```
import re

contractions = re.compile(r"'|-|\"")
# 所有非字母和数字的字符
symbols = re.compile(r'(\W+)', re.U)
# 删除单个字符
singles = re.compile(r'(\s\S\s)', re.I|re.U)
# 分隔符 (所有空白字符)
seps = re.compile(r'\s+')

# 清洁函数 (顺序很重要)
def clean(text):
    text = text.lower()
    text = contractions.sub('', text)
    text = symbols.sub(r' \1 ', text)
    text = singles.sub(' ', text)
    text = seps.sub(' ', text)
    return text
```

图 8-1　一个用 Python 编写的基本分词函数。每条 re.compile 语句都会创建一个文本
　　　　对象，并在 clean(text) 函数中对其进行搜索和删除。该函数返回一个由空白
　　　　字符分隔的标准化符号流

R 也可以进行分词。尽管不太擅长处理外文字符和 Unicode，tm 库还是包装了很多对于文本分析和解析非常有用的函数。tm 中的文件输入是通过读函数实现的：你可以使用 tm 工具定义一个函数，扫描文档并将其内容读入 R 中。例如，我们可以为 pdf 文件创建一个读函数，并将它应用于我的大数据课程讲义上。

```
# 定义读函数
> readerPDF <- function(fname){
+       txt <- readPDF(
+         control = list(text = "-layout -enc UTF-8")) (
+                   elem=lis$id=fname, language'en')
+       return(txt)
+    }
>
> files <- Sys.glob("/Users/taddy/project/BigData/slides/*.pdf")
> notes <- lapply(files, readerPDF)
> names (notes) <- sub ('.pdf', '', substring (files, first=37))
> names (notes) # 11 个文档
 [1] "01Data"           "02Regression" "03Models"       "04Treatments"
 [5] "05Classification" "06Networks"   "07Clustering"   "08Factors"
 [9] "09Trees"          "text"         "timespace"
> writeLines(content(notes[[1]]) [1]) # 讲义封面
      [1] Big Data: Inference at Scale
```

这里的 notes 对象是一个列表，其中有 11 个元素，每个元素都包含课程讲义中的多行原始文本，打印出的第一行是第一个讲座的题目。为了简化工作，避免在 R 中处理非 ASCII 字符，我们将其转换为 ASCII 字符：

```
> for(i in 1:11)
>   content(notes[[i]]) <-
+     iconv(content(notes[[i]]), from ="UTF-8", to="ASCII", sub=" ")
```

最后，我们使用 tm 包中的 Corpus 函数将普通列表转换为 Corpus 对象，名为 docs：

```
> docs <- Corpus(VectorSource(notes))
```

这样就将文档放入了 tm 生态系统里了。

然后，就可以使用 tm_map 函数进行多种文本清理操作。

```
> ## tm_map 只是将某个函数映射到语料库中的所有文档上
> docs <- tm_map(docs, content_transformer(tolower)) ## 转换为小写
> docs <- tm_map(docs, content_transformer(removeNumbers)) ## 删除数字
> docs <- tm_map(docs, content_transformer(removePunctuation)) ## 删除标点符号
> docs <- tm_map(docs, content_transformer(removeWords), stopwords("SMART")) # 停用词
> docs <- tm_map(docs, content_transformer(stripWhitespace)) ## 清理空白字符
```

这是图 8-1 中清理和修剪文本 Python 程序的一个加强版本。举例来说，SMART 停用词列表中包含了许多我一般不会丢弃的词：

```
> head(stopwords("SMART"))
[1] "a"      "s"     "able"   "about"  "above"  "according"
```

既然只有 11 个文档，我们就可以大刀阔斧地删除词语，以保持较低的维度。

文本清理完毕之后，我们就可以将单词转换为单词计数，创建一个文档–词矩阵（document-term-matrix，DTM）X，其中每行表示一个文档，每列表示一个单词，元素 x_{ij} 就是单词 j 在文档 i 中的计数。

```
> dtm <- DocumentTermMatrix(docs)
> dtm
<<DocumentTermMatrix (documents: 11, terms: 4009)>>
Non-/sparse entries: 7062/37037
Sparsity           : 84%
Maximal term length: 39
Weighting          : term frequency (tf)
```

该矩阵包含了 4000 多个单词（列）。再进行最后一次修剪，删除那些在超过 75% 的文档中计数为 0 的单词。这样，就只剩下大约 700 个单词了。

```
> dtm <- removeSparseTerms(dtm, 0.75)
> dtm
<<DocumentTermMatrix (documents: 11, terms: 680)>>
Non-/sparse entries: 3127/4353
Sparsity           : 58%
Maximal term length: 39
Weighting          : term frequency (tf)
```

好了，现在得到一个**数值型**矩阵 X，可以像对任何其他高维数据一样处理它。例如，可以找出这门数据科学课程中最常见（总共出现了 100 多次）的 3 个单词：

```
> findFreqTerms(dtm,100)
[1] "data"          "model"          "regression"
```

或者找出那些计数与单词"lasso"的计数高度相关的单词：

```
> findAssocs(dtm, "Lasso", .9)
$Lasso
   players     stable      beta      experiments
      0.93       0.92      0.91             0.91
```

稍后会讲到，还可以使用 X 作为一些机器学习技术（如 lasso 和 PCA）的输入。

8.2 文本回归

将文本表示为数值形式之后，本书介绍过的工具就能用作强大的文本分析框架。实际上，前面出现过某种文本回归：介绍逻辑回归时使用了垃圾邮件过滤的例子，它使用电子邮件的内容作为输入。这是一个文本分类的练习，我们使用了归一化的文本计数 $f_i = x_i / \sum_j x_{ij}$ 通过逻辑回归来预测一封邮件是否为**垃圾邮件**：

$$\text{logit}[p(\text{spam})] = \alpha + f'\beta$$

8.3 主题模型

文本数据的维度超高，且经常有大量**未标记**文本，而无监督因子建模是一种常用且有效的文本数据处理策略。你可以对一个巨型语料库拟合一个因子模型，然后在一个标记文档子集上使用这些因子进行监督学习。无监督降维可以使监督学习更加便捷。

为了研究文本数据的分解，下面以饭店数据为例。我们有 6166 条评论，每条评论的平均长度是 90 个单词，来自已经倒闭的旅游网站 we8there。这些评论的一个有用特征是它既包括文本，也包括对整体体验的多维度评分，这些维度包括**氛围**、**食物**、**服务**和**价值**。每个维度都用 5 分制进行评分，1 表示很糟糕，5 表示非常好。例如某位用户对路易斯安纳州博西尔城的 Waffle House #1258 给出了热情洋溢的评价：

> I normally would not revue a Waffle House but this one deserves it. The workers, Amanda, Amy, Cherry, James, and J.D. were the most plesant crew I have seen. While it was only lunch, B.L.T. and chili, it was great. The best thing was the 50's rock and roll music, not to loud not to soft. This is a rare exception to what you all think a Waffle House is. Keep up the good work.
>
> Overall: 5, Atmosphere: 5, Food: 5, Service: 5, Value: 5.

另一位用户评价了得克萨斯州拿骚湾的 Sartin 海鲜馆，基本上全是差评（但这个饭店肯定很便宜）：

Had a very rude waitress and the manager wasn't nice either.

Overall: 1, Atmosphere: 1, Food: 1, Service: 1, Value: 5.

根据直觉，这些评论应该建立在一些基本主题之上，例如食物类型、饭店品质或地理位置。我们希望通过数据分解找出这些主题。

经过数据清理和 Porter 词干提取之后，我们进行了和 congress109 一样的文本分词过程，得到了一个有 2640 个二元词的词汇表。例如 DTM 中的第一条评论就有对二元词的非零计数，表明有人享受了一顿美味大餐：

```
> x <- we8thereCounts
> x[1,x[1,]!=0]
even though  larg portion  mouth water  red sauc  babi back
          1            1            1          1          1
   back rib  chocol mouss  veri satisfi
          1            1            1
```

我们可以使用 PCA 得到对评论文本的因子表示。在前几个因子中找出了最大旋转之后，我们发现 PC1 对正面评价具有较大的正值，而 PC4 对意大利风味（pizza）具有较大的负值。

```
> pca <- prcomp(x, scale=TRUE)
> tail(sort(pca$rotation[,1]))
    food great       staff veri     excel food high recommend
    0.007386860      0.007593374      0.007629771     0.007821171
    great food       food excel
    0.008503594      0.008736181
> head(sort(pca$rotation[,4]))
pizza like  thin crust  thin crispi  deep dish  crust pizza
-0.1794166  -0.1705301   -0.1551877  -0.1531820   -0.1311161
```

对于自顶向下的解释，图 8-2 给出了全部评价的 PC1 得分。因为 PC1 的负得分具有长尾，所以很难看出 PC1 和质量之间的关系；而在自底向上的解释中，最大旋转与质量之间则有明确的关系。PCA 一直就是这样，对因子的解释颇为困难，经常令人摸不着头脑。

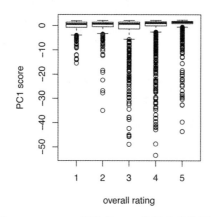

图 8-2　we8there 评论的 PC1 分数和总体评价

> **算法 22** 对大型稀疏数据的 PCA

补充一下，请注意 prcomp 将 x 从稀疏矩阵转换为了密集矩阵。特别大的文本 DTM 是非常稀疏的，这样做容易耗尽内存。PCA 的大数据策略是先计算出 x 的协方差矩阵，然后使用该协方差矩阵的**特征值**（eigenvalue）作为 PC 旋转。第一步可以通过稀疏矩阵代数来实现。

```
> xm <- colMeans(x)
> xx <- crossprod(x) # X´X
> xvar <- xx/nrow(x) - tcrossprod(xm) # 协方差矩阵
```

然后，可以通过 eigen(xvar, symmetric=TRUE)$vec 得到旋转。还有一些近似 PCA 算法可以在大数据上进行快速分解，例如 R 包 irlba。

使用 PCA 分解文本的方法在 21 世纪以前非常流行，这种算法的各种版本统称为**潜语义分析**（latent semantic analysis）。但是，随着 David M. Blei 等人引入主题模型（又称隐含狄利克雷分布[①]，LDA），这种情况发生了改变。2003 年，这些论文作者指出，PCA 使用的平方误差损失（高斯模型）不适合对稀疏的单词计数数据进行分析；相反，他们建议使用词袋表示法并使用**多元**分布实现对符号计数的建模。也就是说，他们认为主题模型是一个多元因子模型。

主题模型建立在一个简单的文档生成过程之上。

□ 对每个单词，选择一个"主题" k。该主题是通过单词上的一个概率向量**定义**的，记为 θ_k，θ_{kj} 为单词 j 的概率。

□ 然后按照 θ_k 中的概率来提取单词。

在对文档中的单词多次重复以上操作后，就得到了主题 1 的比例 ω_{i1}、主题 2 的比例 ω_{i2}，等等。

这种基本生成过程意味着完整的单词计数向量 x_i 具有一个**多元因子分布**：

$$x_i \sim \mathrm{MN}\left(\omega_{i1}\theta_1 + \cdots + \omega_{iK}\theta_K, m_i\right) \tag{8.1}$$

其中 $m_i = \sum_j x_{ij}$ 是文档总长度，单词 j 在文档 i 中的概率就是 $\sum_k \omega_{ik}\theta_{kj}$。

回想一下 PCA 因子模型：

$$\mathbb{E}[x_i] = v_{i1}\varphi_1 + \cdots + v_{iK}\varphi_K \tag{8.2}$$

根据公式 8.1，类似的主题模型表示为：

$$\mathbb{E}\left[\frac{x_i}{m_i}\right] = \omega_{i1}\theta_1 + \cdots + \omega_{iK}\theta_K \tag{8.3}$$

[①] David M. Blei, Andrew Y. Ng, Michael I. Jordan. Latent Dirichlet allocation. Journal of Maching Learning Research, 2003.

这样，主题分数 ω_{ik} 就类似于 PC 分数 v_{ik}，**主题概率** θ_k 就类似于旋转 φ_k。区别在于 PCA 最小化的是误差平方和，公式 8.1 中的多元分布意味着一个与之不同的损失函数——多元偏差。另外，ω_i 和 θ_k 是**概率**，所以这些向量的和被强制为 1。请注意，这里使用了文档长度，所以这些主题是由相对的词语使用次数驱动的，而不是绝对次数。

在文本分析中，主题模型逐渐取代了 PCA，原因是它们往往能得到更容易解释的分解结果。可解释性仍然是主观的和混乱的，但越来越多的解释性分析已经可以对拟合后的主题模型做出非常合理的解释。对于初始的主题框架，已经有了很多扩展（如"动态"主题模型[①]，它允许主题随着时间缓慢变化），但经典的主题模型仍然是文本无监督降维的主要工具。

主题模型估计是一项困难而且计算密集型的任务，它涉及的优化问题比 PCA 中已经解决的问题困难得多。不过，很多人在努力解决这个问题，现在也有大量高效的算法。对于 Python 用户，gensim 库实现了快速并且内存使用高效的 SGD（stochastic gradient descent，随机梯度下降）方法[②]，它在估计过程中对数据使用流处理的方式，而不是将数据整体载入内存中。对于 R 语言用户，maptpx 包实现了一种算法[③]，对于数据没有大到内存无法容纳的情况，它高效且稳定。

要使用 maptpx，需要先将稀疏矩阵从 Matrix 包转换到 slam 包的格式。好在 slam 包中有一个函数可以方便地完成该操作。有了正确格式的 DTM 之后，只需将它连同一个特定的 K 值（主题数量）一起传递给 maptpx 包中的 `topics` 函数：

```
x <- as.simple_triplet_matrix(we8thereCounts)
tpc <- topics(x,K=10)
```

这里拟合了一个 10 主题模型。你也可以传给 `topics` 一个 K 值范围，让它自己选择最好的数值。它使用的是 BF（Bayes factor，贝叶斯因子）原则，BF 与 BIC 的联系非常紧密。BF 与**后验模型概率**（posterior model probability）成正比，这个概率可以近似为 exp[–BIC]，所以只要想最小化 BIC，就需要最大化 BF。

```
> tpcs <- topics(x,K=5*(1:5))
Estimating on a 6166 document collection.
Fit and Bayes Factor Estimation for K = 5 ... 25
log BF( 5 ) = 86639.7
log BF( 10 ) = 99317.15
log BF( 15 ) = 13398.18
log BF( 20 ) = -55807.93
> dim(tpcs$omega)
[1] 6166  10
```

---

① David M. Blei, John D. Lafferty. Dynamic topic models, 2006.

② Matthew D. Hoffman, David M. Blei, Chong Wang, et al. Stochastic variational inference. The Journal of Machine Learning Research, 2013.

③ Matt Taddy. On estimation and selection for topic models, 2012.

给定 K 为 5、10、15、20 和 25，topics 选定[①]了 $K = 10$ 来最大化 BF。我通常建议不要过于信任这种对无监督模型的选择，不过，因为主题模型的拟合成本太高昂了，所以有一种高效搜索策略是非常方便的。根据我的经验，maptpx 中 BF 最大化找到的 K 在各种后续任务中表现良好，但它有时找出的 K 值比我们为了讲故事而需要的小。和 lasso PCR 类似，如果你想使用主题作为 lasso 回归的输入，那么可以使用一个较大的 K，让 lasso 去选择它需要的值。

对主题的解释也和 PCA 一样，你可以自底向上和自顶向下地建立一个描述。对于自底向上，你需要找到每个主题的"顶部"词语。如果要这样做，在寻找"顶部"时需要注意如何对单词排序。如果按照主题概率 θ_{kj} 对单词排序，那么得到的顶部词语在主题 k 中是最常见的，但它们很可能在其他主题中也是常见的（尤其在仅删除了很少的停用词时）。与之不同的是，maptpx 中的 summary 函数按照**提升度**（lift）对单词进行排序，提升度就是单词 j 在主题 k 中的概率除以它的总概率：

$$\text{lift}_{jk} = \theta_{jk} / \bar{q}_j$$

其中 $\bar{q}_j$ 是 x_{ij}/m_i 的样本均值，即一个文档分配给单词 j 的平均比例。如果一个单词在主题 k 中出现得比一般情况频繁得多，那它的提升度就会很高。

```
> summary(tpcs)
Top 5 phrases by topic-over-null term lift (and usage %):
[1]'food veri','staff veri','food excel','veri good','excel servic' (13.2)
[2]'over minut','flag down','wait over','least minut','sever minut' (12.2)
[3]'alway great','wait go','never bad','great servic','alway excel' (11.4)
[4]'enough share','highlight menu','select includ','until pm','open daili' (10.5)
[5]'mexican food','italian food','authent mexican','list extens','food wonder' (10.4)
[6]'veri pleasant','indian food','thai food','again again','thai restaur' (9.3)
[7]'francisco bay','best kept','kept secret','best steak','just right' (9)
[8]'chicago style','great pizza','best bbq','carri out','style food' (8.4)
[9]'chees steak','food place','drive thru','york style','just anoth' (8.2)
[10]'over drink','wasn whole','got littl','took seat','came chip' (7.4)
```

主题 1 包含的是积极的反馈，因此与 PC1 有相同的解释。但其他主题似乎与通过 PCA 得到的因子不同，也更容易解释。例如，主题 2 是关于等待的，主题 3 包含的是回头客的正面评价。我怀疑主题 7 到主题 9 都与地区相关，可能分别是西部、中西部和东北部。

作为一个自顶向下视角的例子，我们可以比较主题分数 ω_{ki} 和评分。图 8-3 给出了前两个主题的总体分数和文档分数。与图 8-4 相比，主题 1 和总体分数之间的正向关系比在 PC1 中更清晰。主题 2 中的**负向**关系甚至更明显：多数 4 星和 5 星评价的 $\omega_{2i} < 0.1$，而这个主题最常见的分数在 0.2~0.9，对应 1 星和 2 星评价。

---

① 该软件没有拟合 $K = 25$，因为 BF 从 10 到 15 是下降的，从 15 到 20 也是下降的。

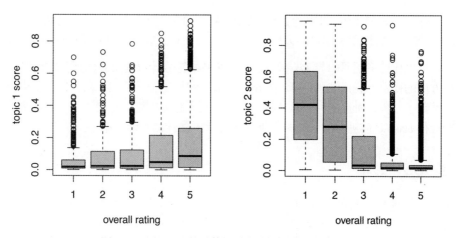

图 8-3　we8there 的总体评分与主题分数 ω_{1i} 和 ω_{2i}

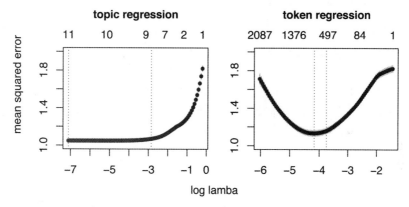

图 8-4　作为比较的主题回归和在原始符号计数 x_{ij} 上的 lasso 回归

这些关系表明了一种根据文本内容预测评分的主题回归策略。主题回归的工作模式与算法 19 中的 PCR 相同：首先拟合主题，然后将其作为带有 AICc 或交叉验证选择的 lasso 的输入。

```
> stars <- we8thereRatings[,"Overall"]
> tpcreg <- gamlr(tpcs$omega, stars, lmr=1e-3)
```

AICc 在 10 个主题中选择了 9 个有载荷的模型[①]。我们可以将系数乘以 0.1，看看总体星级评分的预期值会有何变化：

```
> round(coef(tpcreg) [-1,]*.1, 1)
  1    2    3    4    5    6    7    8    9   10
0.1 -0.4  0.0  0.0  0.0  0.1  0.1  0.0 -0.1 -0.1
```

---

① 在这个例子中，我们需要将比例 λ_T/λ_1 从默认值 0.01 减小到 0.001（通过 lmr=1e-3），以得到一组包含足够小的惩罚的模型。如果你运行过 gamlr，并发现 AICc 在候选集合的边缘上选择了一个模型（最小的惩罚 λ_T），就会知道需要这么做。你需要模型选择过程选定候选集合内部的一个模型。

所以，如果一条评论中出自主题 2（等待的主题）的内容再多 10%，那它的总体评分就会下降0.4 颗星。正如曾在餐馆中工作过的人所言，让一位（美国）客人不高兴的最快方法就让他等待。

我们还可以比较主题回归与 lasso，lasso 是在原始符号计数上对总体评分的回归。图 8-4 给出了每种方法的样本外验证结果，可以看出，主题回归优于符号回归。在评论文本中，存在一种有用的低维因子结构，而且这种因子结构与响应变量（总体质量）直接相关。在这个例子中，我们通过在运行 lasso 之前进行的无监督数据降维提高了估计的整体效率。

8.4　多元逆回归

从文本回归到主题建模，我们已经介绍了使用文本预测某个 y 或为文本中潜在的、观测不到的因子建立模型的方法。社会科学中另一种常见任务是搞清楚文本与一组协变量有何关系。例如把 we8there 评论与 5 种评分同时联系起来，以便确定哪些内容可以用于预测在餐厅氛围方面的评分，而不是食物或服务方面。

对于这种任务，我们可以使用多元逆回归（multinomial inverse regression，MNIR[①]）通过一个多元分布将文本与可观测协变量联系起来。文本回归经常将某个文档属性拟合为单词计数的一个函数，但我们也会使用任意数量的文本属性来回归单词计数，这就是前面的逆过程，也就是多元逆回归中"逆"的来源。给定文档属性 v_i（作者特征、日期、信仰、情感，等等），MNIR 就可以遵循我们熟悉的广义线性模型框架。可以认为每个文档 x_i 都是通过一个多元分布生成的，该多元分布有一个在 v_i 的线性函数上的 logit 链接函数：

$$x_i \sim \mathrm{MN}(q_i, m_i) \quad q_{ij} = \frac{\exp\left[\alpha_j + v_i' \varphi_j\right]}{\sum_{l=1}^{p} \exp\left[\alpha_l + v_i' \varphi_l\right]} \tag{8.4}$$

这和第 4 章介绍过的多元逻辑回归相同，在这里，结果类别的数量是文本词汇表中符号的数量。可以把它看作主题建模的自然扩展：我们保留了符号计数的多元模型，但使用已知属性代替了未知主题。

再看看 we8there 数据，我们可以设定 v_i 为 5 种评分的向量：整体体验、氛围、价格、食物和服务。多元响应变量就是由每个文档 x_i 生成的单词计数向量，这意味着有 2640 个结果类别。对于多数逻辑回归算法来说，这个维度实在太高了（例如 glmnet 会挂起进程然后阻塞住）。好在正如第 4 章讨论过的，对于这种超多响应的多元回归，有一个特别设计的、高效的 distrom 包。它使用多元分布的泊松分布表示，将对每个词汇表元素的计算分布到多个处理器上。

```
> cl <- makeCluster(detectCores())
> ## 使用一个较小的 nlambda 运行一个快捷示例
> fits <- dmr(cl, we8thereRatings,
+             we8thereCounts, bins=5)
```

----

① Matt Taddy. Multinomial inverse regression for text analysis. Journal of the American Statistical Association, 2013.

另一种（巨大的）计算有效性来自 bins 参数的使用。因为多元向量的和依然遵循多元分布，所以当输入集合相同时，可以将观测折叠起来。也就是说，从计算的角度看，所有 4 星评价可以当作一个观测来处理。标记 bins=5 告诉 dmr，它可以对属性进行分组，分别放入 5 个箱子。即使属性的值比 bins 值多，为了估计速度，你仍然可以执行分箱和折叠操作，dmr 会自动选择 bins 的值。

图 8-5 给出了一些词语的 lasso 正则化路径。我们发现有些词语（chicken wing 和 ate here）与评分无关，而有些词语对某些评分有正的影响，对其他评分有负的影响。例如，terribl servic（提取自 terrible service）与除食物外的其他评分都是负相关，而与食物评分强正相关。

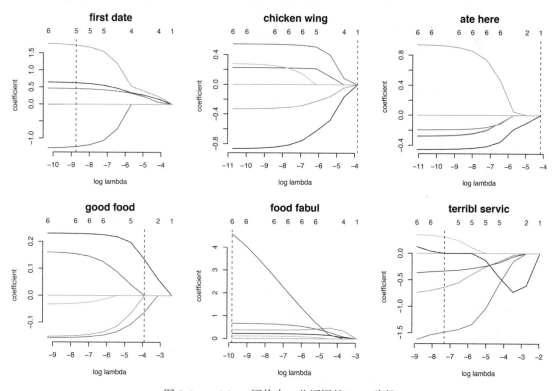

图 8-5　we8there 评价中一些词语的 lasso 路径

```
> B[-1, "terribl servic"]
     Food  Service    Value  Atmosphere   Overall
    0.312   -1.489   -0.639      -0.333     0.000
```

与任何多元回归一样，这里也存在**偏效应**（partial effect）——在控制了其他属性之后某个属性产生的影响。对于 terribl servic，如果对食物的评分与其他评分高度相关，那这个词就会出现得更频繁。也就是说，即使 terribl servic 与食物评分有负的边际相关（计数与评分的相关系数为–0.1），但如果在一个基本上是负面的评价中（如收费过高，上菜太慢），如果食物不是那么差的话，就会显得很突出，所以这个词在 MNIR 中对食物评分反而具有正向作用。

这就是 MNIR 的强大之处——你可以使用与标准回归分析相同的方式来控制混淆因素。它在多个可观测的影响之间分配语言，这与主题模型在多个不可观测的主题之间分配语言的方式类似。图 8-6 给出了对各种评分影响最大的词语，并按照每种评分 k 的 $|\varphi_{kj}|$ 的大小排序。有明确的词语顺序对应恰当的评分种类，与总体评分相关的是对体验的总结：如果体验不错，就 "plan to return"（会再来）；如果总体印象不佳，就 "speaking to the manager"（向经理投诉）。

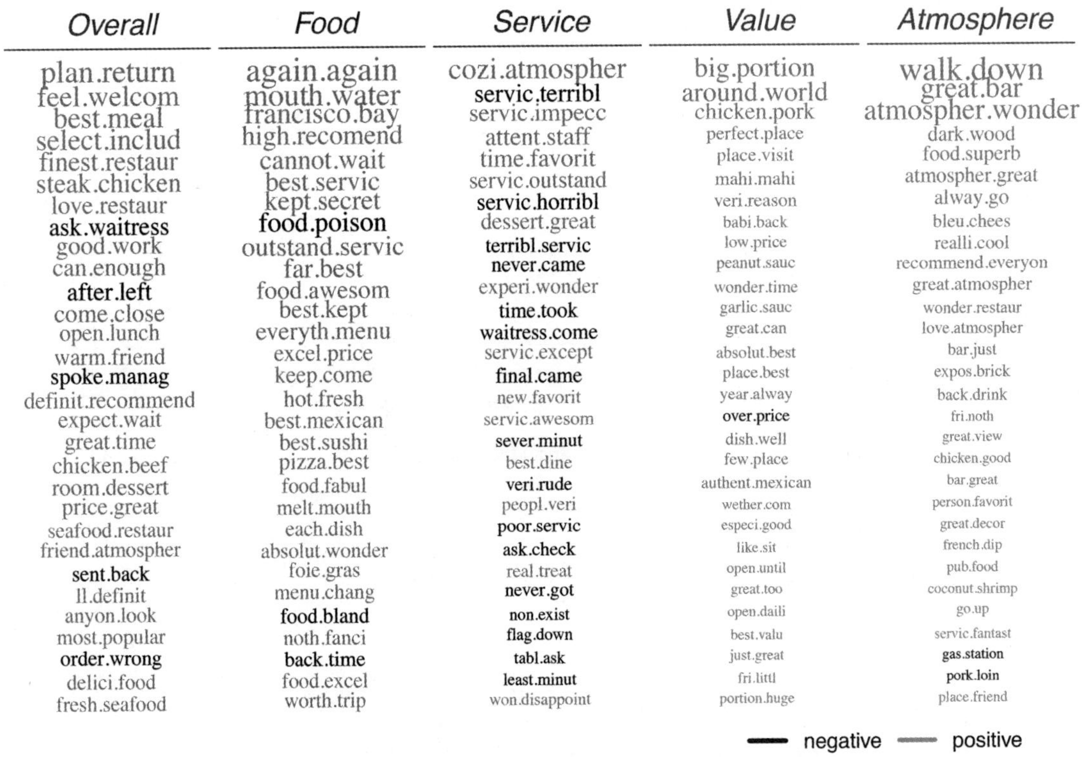

Overall	Food	Service	Value	Atmosphere
plan.return	again.again	cozi.atmospher	big.portion	walk.down
feel.welcom	mouth.water	servic.terribl	around.world	great.bar
best.meal	francisco.bay	servic.impecc	chicken.pork	atmospher.wonder
select.includ	high.recomend	attent.staff	perfect.place	dark.wood
finest.restaur	cannot.wait	time.favorit	place.visit	food.superb
steak.chicken	best.servic	servic.outstand	mahi.mahi	atmospher.great
love.restaur	kept.secret	servic.horribl	veri.reason	alway.go
ask.waitress	food.poison	dessert.great	babi.back	bleu.chees
good.work	outstand.servic	terribl.servic	low.price	realli.cool
can.enough	far.best	never.came	peanut.sauc	recommend.everyon
after.left	food.awesom	experi.wonder	wonder.time	great.atmospher
come.close	best.kept	time.took	garlic.sauc	wonder.restaur
open.lunch	everyth.menu	waitress.come	great.can	love.atmospher
warm.friend	excel.price	servic.except	absolut.best	bar.just
spoke.manag	keep.come	final.came	place.best	expos.brick
definit.recommend	hot.fresh	new.favorit	year.alway	back.drink
expect.wait	best.mexican	servic.awesom	over.price	fri.noth
great.time	best.sushi	sever.minut	dish.well	great.view
chicken.beef	pizza.best	best.dine	few.place	chicken.good
room.dessert	food.fabul	veri.rude	authent.mexican	bar.great
price.great	melt.mouth	peopl.veri	wether.com	person.favorit
seafood.restaur	each.dish	poor.servic	especi.good	great.decor
friend.atmospher	absolut.wonder	ask.check	like.sit	french.dip
sent.back	foie.gras	real.treat	open.until	pub.food
ll.definit	menu.chang	never.got	great.too	coconut.shrimp
anyon.look	food.bland	non.exist	open.daili	go.up
most.popular	noth.fanci	flag.down	best.valu	servic.fantast
order.wrong	back.time	tabl.ask	just.great	gas.station
delici.food	food.excel	least.minut	fri.littl	pork.loin
fresh.seafood	worth.trip	won.disappoint	portion.huge	place.friend

—— negative —— positive

图 8-6　we8there MNIR 中按照评分类型分类的较大绝对载荷

MNIR 和数据分解之前存在某种联系。回想一下，在拟合了 PC 因子模型之后，可以通过载荷 φ_k 对初始的 x_i 进行投影，得到 PC 分数。PLS 中也有同样的操作，从边际回归映射到每个 PLS 方向上。同样的方法也可以应用于 MNIR 上：如果想得到一个分数，表示文本 x_i 与文档属性 k 的相关程度，就可以使用 MNIR 投影 $z_{ik} = x_i'\varphi_k = \sum_j x_{ij}\varphi_{jk}$，这些分数就包含了 x_i 中与 v_{ik} 相关的所有信息。如果你知道了 z_{ik}，那么 x_i 也不会告诉你关于评分 k 的更多信息。图 8-7 比较了 $z_{overall}$ 与真实的总体评分，显然，$z_{overall}$ 中包含了关于 $v_{overall}$ 的丰富信息。

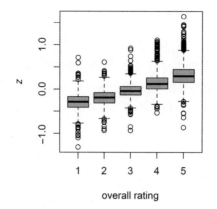

图 8-7　MNIR 投影 z_{overall} 与真实的总体评分

这些 MNIR 投影（也称**充分降维投影**，sufficient reduction projection，SR 投影）对于按照各种属性对文档排序非常有用。看一个例子[①]，它研究了 Yelp 对各种地点（餐馆、旅馆、地标）的评论。除了评价者给出的星级评分，评论中还包括了其他 Yelp 用户对该评论本身的投票。在 Yelp 网站上，用户可以给评论投票，投票有 3 类：funny、useful 和 cool。你可以在这些投票的计数上运行 MNIR，还可以加入其他一些你想控制的变量，比如评论主体（如餐馆、保龄球馆，或二者兼有）的类别和这些主体在 Yelp 上存在的时间。

研究结果说明了基于偏相关的 MNIR 投影的有用性。单纯根据投票对评论排序并不能提供太多信息，因为得到很多投票的评论往往是很久以前的评论，或者是关于热门主体的。例如，在样本中，根据投票确定的最好笑的评论是对亚利桑那州柯立芝市卡萨格兰德国家纪念碑的一条非常无趣的评论；而根据投票，这是最有用和最酷的一条评论。

相反，具有最高 MNIR 投影 z_{funny} 的评论是一封给餐馆的公开信，故意写得很滑稽：

> Dear La Piazza al Forno: you need to talk. I don't quite know how to say this so I'm just going to come out with it. I've been seeing someone else. How long? About a year now. Am I in love? Yes. Was it you? It was. The day you decided to remove hoagies from the lunch menu, about a year ago, I'm sorry, but it really was you…and not me. Hey…wait…put down that pizza peel…try to stay calm…please? [Olive oil container whizzing past head] Please! Stop throwing it at me…or haven't you heard?

你还可以使用评论长度对 SR 投影进行归一化，例如在报告中使用 z_{ik}/m_i。在这个尺度上，最好笑的评论是 Holy Mother of God，最有用的评论是 Ask for Nick!。

总的说来，MNIR 适合通过文本上的大量相关影响因素进行排序，以及按照这些因子对文本进行分类，它是对文本回归和主题模型的一种很好的补充。在全面的文本分析应用中，这些工具

---

① Matt Taddy. Distributed multinomial regression. The Annals of Applied Statistics, 2015.

被恰当地组合起来。

补充一点,这里有个与所有文本挖掘新手有关的重要提醒:在引入文本数据时,别忘了已知的东西。如果你能访问推文信息源,就不要天真地使用这种数据去做预测,比如预测股票价格。相反,应该使用文本作为现有交易系统的一个补充——可以使用它预测残差。最好将文本信息作为大型系统的一部分,使用它来填补自己的知识空白,自动进行那些昂贵而又费时的分析。

8.5 协同过滤

前面讲过词袋表示是对语言的一种过度简化,但是这种简单框架便于我们使用多种强大的文本分析方法。词袋表示法的简单性可以让我们像处理一系列普通计数一样处理文本数据,这意味着本章介绍的文本分析工具也可以应用于任何以计数数据为中心的情形。

一种重要的情形是协同过滤:根据某人过去的选择来预测他在未来的选择。一个著名例子就是 Netflix 问题:已知你过去的观影选择,那么今晚应该向你推荐哪种电影呢?这个问题中的数据本质上和文本数据是一样的:每个用户有一个向量 x_i,其中用 0/1 信息表示他看过哪些电影。我们希望找到一种基本的电影**体裁**(genre),它可以囊括同一个人看过的电影。

> 我不知道 Netflix 使用的是哪种协同过滤模式,我猜测它依赖电影的相关信息(如评论、演员、内容等)和过去的交易数据。但从 Netflix 平台上给出的"体裁"(如"darkly comedic historical drama")来看,他们拟合了某种主题模型,并围绕这些主题建立了某种解释。

协同过滤的应用范围远超电影推荐,比如亚马逊网站上常见的"买了这本书的人也买了……"。探究这种问题的一种方法是运行大量的 lasso 逻辑回归,对每种商品(电影)使用其他所有商品回归一次。如果你有这样做所需的大量计算资源,也不能说这是个坏主意。另一种精确度稍差但计算上更可行的方法是 MBA(market basket analysis,购物篮分析),这是一种经典的数据挖掘策略,它可以在数据中高效地搜索出**关联规则**(association rule)。

关联规则描述的是这样一种情形:在购买了商品 B 的情况下,购买商品 A 的条件概率就会非常高,甚至比购买商品 A 的**非条件**概率还要高很多。例如你买了啤酒,就需要薯条来佐餐。如果你只是在买啤酒之后买薯条,就会有一条关联规则 beer→chips。但是,如果你总是买薯条,不管买没买啤酒,那么虽然你购买薯条的概率非常高,却没有关联规则,因为啤酒不会对购买薯条产生任何影响。

就是这样,MBA 有自己的逻辑,经常使门外汉感到迷惑,但它们可以非常容易地转换为基本概率。假设平时薯条的购买概率是 10%,但当消费者端起酒杯时,薯条的购买概率就达到了50%,那就有一条关联规则 beer→chips。

- ❑ 薯条的**支持度**是 10%,即 p(chips);
- ❑ 这条规则的**置信度**是 50%,即 p(chips|beer);

❑ 这条规则的**提升度**是 5：50%是 10%的 5 倍，即与 chips 和 beer 单独的情况相比，联合概率提高的倍数。

$$\frac{p(chips|beer)}{p(chips)} = \frac{p(chips,beer)}{p(beer)p(chips)}$$

具有高提升度的关联规则是最有用的，因为它会揭示一些未知的东西。

关于关联规则没有高深的理论，你只需扫描商品配对来找到高提升度和高置信度的规则即可。为了说明这个问题，我们从电影和啤酒转向音乐。数据来自一个在线广播网站，我们有其中 15 000 名用户最近的收听列表。

```
> head(lastfm)
user                     artist sex country
1 1      red hot chili peppers   f Germany
2 1  the black dahlia murder     f Germany
3 1               goldfrapp      f Germany
4 1          dropkick murphys    f Germany
5 1                le tigre      f Germany
```

要在 R 中找到一组关联规则，可以使用 arules 包中的 apriori 函数。arules 包有一整套生态系统，为全世界提供购物篮分析服务。要进行购物篮分析，需要使用 arules 将数据转换为一种特殊的 basket 格式。转换完成之后，就可以非常容易地使用这个包了。这里在 lastfm 数据集上拟合关联规则，并返回那些具有高提升度和高置信度的规则。

```
> library(arules)
> playlists <- split(x=lastfm$artist, f=lastfm$user)
> playlists <- lapply(playlists, unique)
> playtrans <- as(playlists, "transactions")
>
> # 返回支持度>0.01 且置信度>0.5 且长度 (artists 数量) <=3 的规则
> musicrules <- apriori(playtrans,
+      parameter=list(support=.01, confidence=.5, maxlen=3))
> inspect(subset(musicrules, subset=lift > 5))
    lhs                         rhs              support     confidence  lift
1   {t.i.}                   => {kanye west}     0.01040000  0.5672727   8.854413
2   {the pussycat dolls}     => {rihanna}        0.01040000  0.5777778   13.415893
4   {sonata arctica}         => {nightwish}      0.01346667  0.5101010   8.236292
5   {judas priest}           => {iron maiden}    0.01353333  0.5075000   8.562992
20  {led zeppelin, the doors} => {pink floyd}    0.01066667  0.5970149   5.689469
21  {pink floyd, the doors}  => {led zeppelin}   0.01066667  0.5387205   6.802027
```

我们发现，Judas Priest 的听众收听 Iron Maiden 的概率要比正常值高 9 倍，而 Led Zeppelin 和 The Doors 的共同听众收听 Pink Floyd 的概率比正常值高 6 倍。

利用关联规则可以得到一些非常有用的发现，但它们只限于商品配对或小集合之间的比较。用现代标准衡量的话，算法速度还是太慢了。因此，我们需要寻找更好的方法。主题模型是一种对协同过滤尤其有用的工具，有多元响应变量的模型也非常适合二元选择数据。一旦你拟合出了

8

主题分数，就可以推荐在用户喜欢的某个主题中出现概率高的新商品。例如一种标准、强大的机器学习工具（主题模型）可以立即应用于多数人还使用落后技术（购物篮管理规则）的商业领域。

使用 maptpx，我们发现这份数据又（凑巧）选择了 $K = 10$ 个主题，或者说体裁，每种主题/体裁的头部"词语"现在就是音乐家的名字。如果按照体裁提升度对音乐家排序，就会找到特定体裁中最受欢迎的音乐家，他们受该体裁音乐听众喜欢的概率要远高于普通听众。

```
> lastfm <- read.csv("lastfm.csv", colClasses=rep("factor",4))
> # 转换为 slam 包的稀疏矩阵格式
> x <- simple_triplet_matrix(i=as.numeric(lastfm$user),
    j=as.numeric(lastfm$artist), v=rep(1,nrow(lastfm)),
    nrow = nlevels(lastfm$user), ncol = nlevels (lastfm$artist),
        dimnames = list (levels(lastfm$user), levels(lastfm$artist)))
> summary( tpcs <- topics (x, K=5*(1:5)) )

Top 5 phrases by topic-over-null term lift (and usage %):
[1] 'equilibrium','hypocrisy','turisas','norther','bloodbath' (13.6)
[2] 'of montreal','animal collective','sufjan stevens','broken social scene','andrew bird' (12.5)
[3] 'jordin sparks','the pussycat dolls','leona lewis','rihanna','kelly clarkson' (11.1)
[4] 'aerosmith','dire straits','lynyrd skynyrd','led zeppelin','eric clapton' (10.2)
[5] 'charlie parker','captain beefheart & his magic band','billie holiday','chet baker' (9.5)
[6] 'the pigeon detectives','kaiser chiefs','dirty pretty things','the fratellis' (9.1)
[7] 'comeback kid','the bouncing souls','chiodos','a day to remember','underoath' (8.9)
[8] 'enya','garbage','pidzama porno','hey','skinny puppy' (8.8)
[9] 'nas','j dilla','common','talib kweli','notorious b.i.g.' (8.7)
[10]'ferry corsten','paul van dyk','above & beyond','armin van buuren','tiesto' (7.6)
```

体裁 1 是重金属音乐，体裁 2 是独立摇滚，体裁 3 是流行音乐，体裁 4 是经典摇滚，等等。对于在每个体裁中得分很高（ω_{ik} 较大）的听众来说，这些高提升度的音乐家应该是非常好的推荐。他们比较小众，可能不在听众的收听列表上，但根据他们的共同体裁兴趣，听众可能会喜欢这些音乐家的作品。

8.6　词嵌入技术

最后介绍一种激动人心的自然语言处理技术——**词嵌入**（word embedding），它来自深度学习领域的研究，最初的目的是对深度神经网络的输入进行降维。正如第 10 章将提到的，这种初始降维是现代机器学习系统取得成功的一个关键环节。但是，词嵌入技术本身也是非常有价值的：它在词语中强制实现了一种空间结构，使得语言研究者可以推理词语意义之间的距离，并考虑文档中词语组合背后的代数逻辑。

在初始的深度学习环境中，嵌入层使用一个向量值代替每个单词，比如，hotdog 就变成了一个三维嵌入空间中的位置[1, −5, 0.25]（说明一下，嵌入空间通常多于 100 个维度）。与标准的"独热码"或词袋表示相比，这两种方法会把 hotdog 表示为一个二进制向量，其长度与词汇表中的单词数量相同，即 p。该二进制向量有 $p-1$ 个 0，只在 hotdog 这个维度上有一个 1。词嵌入技术将语言表示从一个大型的二进制空间转换到了一个更小（也更丰富）的实数值空间。

词嵌入的基本思想与前面讨论过的因子建模有关。前面我们寻找方法将文档"嵌入"一个向量空间——将每个文档 i 表示为一个主题权重 ω_i 的向量，或者是 PCA 分数 v_i 的向量。这就给出了文档的一种降维表示，不是用 p 维的词袋表示，而是用 $K \ll p$ 维的因子（主题）来表示。词嵌入使用的是同样的降维方法，但它是对单词本身使用，不是对整个文档使用。

词嵌入算法数量众多，堪比深度神经网络的不同架构。最常用的词嵌入技术是建立在**词共现矩阵**（word co-occurrence matrix）之上的，它包含了流行的 Glove[1] 和 Word2Vec[2] 框架。在这类方法中，第一步是定义共现的含义。例如，在常见的 skip-gram 方法中，"窗口大小"为 b，如果两个单词出现在同一个句子中，而且距离在 b 个单词之内，那它们就是"共现"的。对于大小为 p 的词汇表，这会生成一个 $p \times p$ 的稀疏共现矩阵，其中每个元素 $[i, j]$ 是单词 i 和单词 j 共同出现的次数，我们称这个矩阵为 C。词嵌入算法就是要用两个低维矩阵的乘积来近似 C：

$$C \approx UV'   \tag{8.5}$$

其中 U 和 V 都是 $p \times K$ 维的密集实数值矩阵，K 是嵌入空间的维度，因此 $K \ll p$，而且 U 和 V 都是很高、很窄的矩阵。U 和 V 中的每一行——u_j 和 v_j——就是第 j 个单词的 K 维嵌入。这意味着公式 8.5 可以写作：

$$c_{ij} \approx u_i'v_j = \sum_{k=1}^{K} u_{ik}v_{jk}   \tag{8.6}$$

这样，这些嵌入就可以代表单词的**意义**（meaning），因为它们的内积——线性代数中对距离的一种标准测量方式——定义了它们的共现程度。

找出 U 和 V 的一种方法是通过 SVD（singular value decomposition，奇异值分解）对公式 8.5 求解。这是线性代数中的核心算法之一，还可以用来找出对称方阵的特征值和特征向量（因此也用于主成分计算中）。在实际工作中，多数软件嵌入解决方案使用专门设计的 SVD 替代方法来处理 C 中的大量稀疏性（在标准语料库的有限窗口内，多数单词不会共同出现）。

在多数算法中，特别是当共现对称时[3]，U 和 V 互为镜像。因此，标准做法是使用其中一个向量（如 u_j）作为单词 j 的单一嵌入**位置**。如前所述，这些位置最初被看作一种中间输出——对深度学习网络输入的一个处理步骤。但是，社会学家和语言学家发现单词位置空间中包含丰富的信息，这些信息是关于用来训练嵌入的文档中的语言的。例如，Word2vec 的作者强调了在嵌入空间中使用代数运算的可能性：如果用表示巴黎的向量减去表示法国的向量，再加上表示意大利的向量，就会得到一个与罗马的坐标向量相近的位置。从数据科学家的角度看，词嵌入技术可以让我们在预测任务中使用单词顺序和上下文。例如，论文"Document classification by inversion of distributed language representations"描述了一个建立在 Word2vec 嵌入之上的简单的贝叶斯分类器，

---

[1] Jeffrey Pennington, Richard Socher, Christopher Manning. Glove: Global vectors for word representation, 2014.

[2] Tomas Mikolov, Ilya Sutskever, Kai Chen, et al. Distributed representations of words and phrases and their compositionality, 2013.

[3] 共现矩阵不一定对称，例如可以定义每个单词前后长度不同的共现窗口。在这种情况下，在 U 和 V 中都会有唯一的定向嵌入信息。不过，常用的方法都是对称的。

并将该分类器与本章介绍的其他技术进行了比较。

能很好地展现词嵌入技术潜力的一个例子是 Tolga Bolukbasi 等人的论文[1]，他们利用 Google News 新文章语料库训练了一种标准的 Word2vec 嵌入算法，并研究了**性别**词语之间的差别（例如，用表示**男人**的向量减去表示**女人**的向量，或用表示**父亲**的向量减去表示**母亲**的向量），在嵌入空间中建立了一条从男性特质到女性特质的坐标轴。然后对大量应该是中性的词语计算出了在这条坐标轴上的位置。图 8-8 给出了在这条男性–女性坐标轴两端出现的职业名称。显然，嵌入空间（从单词在新文章中的用法）学会了将这些职业模式化地看成男性工作或女性工作。

	Extreme *she*	Extreme *he*
1.	homemaker	maestro
2.	nurse	skipper
3.	receptionist	protege
4.	librarian	philosopher
5.	socialite	captain
6.	hairdresser	architect
7.	nanny	financier
8.	bookkeeper	warrior
9.	stylist	broadcaster
10.	housekeeper	magician

图 8-8　来自 Tolga Bolukbasi 等人论文的一张图，展示了男性–女性坐标轴两端的职业名称，该坐标轴位于从 Google News 训练出的嵌入空间中

除了指出新闻报道中的性别偏见，论文作者们还强调了一个事实：在这份数据上进行训练的机器学习算法会接受这种偏差。AI 中的偏差会来自训练数据中的偏差，这是行业正在努力克服的一个重要问题。对于这种情况，论文作者们提出了一个聪明的解决方案：找出所有应该是中性的词语，然后从它们的嵌入向量中**减去**估计出的性别方向。使用同样的方法，从表示巴黎的向量中减去表示法国的向量，就会得到一个与“首都”相关的位置，这种代数运算可以将职业移动到一个没有性别偏见的位置。实际上，论文作者们进行了演示，在这种去除了偏差的向量上训练出了机器学习算法，这种算法在解决需要性别中立的问题时，效果大大改善。

对于词嵌入拟合，有多种软件解决方案。谷歌公开了用于 Word2vec 的 C-code，它已经被包装在多门语言中以供使用，包括 R。text2vec 包实现了 Glove 和其他嵌入算法，作者们提供了多个小程序来演示它们的使用。如果你使用 Python，也有很多选择，gensim 库中就有一些快速且内存利用高效的实现（它也提供了一些用于演示的笔记本文件）。本书不会详细研究代码。词嵌入现在已经是一种特别常用的程序，很容易找到适合你的计算环境和数据规模的实现。

## 第 9 章

非参数方法

　　前面使用的所有回归方法都是**参数化**（parametric）的。它们对输入变量影响响应变量的方式做了限制，比如通过一个线性模型强制实现二者的关系，这就是所谓的**参数化分析**（parametric analysis）。因为这些模型都具有参数，所以可以通过优化这些参数来对数据拟合一个模型。

　　非参数（nonparametric）回归算法对 x 和 y 之间关系的假设更少。在纯粹的非参数方法中，它通过观测更多数据学习 x 和 y 之间的真实关系，不论这种真实关系到底是什么。随着数据的不断累积，预测结果会与事实任意接近。除了观测之间的**独立性**[1]，这种**完全非参数**（fully nonparametric）方法对数据生成过程不做任何假设。本章将介绍回归树（和分类树）与回归森林，它们都是完全非参数回归方法，并已经在商业数据科学中成功应用。

　　如前所述，非参数方法的灵活性会导致过拟合，除非搭配某种正则化方法。然而惩罚偏差和交叉验证选择对于非参数回归的正则化无效——拟合出的对象是**不稳定**的，微小的数据抖动会导致预测效果出现较大差异。好在可以将一种名为**装袋**[2]的方法应用于树和 RF（random forest，随机森林），同时实现稳定性和正则化。这种策略有时也被称为**模型平均**（model averaging），在实用非参数分析中，这是一种必需的要素。

　　装袋法的效果非常好，但作用也仅限于此。当维度特别高时，非参数方法的超级灵活性会使得它很难学到什么有用的东西。除非数据比维度多得多，不然使用完全非参数回归一定要慎重（仅当 $p \ll n$ 时，才能使用非参数方法）。一条非常好的经验法则是需要 $p < n/4$。在更高维度的问题中，我们更常使用**半参数**（semiparametric）方法，将非参数灵活性与参数化限制结合起来，以实现稳定性和数据降维。章末会简要介绍 GP，这是一种直观的半参数方法。第 10 章讨论人工智能时将介绍深度神经网络，这是现代机器学习中居于核心地位的一种半参数方法。但是，仍有很多实际的数据应用，其中 p 虽然很大，但 n 要大得多，在这种情况下，就应该考虑将 RF 和其他基于树的方法作为首选预测工具[3]。

---

[1] 对于完全非参数方法，观测之间的独立性是一项非常重要却经常被忽视的要求。当它不被满足时，非参数方法的效果往往会不如考虑了依赖性的参数化方法，即使参数化方法中有某种程度的错误设定。

[2] Leo Breiman. Heuristics of instability and stabilization in model selection. The Annals of Statistics, 1996.

[3] 它们也可以作为很好的推断工具，见 9.3 节。

9.1　决策树

决策树是一种逻辑系统，可以将输入映射到结果。这种树是**层次化**的：通过一系列有序步骤（决策节点）来得出一个结论。

树逻辑通过一系列步骤来得出一个结论。图 9-1 给出了一个简单的例子，这是一个关于出门上班是否带伞的决策过程：每个节点都表示在可用预测数据（天气预报或当前天气状况）上的一个分支，最后决策——**叶子节点**——是基于这些分支的下雨预测而做出的。这些树节点具有父–子结构：除了根节点（醒来），所有节点都有一个父节点；除了叶子节点，所有节点都有两个子节点。构建一棵有效决策树的窍门就是将决策节点序列组合在一起，以便做出良好的最终选择。

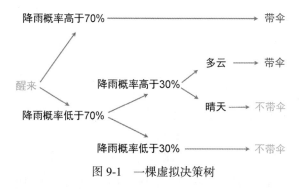

图 9-1　一棵虚拟决策树

决策树的核心是一个回归模型。有输入 x（天气预报、当前天气状况）和一个输出 y（降雨概率），决策（是否带伞）是通过将 y 的预测分布与一个效用函数（比如带伞造成的不便与被雨淋湿的比较）组合起来而做出的。决策树的行为就像一个捕鼠游戏，你把协变量 x 放在树的最上面，每个决策节点都会把输出转到左边或右边，最后会到达一个叶子节点，其中包含了由这些决策（分支）所定义的数据子集。下面是一个树结构的例子，它使用了我们熟悉的回归表示：

$$x_k = 0$$

$$x_j = 2 \qquad \{x : x_k > 0\}$$

$$\{x : x_k \leqslant 0,\ x_j \leqslant 2\} \qquad \{x : x_k \leqslant 0,\ x_j > 2\}$$

每个叶子节点上的**预测规则**——预测值 $\hat{y}$ ——就是能到达该叶子节点的 y 值样本的平均值。在这棵示例树中，左下叶子节点的 $\hat{y}$ 就是所有使得 $x_{ik} \leqslant 0$ 且 $x_{jk} \leqslant 2$ 的 y_i 值的平均数。如果响应变量是一个实数，那 $\hat{y}$ 就是简单的平均；如果响应变量是一个分类变量，每个 y_i 都是由多个 0 和一个表示已观测类别的 1 组成的向量，那么叶子节点的平均数 $\bar{y}$ 就是该叶子节点类别中观测的比例。

要构建这种树，需要一种算法，它能够接受前面的 $[x, y]$ 变量对，并自动构建出一个分支规则集合。算法的目标是使一个**损失函数**最小化，树的损失函数看起来和我们用作参数回归建模目标的**偏差**函数一样。举例来说，如果响应变量是一个实数，那么可以拟合"回归"树来最小化误差平方和 $\sum_{i=1}^{n}(y_i - \hat{y}_i)^2$。对于分类问题，可以拟合树来最小化多元偏差 $-\sum_{i=1}^{n}\sum_{k=1}^{K} y_{ik}\log(\hat{y}_{ik})$。由于历史原因，对于分类问题，很多树的软件实现最小化的是**基尼不纯度**（Gini impurity）$\sum_{i=1}^{n}\hat{y}_{ik}(1-\hat{y}_{ik})$，这是对多元方差的一种测量。你对此不用担心，基尼损失函数和多元偏差会得到同样的拟合，它们在分类问题上的效果都非常好。

> 在本书中，所有树都是回归树，只是损失函数不同。但是，关于树的一些文献中往往使用"回归"表示输出是实数的一种特殊情形。本书不采用这种说法。

与所有回归估计一样，不管是线性模型还是多元模型，我们都通过最小化响应变量的一个损失函数来拟合回归。但是，这里的预测值 $\hat{y}$ 不是基于 $\boldsymbol{x'\beta}$ 的，而是通过由 $\boldsymbol{x}$ 某些维度上阈值划分的分支来定义的。可能分支规则的完整空间大得不可思议（所有可能分支的所有排列），所以需要一种高效的搜索算法。如前所示，我们使用一种贪婪的前向搜索——有顺序地、递归地构建分支。

给定一个包含数据 $\{\boldsymbol{x}_i, y_i\}_{i=1}^{n}$ 的父节点，那么最优分支 x_{ij}（观测 i 上的维度 j）就是使得子集合对于响应变量 y 尽可能**同质化**的位置。这些子集合表示如下：

左侧：$\{\boldsymbol{x}_k, y_k: x_{kj} \leqslant x_{ij}\}$，右侧：$\{\boldsymbol{x}_k, y_k: x_{kj} > x_{ij}\}$

对于平方和损失函数的回归树，这意味着需要最小化函数：

$$\sum_{k\in\text{left}}(y_k - \overline{y}_{\text{left}})^2 + \sum_{k\in\text{right}}(y_k - \overline{y}_{\text{right}})^2 \tag{9.1}$$

Leo Breiman 等人提出的 CART[①]（classification and regression tree，分类与回归树）算法是拟合树的主要方法，它迭代地选择能最小化"节点不纯度"的分支。

算法 23 CART

从包含完整样本的根节点开始，对于每个节点：

(1) 对于节点中的数据样本，确定它的误差最小化分支——找到一个位置 x_{ij}，使得子节点间的损失函数（公式 9.1）最小化；

(2) 将这个父节点分为左右两个子节点；

(3) 对每个子节点重复步骤(1)和步骤(2)。

递归地执行以上步骤，直至达到符合某个预设的最小化标准的叶子节点（如当每个叶子节点中的观测少于 10 个时，就停止分支）。

---

① Leo Breiman, Jerome Friedman, Richard Olshen, et al. Classification and Regression Trees. Chapman & Hall/CRC, 1984.

除了叶子节点的大小，很多算法实现中还包含了一些替代停止规则，如最小的损失函数改善。使用叶子节点大小作为停止规则非常简单，而且使用起来特别方便。

要拟合 CART 树，可以使用 R 中的 tree 文件库，它的语法与 glm 基本一致：

```
mytree = tree (y ~ x1 + x2 + x3 ..., data=mydata)
```

还有其他一些有用的参数，可以用来调整停止规则。

❑ mincut：新子节点的最小大小。
❑ mindev：对新分支进行一次最小误差改善（比例）。

在很多应用中，需要用更低的 mindev 替换它的默认值 mindev=0.01，这个默认值会在损失函数的改善小于 1% 时停止分支。对于很多应用来说，这个标准太高了，我经常使用 mindev=0，以使叶子节点大小是唯一的停止规则。如果想看清楚结果，可以在拟合出的对象上调用 print、summarize 和 plot 函数（以及 text 函数，以得到便于阅读的结果）。

作为一个入门的例子，回想一下第 7 章中的 NBC 数据。这次不研究试播调查，而是根据对观众的调查预测节目体裁（喜剧类、现实类或戏剧类）。调查结果包括每个电视节目的观众百分比，按照地区、种族和家庭成员收看电视的方式进行分类。

```
> nbc <- read.csv("nbc_showdetails.csv")
> genre <- nbc$Genre
> demos <- read.csv("nbc_demographics.csv", row.names=1)
> round(demos[1:4, 11:17])
                  WIRED.CABLE.W.PAY WIRED.CABLE.W.O.PAY DBS.OWNER
Living with Ed            36                  44            20
Monarch Cove             31                  40            29
Top Chef                 43                  34            23
Iron Chef America        44                  30            26
                  BROADCAST.ONLY VIDEO.GAME.OWNER DVD.OWNER VCR.OWNER
Living with Ed           0              66             98        90
Monarch Cove             0              55             94        74
Top Chef                 0              51             92        78
Iron Chef America        0              57             94        84
```

出于说明的目的，我们让 CART 一直分支，直到每个叶子节点中只有一类节目。

```
> genretree <- tree(genre ~ ., data=demos, mincut=1)
> genretree
node), split, n, deviance, yval, (yprob)
      * denotes terminal node

1) root 40 75.800 Drama/Adventure ( 0.475 0.425 0.100 )
 2) CABLE.W.O.PAY < 28.6651 22 33.420 Drama/Adventure (0.73 0.09 0.18)
  4) VCR.OWNER < 83.749 5 6.730 Situation Comedy (0.00 0.40 0.60) *
  5) VCR.OWNER > 83.749 17 7.606 Drama/Adventure (0.941 0.000 0.059)
   10) TERRITORY.EAST.CENTRAL < 16.4555 16 0.000 Drama/Adventure(1 0 0)*
   11) TERRITORY.EAST.CENTRAL > 16.4555 1 0.000 Situation Comedy(0 0 1)*
```

```
3) CABLE.W.O.PAY > 28.6651 18 16.220 Reality (0.16667 0.83333 0)
 6) BLACK < 17.2017 15 0.000 Reality ( 0 1 0 ) *
 7) BLACK > 17.2017 3 0.000 Drama/Adventure ( 1 0 0 ) *
```

从 tree 对象的输出结果可以看出，其中包含了一系列决策节点和这些节点中每种节目体裁的比例，一直到叶子节点。每个节点的(yprob)输出给出了平均 0/1 分类成员关系向量，$k=1$ 表示 Drama/Adventure，$k=2$ 表示 Reality，$k=3$ 表示 Situation Comedy。在这个例子中，除一个叶子节点外，其他所有叶子节点都只包含单一的节目体裁，而节点 4 包含 2 个现实类节目和 3 个情景喜剧。

用**树状图**（dendrogram）来表示树再清楚不过了，它包括内部分支和最后的决策叶子节点。在 R 中，绘制树状图需要两个步骤：首先绘制出树的结构，然后加上文本。

```
> plot(genretree, col=8, lwd=2)
> text(genretree)
```

结果见图 9-2，每个叶子节点的体裁就是该节点中概率最高的体裁。你还可以使用 text(genretree, label="yprob")来使每个叶子节点显示全部的类别概率。

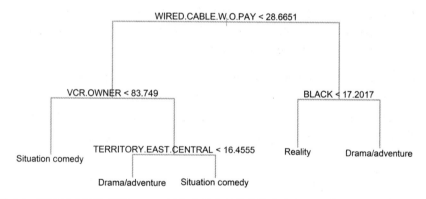

图 9-2　根据观众调查使用 CART 拟合出的节目体裁分类树状图（使用了调查结果中各种分类的比例）。父节点中的分支条件（如 BLACK<17.2）如果为真，就前往左侧子节点，否则前往右侧子节点

再看一个实数值响应变量的例子（回归树），我们根据评分和体裁来预测 PE。回想一下，PE 测量的是观众在观看节目之后的调查中对电视节目的记忆程度。为了方便绘图，我们将所有变量都转换为数值变量（否则对于输入变量中的因子 genre，text 函数会给出一个荒谬的标签），从而创建自己的设计矩阵。

```
> x <- as.data.frame(model.matrix(PE ~ Genre + GRP, data=nbc)[,-1])
> names (x) <- c("reality", "comedy", "GRP")
> nbctree <- tree(nbc$PE ~ ., data=x, mincut=1)
```

结果见图 9-3。因为这个例子的输入空间非常简单（一个连续型输入和一个因子输入），所以可以画出响应曲线。图 9-3 说明了对每个节目从树状图到预测值 $\hat{y}$ 的转换。请注意其中对交互作用的自动探测，比如，GRP 和 PE 之间的关系是依赖体裁的[①]。

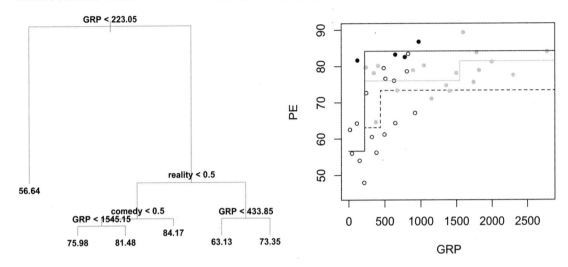

图 9-3　根据 GRP 和体裁预测 PE 的 CART 拟合。左侧为树状图，右侧图绘制出了 GRP
　　　　与已观测 PE 和拟合 PE 之间的关系，每个节目的颜色表示其体裁（黑色表示喜
　　　　剧类，灰色表示戏剧类，白色表示现实类）

　　这种技术非常强大：给定足够的数据，树会拟合出非线性均值和交互作用效果，而无须事先指定它们。而且，非恒定方差也不是问题：对于回归树，在输入空间的不同部分，可以有完全不同的误差方差。这都与标准的参数回归形式 $y = x'\beta + \varepsilon$ 不同，在标准的参数回归中，需要事先确定设计矩阵 x，以及具有相同共享方差（σ^2）的 ε。这就是我们称 CART 为**完全非参数**回归方法的原因。

　　在实际工作中，为了避免过拟合，你应该在某种程度上限制 CART 的灵活性。一种方法是使用一般的模型选择方法：建立一个候选模型**路径**，再使用交叉验证。候选的 CART 模型通过一个剪枝过程来进行排序：先拟合一个超生树（比你认为预测效果已经很好的树还要深），然后进行后向剪枝，迭代地删除那些可以得到最低样本内误差削减的叶子分支（叶子节点右上方）。这种反向的 CART 生长过程可以得到一个候选树集合，然后你可以使用交叉验证从这个集合中选出最优模型（像 AICc 这样的工具无法使用了，因为对树的自由度无法进行很好的估计）。

　　下面举例说明，看看 $n = 97$ 的前列腺肿瘤活体检验数据。在检测到肿瘤之后，有多种可能的治疗方案：化学治疗、放射治疗、手术切除或某种组合疗法。关于肿瘤的活体检验信息有助于确定治疗方式。其中的变量包括：

---

① 从历史发展来看，自动交互作用检测（AID）是建立决策树的初始动机，更古老的算法在名称中就包括 AID（如
　　CHAID）。

- Gleason 评分（gleason）——微观模式下的分类；
- 前列腺特异抗原（lpsa）——蛋白质产物；
- 囊膜穿刺（lcp）——腺体肿瘤内部检查；
- 良性前列腺增生度（lbph）——前列腺大小。

数据中的 lpsa、lcp 和 lbph 都是以对数形式进行记录的。不过，你应该确定，不管输入是对数形式，还是其他任意可以排序的形式，都会得到同样的 CART 拟合。输入中还包括患者的年龄，要预测的响应变量是肿瘤大小的对数 lcavol（与输入不同，因为要最小化误差平方和，所以对响应变量取对数会影响 CART 拟合）。

这种交叉验证剪枝过程是作为 tree 程序库的一部分实现的。首先使用 mincut=1 和默认值 mindev=0.01 拟合一个树模型。

```
> pstree <- tree(lcavol ~., data=prostate, mincut=1)
```

图 9-4 给出了这棵超生（过深）树的结构。cv.tree 函数接受拟合出的树对象，并在特定的 K 折数据上执行交叉验证剪枝过程。在最后的结果对象中，包括沿着剪枝路径（见图 9-5）得到的各种大小（叶子节点数量）的候选树的样本外偏差。在这个例子中，可以看出大小为 3 的树有最小的样本外误差。

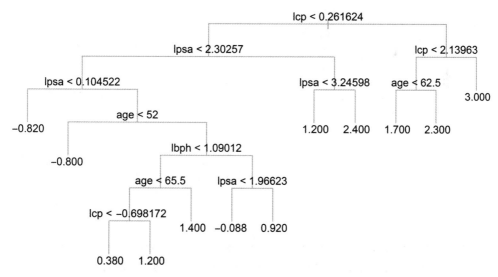

图 9-4　前列腺肿瘤活体检验数据的超生树。叶子节点上的标签是肿瘤大小的对数均值

```
> cvpst <- cv.tree(pstree, K=10)
> cvpst$size
 [1] 12 11  8  7  6  5  4  3  2  1
> round (cvpst$dev)
 [1]  80  77  77  77  78  75  75  74  88 135
> plot (cvpst$size, cvpst$dev, xlab="size", ylab="OOS deviance")
```

9

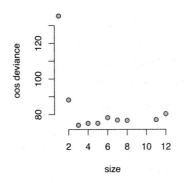

图 9-5　图 9-4 中前列腺肿瘤活体检验树剪枝路径上各种树的大小与样本外偏差（平方误差均值）的关系

这说明有 3 个叶子节点的树是"最优的"。要得到这棵树，可以使用 prune.tree 函数并设参数 best=3。

```
pstcut <- prune.tree(pstree, best=3)
```

这个 pstcut 本身是个新的树对象——图 9-6 中的树。交叉验证仅仅选择了 PSA 和囊膜穿刺作为影响变量，PSA 仅对穿刺值比较小的肿瘤起作用。可以看出，肿瘤大小往往随着穿刺值的增大而增大；但当 PSA 很高时，有些大肿瘤的穿刺值较小。

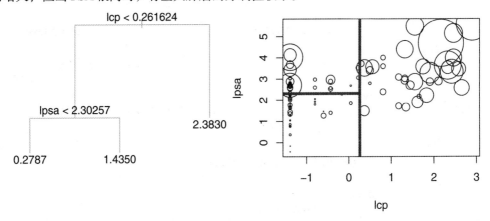

图 9-6　前列腺肿瘤三节点剪枝树。左侧为树状图，右侧是由这棵三节点树划分的响应变量空间。点的大小与肿瘤大小成正比，粗线表示叶子节点的划分

9.2　随机森林

树看上去很棒，如果能控制它们的灵活性并避免过拟合，也确实如此。然而前面描述的交叉验证过程在实际工作中并不那么可靠，它同样受到不稳定性的困扰，我们在子集选择和前向逐步回归中就强调过这个问题。当预测规则在模型路径（这里就是迭代地对树进行剪枝）上高度可变

时，样本外预测效果的交叉验证估计就会在样本之间剧烈变化。这意味着模型选择与预测具有很大的方差，将导致平均预测误差平方和非常大。

正如第 3 章引用过的，在非稳定模型上使用交叉验证进行选择时存在问题，Leo Breiman[1]是最先指出这一点的人之一。第 3 章通过在系数大小上添加一个惩罚项，**稳定**了候选模型路径，这种稳定性是 lasso 方法成功的关键所在。但是对于树模型，没有系数可以惩罚，于是不能使用这种正则化策略。

这个问题的解决方法是一种称为**装袋**（bagging）的技术，它是 "bootstrap aggregating" 的缩写。回想一下第 1 章中的 bootstrap 方法：通过在数据的多个有放回抽样上重复运行算法（如回归）来模拟全数据拟合的抽样不确定性。根据这个逻辑，多个 bootstrap 样本的拟合**均值**就是模型拟合**平均数**的一个估计。如果拟合过程是**无偏**的（如总体上运行良好），但有很大的样本方差，那么 bootstrap 均值就应该是比全样本数据拟合更好用的模型，这就是装袋法背后的前提假设。

还有一种对装袋法的贝叶斯解释，它基于对 bootstrap 的贝叶斯解释[2]。如果 bootstrap 抽样是最优回归拟合后验分布的一种近似，而且 bootstrap 均值近似等于后验均值，那么这个解释是成立的。因此装袋法是一种**模型平均**（model averaging）技术，它具有贝叶斯推断的所有良好稳定特性。

当单个模型简单而又灵活时，你可以快速拟合出多个无偏（但是过拟合）模型，此时装袋法的效果最好，CART 树完全符合这种情况。实际上，CART 树装袋法就是 Leo Breiman 提出的著名的 RF 方法[3]的精髓。RF 在数据的有放回抽样上拟合 CART 树，最终预测规则就是每个 bootstrap 样本拟合树预测结果的**平均**。RF 算法是业界大规模灵活回归计算的主要方法——它们几乎不需要调优，在大数据预测问题上，没有什么现成的方法比它们表现更好。每次使用互联网时，用户的某种在线体验很可能就是通过基于 RF 的预测规则进行调优的。

完整的 RF 算法在每个 bootstrap 样本上拟合多种 CART 模型：它不在所有输入上选择每个最优的贪婪分支位置，而是在输入的一个随机样本上进行最优选择。与装袋过程不同，这种额外的随机化没有明确的理论基础或解释。不过，直观而言，它通过强制贪婪分支算法不总是以同样的顺序来划分变量，从而提供了某种程度上的额外正则化。实证研究发现这种输入随机化对于小样本（例如 $p \approx \sqrt{n}$ 或更大）是有用的；但如果 n 更大，就会影响预测效果，这也支持了它是一种额外正则化的解释。

[1] Leo Breiman. Heuristics of instability and stabilization in model selection. The Annals of Statistics, 1996.

[2] D. Rubin. Using the SIR algorithm to simulate posterior distributions by data augmentation. Oxford University Press, 1988; G. Chamberlain, G. W. Imbens. Nonparametric applications of Bayesian inference. Journal of Business and Economic Statistics, 2003.

[3] Leo Breiman. Random forests. Machine Learning, 2001.

算法 24　RF

假设 B 为 bootstrap 样本数（森林中树的数量），对 $b = 1, \cdots, B$：

(1) 从数据中以有放回方式抽出 n 个观测；

(2) 用这个样本拟合一棵 CART 树，记为 $\mathcal{T}_b$。

对于每次贪婪分支，使用从完整输入集合中随机抽取的输入变量拟合一棵随机 CART 树。

这个结果是树 $\mathcal{T}_1, \cdots, \mathcal{T}_B$ 的一个集合。RF 预测结果就是每棵树的预测结果的平均。如果 $\hat{y}_{fb}$ 是树 $\mathcal{T}_b$ 对 x_f 的预测，那么 RF 预测结果就是 $\hat{y}_f = \dfrac{1}{B}\sum_b \hat{y}_{fb}$。

对于分类问题，有些 RF 实现是让树给响应变量投票，而不是取平均数。也就是说，每棵树都贡献出它最高概率的响应类别，而 $\hat{y}_f$ 就是每个类别的投票比例。装袋理论建议选择这种 $\hat{y}_f$，而不是 $\hat{y}_{fb}$ 类别概率的平均数。

为了直观理解 RF，看一个简单的一维回归问题。MASS 包中有一份"摩托车数据"，其中包含了 133 份正面碰撞之后摩托车手头盔上的加速度测量数据（我们认为这是通过人体模型碰撞实验得到的数据）。作为一个回归问题，输入 x 是自碰撞后经过的时间，响应变量 y 是加速度。图 9-7 展示了这份数据以及 CART 拟合。即使这只是一个简单的一维回归，也能说明 CART 的灵活性：这棵树会得到一个具有高可变噪声的非线性均值（例如，相比于颈部损伤的噪声，碰撞时的噪声就很小）。

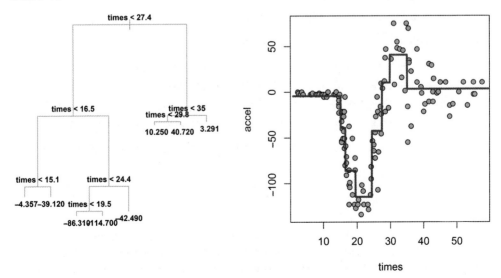

图 9-7　摩托车数据的 CART 拟合。左侧的树状图与右侧的预测曲线是对应的

RF 中的每棵树都是一个数据重抽样的拟合。图 9-8 展示了该过程：每次 bootstrap 抽样都会得到一个略有不同的 CART 拟合，因为权重更大（那些被多次重抽样）的观测会影响响应表面。图 9-9 演示了抽样 CART 拟合是如何积累和聚集的：对于有多棵树的森林，平均结果会变成一个平滑（或基本上平滑）的曲面，即使构成森林的所有树都会给出一条锯齿状的预测曲线。回想一下，森林的贝叶斯解释就是树之间的后验分布，所以 bootstrap CART 拟合分布就是"最优"树拟合的分布。注意图 9-9 中的不确定性边界：在时间区间的两侧几乎没有关于 $\mathbb{E}[y\,|\,x]$ 的不确定性，但在中间的向前或向后的加速度中，存在大量不确定性。

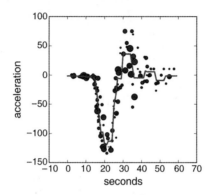

图 9-8　bootstrap 抽样的 CART 拟合。点的大小与出现在有放回抽样中的次数成正比，曲线表示最后的 CART 拟合

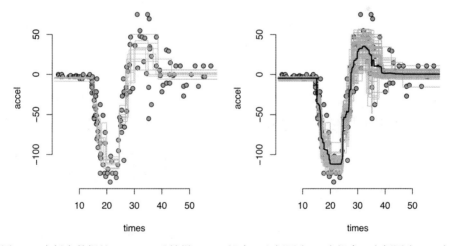

图 9-9　摩托车数据的 bootstrap 重抽样 CART 拟合。左侧图为 10 次拟合，右侧图为 100 次拟合，并以粗线表示它们的均值

这些图展示了平均机制是如何实现正则化并避免过拟合的。单棵树在最优化时可能掺杂了噪声，但**根据定义**，这种噪声过拟合不会在多个重抽样 CART 拟合中重复出现（否则它就不是噪声，而是真实结构）。因此，单棵树中的噪声在汇集成森林之后就被平均掉了，只会留下那些持久的

结构。这就是模型平均的巨大威力：它可以对任意算法提供稳定性和正则化。这种策略在机器学习中非常重要，并且有多种叫法，比如集成学习、贝叶斯模型平均或装袋，但基本思想一致：汇集多个模型以消除噪声。

森林中应该有多少棵树呢？仅就 bootstrap 抽样过程来说，答案是多多益善。加入更多的树总是没有坏处的，每多加一棵树，都会得到一个对真实抽样均值（无穷大数量 bootstrap 重抽样的均值）的更好估计，这就是你在真实响应表面上的最优猜测。但是，和任意抽样过程一样，增加树所带来的收益会逐渐减少。样本外预测效果往往会在添加最初几棵树时快速改善，然后随着添加更多的树而逐渐变平。例如，图 9-10 显示，对于摩托车数据的回归，当森林中树的数量超过 100 时，样本外预测效果几乎没有改善。

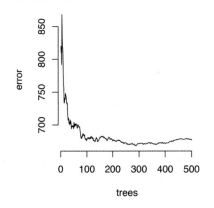

图 9-10　摩托车回归样本外误差与森林中树的数量的关系图。对 133 个观测随机抽取出 33 个观测样本，这个误差就是使用这些样本计算出来的

在 R 中，使用 ranger 包拟合 RF 非常容易，它的语法与 glm 和 tree 函数基本相同[1]。

为了说明 RF 方法，再看一个更复杂一些的例子，它是关于美国加州房价的。CAhousing 数据集中包含了加州 20 640 个人口普查区的房价中位数（MedVal，从房价可以看出这些数据很古老），其中还有：

- ❑ 人口普查区中心的经度和纬度；
- ❑ 总人口数和收入中位数；
- ❑ 平均房间数/卧室数量、房龄。

我们的目标是预测人口普查区的 log(MedVal)。这个回归很难使用线性模型来描述：协变量效果是随着空间位置而改变的，而它们的改变方式在经度和纬度上肯定是非线性的[2]。

---

① ranger 是对最初的 randomForest 包的一个速度更快的实现。
② 这里没有包含地区和人口普查效果作为虚拟变量，是为了使这个问题对于线性模型更困难一些。你可以认为树方法可以自动学习出这些地理因子。

　　例如对加州房价数据拟合 CART，直至最小的叶子节点中包含 3500 个观测结果，这会得到图 9-12 中的**主干结构**。再对同样的数据拟合一个 RF，经过比较发现，森林中的树都具有与图 9-12 中的树相似的主干结构。具体而言，**完全**相同的主干结构占 62%，第二常见的主干结构占 28%，它与 CART 树的差别仅是没有使用房龄中位数进行分支，而是再次使用了收入中位数。因此，先使用收入分支两次，再使用纬度分支一次的树占了 90% 的后验权重。此外，前两次分支都使用了收入中位数的树达到了 100%，非常惊人。图 9-13 给出了这些树前两次分支的位置，每个分支位置都集中在图 9-12 的主干分支附近。

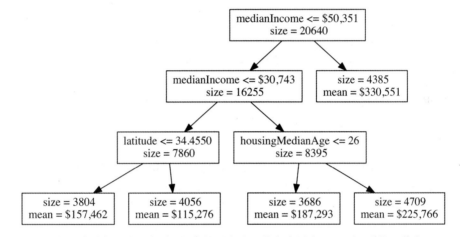

图 9-12　加州房价树的主干部分，拟合的最小叶子节点容量为 3500 个观测（一共有 20 640 个人口普查区）

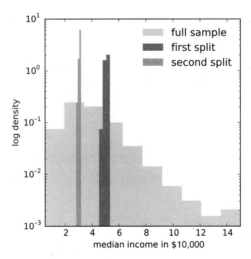

图 9-13　收入中位数与房价森林中树的前两次分支位置分布

只需超过 20 000 个观测，就能达到这种主干稳定性。在实际的大数据环境中，有几百万观测的数据集很常见，这种稳定性也会极大地增强。这都表明了一种明显的对 RF 的分布式计算策略：既然森林中的主干相同，那么只需拟合一次主干，然后再用它划分数据和为并行计算提供方便。这就是 EBF算法。

算法 25   EBF

给定 *K* 个分布式处理单元，

- 拟合一棵有 *K* 个节点（主干**分支**）的 CART 主干树。如果数据量巨大（大到不能在一台机器上拟合），那么可以在一个子样本上拟合这棵主干树。因为只需拟合这棵树的前几次分支，它们对应响应变动的主要来源，所以不需要很多数据来得到一个很好的主干估计。
- 这棵主干树定义了一个 MapReduce 算法中的映射函数：将每个观测映射到为其分配的主干分支，然后在每个分支上通过拟合完整的 RF 来进行归约操作。这会返回一个拟合后 EBF：一棵固定的主干树，在每个分支上都有一个 RF 模型。

结果是一种 CART-RF 混合对象，初始分支是固定的，更深的结构中是通过自助抽样拟合得到的树。因为假设的（可能不可行）全样本 RF 与多数树具有同样的主干结构，所以这个 EBF 会得到与之类似的预测。在加州房价例子中，我们拟合了一个具有图 9-12 中主干结构的 EBF，它的预测效果只比全样本 RF 下降了 2%；与之相比，具有相同计算成本的子抽样森林的预测效果则会下降 10%。对于大型数据集，结果就更激动人心了。有研究表明，与例子中的全样本 RF 相比，EBF 的预测效果下降了 1%~4%，子抽样森林的预测效果则下降了 12%~38%。

在海量数据环境中，像算法 25 这样简单有效的策略能让我们更快地处理更多数据。数据多多益善，即使在同样的数据集上，EBF 的效果比全样本 RF 稍差，但与小样本 RF 相比，数据更多的 EBF 可以给出更好的预测结果。对于预测任务，千万不要减少能够使用的数据量去拟合某种时髦但计算成本高昂的模型，最好使用手头尽可能多的数据拟合一个简单而灵活的模型。

9.3   因果关系树

RF 和树通常被看作纯预测工具——它们是监督机器学习过程，用于预测与过去大致相似的未来。不过，人们最近发现树也可以用于因果关系推断。基于树的模型是对 HTE 进行建模的优秀工具。

这里重点关注二元处理的基本情形，*d* = 0 或 1，并假定处理措施已经随机化了。也就是说，在一个标准的 A/B 测试之后拟合 HTE。CATE（conditional average treatment effect，条件平均处理效果）就是在给定协变量 *x* 时处理组和控制组之间条件预期响应的差异：

$$\gamma(\boldsymbol{x}) = \mathbb{E}\big[y \mid d = 1, \boldsymbol{x}\big] - \mathbb{E}\big[y \mid d = 0, \boldsymbol{x}\big] \tag{9.2}$$

给定 A/B 测试的结果，估计 HTE 的一种方法是简单地拟合两个函数来从 x 预测 y——一个用于处理组，另一个用于控制组——再使用这两个拟合预测器之间的差异作为 $\gamma(x)$ 的估计。这种方法来自 Jennifer Hill[1]的研究。对每个处理组，Hill 都拟合了 BART（Bayesian additive regression tree，贝叶斯可加回归树）[2]，这是一种在根据 x 构建出来的矮树集合上回归 y 的模型。这是一种完全的贝叶斯回归方法，而且因为两个样本是独立的，所以只是根据两个 BART 对象之间的差，就可以得到一个完全的 $\gamma(x)$ 后验概率。

Athey 和 Imbens[3]证明，在多数情况下，直接对 HTE 进行建模要比使用两个具体函数之差的效果好。他们提出的 CT[4]（causal tree，因果关系树）框架就是一般 CART 算法的简单扩展，这种方法不是选择能最小化不纯度（如 SSE）的分支，而是选择能使每个子节点中处理效果估计值之间的差的平方最大的树分支。算法 26 简要说明了该方法的完整过程。

算法 26　CT

给定树节点 η 中的一个观测集合$[d_i, x_i, y_i]$，则处理效果的估计值为：

$$\hat{\gamma}_\eta = \bar{y}_{\eta 1} - \bar{y}_{\eta 0} \tag{9.3}$$

其中 $\bar{y}_{\eta d}$ 是处理状态为 d 的节点 η 中观测的样本均值。CT 使用与 CART 相同的贪婪递归策略。给定一个节点，你需要在观测变量 x_{ij} 处将其分支为左右两个子节点，分支的原则是使以下公式的值最大：

$$\sum_{k \in \text{left}} \hat{\gamma}^2_{\text{left}} + \sum_{k \in \text{right}} \hat{\gamma}^2_{\text{right}} \tag{9.4}$$

然后继续进行分支，直至达到节点**每个处理组**中观测的最小数量，这些终端节点就是 CT 的叶子节点。

Athey 和 Imbens 称算法 26 为**自适应**（adaptive）CT 算法，这种说法更贴切。他们更喜欢一种"诚实"（honest）的估计方法，它使用两个样本来拟合树：一个用于确定树分支，另一个在这种树结构的每个叶子节点上重新估计处理效果。这种方法的优点是可以让你近似地推导出叶子节点估计（CART 的 $\hat{y}_\eta$ 或 CT 的 $\hat{\gamma}_\eta$）附近的高斯抽样分布[5]。除了这种"诚实"的适应性，CT 遵循

---

[1] Jennifer Hill. Bayesian nonparametric modeling for causal inference. Journal of Computational and Graphical Statistics, 2011.

[2] Hugh A. Chipman, Edward I. George, Robert E. McCulloch. BART: Bayesian additive regression trees. The Annals of Applied Statistics, 2010.

[3] Susan Athey, Guido Imbens. Recursive partitioning for heterogeneous causal effects, 2016.

[4] 同上。

[5] 同样的二样本过程也可以用于预测问题中，以得到"诚实"的 CART。这种诚实性的缺点在于你是使用更少的数据来确定最好的树分支，这会使得点估计的效果稍差一些。在因果处理效果建模中，牺牲一点儿精确性以换取诚实性通常是值得的，但在纯预测问题上并非总是这样。还需要注意的是，这种样本分割也是第 6 章中正交机器学习的基础。

9

与 CART 相同的逻辑：非常简单的叶子节点估计结合在 x_i 上的划分，就可以创建出复杂的预测表面。

Athey 和 Imbens 提供了 R 包 causalTree，用于实现 CT 算法。它基于 rpart 包，rpart 包可用于拟合标准 CART 模型。为了说明 CT 算法，还是以第 5 章的 OHIE 为例。回想一下，我们的目标是研究随机选择的医疗补助资格对某人每年至少看一次 PCP 的概率的处理效果。处理变量是 selected，表示一个人的家庭是否被选中获得医疗保险资格，响应变量是二进制的 doc_any_12m，协变量则来自被试统计调查的结果集合。

> 参考第 6 章，看看对这个实验中 HTE 的 lasso 分析。

基本 causalTree 算法是为了完美随机化实验而设计的。在最初的 OHIE 分析中，如果家庭中有人被选中，那么整个家庭都有资格加入医疗保险，这样就破坏了随机化。在比较处理组和控制组时，最好控制每个家庭的成员数量，你可以在 causalTree 包中使用 propensity weights（见第 6 章对倾向性的讨论）完成该任务。不过，对 numhh 的控制和原来的分析几乎一样，简单起见，这里就认为随机化是完美的。这样，重复前面的结果，一位患者在接下来的 12 个月内去看医生的概率的总体 ATE 大约是 0.06（提高了 6%）。

```
> ybar <- tapply(P$doc_any_12m, P$selected, mean)
> ybar ['1'] - ybar['0']
          1
0.05746606
```

CT 的语法与 glm 非常相似，你需要给出一个回归公式和一个数据框，还需要指定一个处理变量（d）和一些算法参数。这里让算法 26 中的 CT 算法使用"诚实"分支（样本分支），并指定叶子节点中至少包含 2000 个观测。这会得到一棵矮树，其中有一些分支是异质性的主要来源。

```
> ct <- causalTree(P$doc_any_12m ~ ., data=X, treatment=P$selected,
+     split.Rule = "CT", split.Honest=TRUE, minsize=1000)
```

图 9-14 给出了最终的树拟合。有人或许会有疑问，有些分支是在收入上的：hhinc_pctfpl_12m 是家庭收入占联邦贫困线的百分比。例如，对于那些收入处于或高于贫困线（hhinc_pctfpl_12m>=97）的家庭来说，获得医疗补助资格实际上会降低他们去看 PCP 的概率。可能的原因是，对于这些被试，医疗补助代替了私人保险，而拥有私人保险更便于看医生。此外，对于那些收入不到贫困线 60% 的人来说，处理效果大于 0.1；而对于 1966 年之后出生的小家庭中的女性，效果高至 0.15。

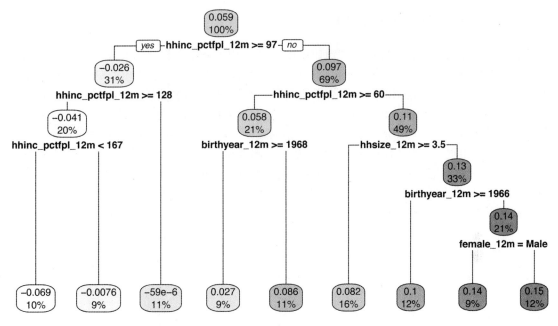

图 9-14 OHIE 的 CT 拟合。每个节点都给出了处理效果估计和占总数据的百分比

Athey 和 Imbens 描述了用于 CT 剪枝的交叉验证算法。不过，与 CART 一样，CT 是不稳定的预测规则，不建议使用交叉验证选择树的深度（不同的样本会得到不同的树，而且结果有非常大的方差）。相反，在很多实际应用中，可以这样做：拟合一棵矮树，找出一些最大的异质性来源。你或许想知道细分客户的最佳方法，比如按照不同敏感度将客户分为 4 类进行营销。在这种情况下，就不用担心过拟合，简单地拟合一棵有 4 个叶子节点的矮树即可。

对于更复杂的 HTE 建模，不应局限于单个 CT 树，而应使用森林算法。Susan Athey 等人[①]详细介绍了集成多棵 CT 树的 GRF（generalized random forest，广义随机森林）框架，并提供了 grf 包来实现这些方法。与 RF 一样，GRF 也最适合输入维度（这时就是异质性潜在来源的维度）小于样本容量（例如，一种经验法则是 $p < \sqrt{n}$ ）的情况。对于高维输入，可以使用 lasso 类型的线性估计器（例如，与第 6 章中的正交机器学习扩展一样，在线性模型中使用处理措施与其他输入的交互作用）得到更好的结果。这也是机器学习社区中的一个热门研究领域，有许多半参数方法被开发出来预测 HTE。例如，Jason Hartford 等人[②]提出了一种框架，使用深度神经网络通过工具变量对 THE 进行建模（因此也可以用来研究随机试验）。随着因果推断成为机器学习中越来越重要的话题，有望出现更快、更好的 HTE 预测算法。

9

① Susan Athey, Julie Tibshirani, Stefan Wager. Generalized random forests, 2017.

② Jason Hartford, Greg Lewis, Kevin Leyton-Brown, et al. Deep IV: A flexible approach for counterfactual prediction, 2017.

9.4 半参数方法与高斯过程

尽管本章是关于非参数方法的，但前面的讨论都使用了一种技术——树。这有一个充分的理由，在非参数回归方法中，没有一种现成的方法比树的组合更快、更稳健和效果更好。但即便如此，我们还没有介绍树框架的全貌。除了 RF，基于树的算法的重要替代方法都是围绕 GBM[①]（gradient boosting machine，梯度提升机）而建立的。这些 GBM 使用了提升方法作为 PLS 的基础，第 7 章介绍过提升方法。GBM 迭代地估计一系列矮树，每棵树都用于预测上一棵树的残差，这样就可以得到由很多简单（而稳定）的树组成的预测规则[②]。在实际工作中，我发现在海量数据上 RF 比 GBM 更易用，因为它使用装袋法来避免过拟合（GBM 使用某种交叉验证来选择停止提升时机），而装袋法具有稳健性。但是，GBM 也有很多成功的工业规模的部署案例，如果你发现某位同事喜欢提升方法甚于 RF，也不用大惊小怪。

对于基于树的方法，一种常用的替代方法是**筛分**（sieve）估计器，它是一种**基函数扩展模型**—— 一些近似函数的总和。筛分估计器在古典经济学家和统计学家之中仍然非常流行，因为它使用数学，研究起来相对容易。筛分估计器的形式如下：

$$\mathbb{E}[y \mid \boldsymbol{x}] = \sum_{k=1}^{K} \omega_k \psi_k(\boldsymbol{x}) \tag{9.5}$$

这里，K 随着可用数据量的增加而增大。例如，一个多项式序列具有 $\psi_k(\boldsymbol{x}) = (\boldsymbol{x}'\boldsymbol{\beta}_k)^k$。小波（wavelet）是一种具有良好数学性质的基函数，Vidakovic 和 Mueller[③]对此写了一篇很棒的综述。浅层神经网络（流行于 20 世纪八九十年代）就可以写成一系列如公式 9.5 中的估计器[④]。

另外一种著名的非参数框架是 SVM（support vector machine，支持向量机），它类似于包括了基扩展的筛分估计器，但扩展是用作区分分类器的输入的，而不是函数近似。SVM 算法在理论上很有意思[⑤]，实际上却很不稳定，而且很难调优。它在某些领域（如金融界）依然很流行，一些人[⑥]（包括我）认为原因在于它与其他方法迥然不同。同样，如果你需要进行非参数回归并注重实际预测效果，应该选择树作为工具。

但是，非参数回归并不总是（甚至经常不是）最佳预测方法。树和样条是非常灵活的——只要有足够的数据，就可以近似得到任意复杂的函数。不过，这是以**不稳定**为代价的：非参数回归方法具有非常大的样本方差，而且对数据中的噪声非常敏感。它们很可能会过拟合，像装袋这样的技术也作用有限。这就是著名的"偏差与方差"权衡：非参数回归方法有很小的（甚至没有）

① Jerome H. Friedman. Greedy function approximation: A gradient boosting machine. Annals of Statistics, 2001.

② Hugh A. Chipman 等人提出的 BART 算法是对 GBM 的一种成功的贝叶斯模拟。

③ Brani Vidakovic, Peter Mueller. Wavelets for kids. Technical report, Instituto de Estadística, Universidad de Duke, 1994.

④ Kurt Hornik, Maxwell Stinchcombe, Halbert White. Multilayer feedforward networks are universal approximators. Neural Networks, 1989.

⑤ Vladimir Vapnik. The Nature of Statistical Learning Theory. Springer, 1996.

⑥ Kevin Patrick Murphy. Machine Learning: A Probabilistic Perspective. MIT Press, 2012.

偏差（它们可以表示任意函数形式），却不可避免地得到大方差估计结果。如前所述，要想非参数回归表现良好，一条不错的经验法则就是 $p < \sqrt{n}$。

对于高维输入，使用本书中一直强调的正则化线性回归方法是很好的选择。不过，在非参数方法和线性模型之间也存在中间地带，**半参数**方法混合了灵活的函数近似和受限的具体领域结构，你可以将灵活的均值函数近似与稳健的分布式假设结合起来，例如，可加的 $\varepsilon \sim N(0, \sigma^2)$ 误差和一个多元抽样模型（如文本的词袋模型）。

很多现代机器学习技术依赖半参数的核方法，它可以在彼此"邻近"的观测之间**平滑**（smooth）预测结果。**核**（kernel）是一种数学抽象，用于定义两个输入向量之间的距离，你可以使用领域知识来确定观测之间的距离是远还是近。这样，按照拟合出来的核函数，如果 x_s 和 x_t 是相近的，那么 $\hat{y}(x_s)$ 和 $\hat{y}(x_t)$ 就是相似的，这种核函数可以根据具体的应用结构来确定。

第 10 章将探讨现代深度神经网络是怎样的半参数回归工具。它们使用受限的核函数在输入上进行平滑，例如在图像的邻近像素之间进行平滑（"卷积"），或者在被估计为意义相近的词语之间进行平滑。深度学习的创新之处在于这种核平滑的输出，它的维度通常远远低于原始协变量，可以作为像公式 9.5 中的筛分估计器的输入。这种受限降维与灵活基扩展的组合已经取得了广泛的成功，它极大地促进了现代工业级机器学习的发展。

> 半参数方法与非参数方法之间的界限非常模糊。有些核回归算法中的核是数据独立的，像标准筛分估计器一样灵活，有些受限的筛分算法可以强制实行高维平滑。实际上，对于几乎任意的筛分估计器和能给出同样预测的核方法，你都可以得出它们在理论上是等价的。可见的区别在于这些框架的一般实现，核方法的机器学习应用通常使用专门的领域知识来引导观测之间的平滑结构。

GP 本身就是一种强大的建模框架，它可以对核方法进行更加透明的解释。GP 是一种相对简单的模型，它可以根据初始输入（x_s 和 x_t）之间的距离在观测之间对预测结果进行平滑。这与深度神经网络模型不同，深度神经网络先从原始输入向低维空间进行投影（回想一下 PCA 之类的方法），再计算出在低维空间中的距离。用现代机器学习的语言来说，GP 是"浅"的[1]。但是，这些简单模型非常有用，而且部署得非常广泛，尤其是在那些涉及空间数据的应用或实体系统中。下面简单介绍 GP。更详细的论述，可以参考 C. E. Rasmussen 和 C. K. I. Williams 的 *Gaussian Processes for Machine Learning*。

考虑一种标准的回归情况，输入变量为 x，响应变量为 y。GP 在两个位置对响应变量进行建模，这两个位置都是从一个多元正态（高斯）分布中提取出来的：

$$\begin{bmatrix} y_s \\ y_t \end{bmatrix} \sim N\left(\mathbf{0}, \sigma^2 \begin{bmatrix} 1 & \kappa(x_s, x_t) \\ \kappa(x_t, x_s) & 1 \end{bmatrix} \right) \tag{9.6}$$

---

① 当然，一些机器学习研究者已经开发出了深度 GP 模型。

其中 $\kappa(\boldsymbol{x}_s, \boldsymbol{x}_t)$ 就是**核函数**,也就是说,$\kappa(\boldsymbol{x}_s, \boldsymbol{x}_t)$ 定义了相应响应变量之间的相关性 $\text{cor}(y_t, y_s)$[1]。例如,常用的指数核函数形式如下:

$$\kappa(\boldsymbol{x}_s, \boldsymbol{x}_t) = \exp\left[-\sum_j \frac{(x_{sj} - x_{tj})^2}{\delta_j}\right] \tag{9.7}$$

这里,相关性随着输入向量各项之间指数化欧氏距离的增加而减弱,**范围**(range)参数 δ_j 允许使用不同输入坐标系中的不同距离单位,最终结果就是响应变量 y_t 和 y_s 之间平滑衰减的依赖性的一个函数,它也是输入之间距离的函数。请注意,$\kappa(\cdot, \cdot)$ 生成的值介于 0~1(这个核函数不能得到负的依赖性),而且 $\kappa(\boldsymbol{x}_i, \boldsymbol{x}_i) = 1$(所有观测与其自身的相关性是 1)。

一种没有明确均值函数的回归方法似乎有些奇怪:不管输入坐标如何,公式 9.6 的均值都是 0[2]。但是,给定 y_t 时,y_s 的**条件**分布会有一个非零均值。高斯分布的性质表明,在公式 9.6 的模型中,条件分布为:

$$y_s \mid y_t \sim \text{N}\left(y_t \kappa(\boldsymbol{x}_s, \boldsymbol{x}_t), \sigma^2\left[1 - \kappa(\boldsymbol{x}_s, \boldsymbol{x}_t)^2\right]\right) \tag{9.8}$$

其中 y_s 的分布是它的邻居 y_t 的值的一个函数。y_s 的均值是 y_t 的一个线性函数,y_s 的条件方差小于无条件方差 σ^2。核回归的精髓就是,新输入上的预测是现有观测以及依赖新输入与现有输入位置之间距离的权重的组合。

在一个完整的数据示例中,总共有 n 个观测样本——假定它们都是从一个多元高斯分布中提取出来的。此外,慎重起见[3],最好向协方差矩阵对角线上添加一个正的**值块**(nugget),否则公式 9.8 中的规则就意味着在已观测 $\boldsymbol{x}$ 位置的完美插值(零方差)。最终的 GP 协方差矩阵就是:

$$\sigma^2 \begin{bmatrix} 1+g & \kappa(\boldsymbol{x}_1, \boldsymbol{x}_2) & \kappa(\boldsymbol{x}_1, \boldsymbol{x}_3) & \dots & \kappa(\boldsymbol{x}_1, \boldsymbol{x}_n) \\ \kappa(\boldsymbol{x}_2, \boldsymbol{x}_1) & 1+g & \kappa(\boldsymbol{x}_2, \boldsymbol{x}_3) & \dots & \kappa(\boldsymbol{x}_2, \boldsymbol{x}_n) \\ \vdots & & & & \vdots \\ \kappa(\boldsymbol{x}_n, \boldsymbol{x}_1) & \kappa(\boldsymbol{x}_n, \boldsymbol{x}_2) & \dots & \kappa(\boldsymbol{x}_n, \boldsymbol{x}_{n-1}) & 1+g \end{bmatrix} \tag{9.9}$$

在公式 9.8 中条件规则的多元分布形式下,该协方差矩阵可以用来组合已观测的响应变量 y,在任意新输入位置上预测相应的响应值。

要在 R 中拟合 GP,可以使用 laGP 包[4]。开发这个包是为了在大型数据集上拟合**近似** GP 的算法(这很好,因为当扩展到更大的应用时,你还可以继续使用 laGP 包),但也为拟合标准 GP

---

[1] 它们的协方差是 $\sigma^2 \kappa(\boldsymbol{x}_s, \boldsymbol{x}_t)$。

[2] GP 一般具有非零均值,但在很多应用中这是不必要的。

[3] Robert B. Gramacy, Herbert K. H. Lee. Cases for the nugget in modeling computer experiments. Statistics and Computing, 2012.

[4] Robert B. Gramacy. lagp: Large-scale spatial modeling via local approximate gaussian processes in R, 2015.

提供了一种快速而稳健的方法。详细示例见原论文以及这个包的文档。

我们使用本章前面的摩托车数据加以说明。回想一下，（单变量）输入是从碰撞开始经过的时间，响应变量是骑手头盔上的加速度。

```
library(MASS)
x <- mcycle[,1,drop=FALSE]
y <- mcycle[,2]
```

要使用 laGP，首先要做一些准备工作，对核参数、值块 g 和范围 δ（这里称为 d）做一个粗略的猜测。然后使用这些预估数值初始化一个 newGP 对象，它是一个内存对象，作为 laGP 后端基础设施的一部分而存在（所有代码都是用 C 编写的，所以这个包既高效又稳健）。

```
> library(laGP)
> ## 获取参数
> d <- darg(NULL, x)
> g <- garg(list(mle=TRUE), y)
> ## 初始化（设 dK=TRUE 以保存估计所需信息）
> gpi <- newGP(x, y, d=d$start, g=g$start, dK=TRUE)
```

最后，使用这个初始模型和预估数值，利用 jmleGP 函数来拟合 GP 参数（jmle 表示 joint MLE，既能估计 g 也能估计 δ）。

```
> print(jmleGP(gpi, drange=c(d$min, d$max), grange=c(g$min, g$max)))
          d          g tot.its dits gits
1 54.92436 0.2485222      91   28   63
```

现在 gpi 对象就更新为正确的参数估计了（输出中给出了估计值和所需时间）。最终的预测表面见图 9-15。

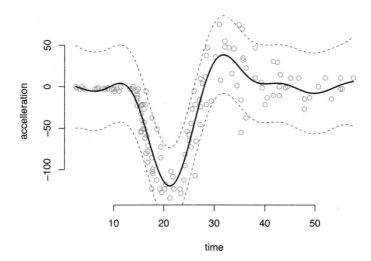

图 9-15　对摩托车数据的基本静态 GP 拟合（均值和 95%预测区间）

这里拟合的模型是形式最简单的 GP。GP 还有很多扩展，可以处理输入空间中不同部分的不同相关性结构和误差变动（例如，真实的摩托车方差在早期时间点上要小得多，同质性误差结构在该区域得到了太宽的不确定性边界）。TGP[①]（treed Gaussian process，树化高斯过程）应该是读者会感兴趣的一种算法，它使用每个叶子节点都是一个 GP 回归模型的 CART 划分，将树和 GP 结合起来。这就让你可以使用更浅的树（因为 GP 可以在叶子节点上具有模型结构），由此得到更稳定的预测规则。R 的 tgp 包实现了这种 TGP 模型，论文 "tgp: An R package for Bayesian nonstationary, semiparametric non-linear regression and design by treed Gaussian process models" 和 "Categorical inputs, sensitivity analysis, optimization and importance tempering with tgp version 2, an R package for treed Gaussian process models" 对其强大能力做了详细介绍。

---

① Robert B. Gramacy, Herbert K. H. Lee. Bayesian treed gaussian process models with an application to computer modeling. Journal of the American Statistical Association, 2008.

第 10 章　人工智能

本书自始至终都在介绍各种新方法，商业公司通过这些方法使用数据来优化自己的业务。不管被称为大数据还是数据科学革命，过去十年中这种分析的兴起是以海量数据为标志的，其他标志还包括像文本和图像这种非结构化的非传统数据，以及在分析中使用快速灵活的机器学习算法。

伴随着 DNN（deep neural network，深度神经网络）和相关方法近期取得的进展，高性能的机器学习算法应用变得越来越**自动化**，而且在不同数据情形下都非常稳健。这使得人工智能飞速发展，它可以将多种机器学习算法（每种方法都针对一个简单的预测任务）结合起来解决复杂的问题。

本章将从当前的商业数据科学拓展开来，介绍一种框架来思考这种由机器学习驱动的新型人工智能。对于那些想围绕这种技术构建业务流程的人来说，理解人工智能系统的各个组成部分以及它们的集成方式是非常重要的，透彻地而不是浮皮潦草地掌握人工智能的相关定义，有助于理解人工智能成功的必备条件，这样才能迎接它所带来的巨大改变。

10.1　什么是人工智能

图 10-1 给出了一种简要分类，它将人工智能分为 3 个主要部分。完整的端到端人工智能解决方案（也称**智能系统**）可以吸收人类知识（如通过机器阅读和计算机视觉）并使用这些信息来自动、快速地完成之前只能由人类完成的任务。必须设计一个定义清晰的任务结构，在商业环境中，这种结构是由商业和经济领域的专业人士提供的。你需要大量数据来搭建并运行这个系统，还需要一种策略来持续生成数据以便系统能够响应和学习。最后，你需要机器学习方法从非结构化数据中探测模式并做出预测。本节将全面介绍这 3 个组成部分，之后将详细介绍深度学习模型以及它们的优化方法和数据生成过程。

人工智能	=	领域结构	+	数据生成	+	通用机器学习
		专业知识		强化学习		深度神经网络
		结构（计量）经济学		大数据资产		视频/音频/文本
		松弛与启发式方法		传感器/视频追踪		OOS+SGD+GPUs

图 10-1　商业人工智能系统是机器学习预测器的一种自训练结构，它可以自动、快速地完成人类任务

请注意，这里明确地将机器学习从人工智能中分离出来，这是非常重要的：它们是不同的技术，但经常被混淆。机器学习可以做很多不可思议的事情，但它基本上局限于预测与过去大体相似的未来，它是一种模式识别工具。而人工智能系统可以解决过去只能由人来解决的复杂问题，它解决这种问题的方式是将其分解为多个简单的预测任务，其中每个任务都通过一种简单的机器学习算法来完成。人工智能使用机器学习实例作为更大系统的组成部分，这些机器学习实例需要在由领域知识定义的结构中进行组织，而且需要提供数据来帮助它们完成所分配的预测任务。

这并不能削弱机器学习在人工智能中的重要性。与早期的人工智能工作不同，当前的人工智能实例是**由机器学习驱动**的。机器学习算法被植入人工智能的各个方面，本章将介绍机器学习成为一种通用技术的演变过程，这种演变是当今人工智能发展背后的主要推动力，而且机器学习算法正在更大的范围内构建人工智能模块。

为了具体说明，我们看一个人工智能系统的例子。这是微软子公司 Maluuba 设计的一个系统，目的是训练人工智能在 Atari 游戏机上玩电子游戏《吃豆小精灵》（*Ms. Pac-Man*）并取胜[①]。图 10-2 展示了这个系统，玩家在游戏面板上移动 Ms. Pac-Man，吃掉豆子获得奖励，同时保证不被某个"鬼怪"吃掉。Maluuba 的研究者们建立了一个系统，来学习如何操作这个游戏，旨在获得尽可能高的分数，并超过人类的表现。

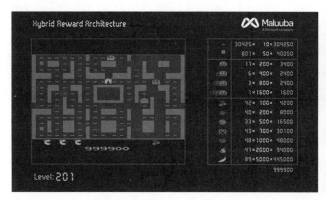
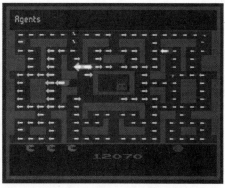

图 10-2   操作 Ms. Pac-Man 的 Maluuba 系统截图。左侧图展示了游戏面板，其中有 Ms. Pac-Man 和"鬼怪"行走的迷宫。在右侧图中，作者们分配了很多箭头，表示面板上不同位置建议 Ms. Pac-Man 行走的当前方向，每个位置对应一个不同的 DNN

一种对人工智能的常见误解是，在像 Maluuba 这样的系统中，游戏的操作者是一个 DNN，也就是说，系统使用一个人造的 DNN "大脑"代替人类游戏摇杆来工作。但这不是它的工作方式，Maluuba 系统不是使用与 Ms. Pac-Man 虚拟化身（这就是人类玩家在游戏中的体验）相连的单个 DNN，而是被分解为 163 个机器学习任务部件。正如图 10-2 中右侧图所示，工程师为面板上的每个单元都分配了一个独立的 DNN 例程。此外，他们还使用一些 DNN 来跟踪游戏角色，就是那些"鬼怪"，当然还有 Ms. Pac-Man 本身。在游戏中任意一个点上，人工智能系统都向 Ms. Pac-Man 发送方向，然后再通过综合考虑每个机器学习部件的建议进行选择。与 Ms. Pac-Man 当前位置相近部件的建议被赋予较大权重，与其距离较远的部件的建议的权重则相对较小。因此，你可以认为机器学习算法为面板上的每个方块分配了一个待解决的简单任务：当 Ms. Pac-Man 经过这个位置时，下一步它将走向哪个方向？

对于人工智能厂商来说，训练人工智能学习玩电子游戏或桌面游戏是展示他们当前能力的标准途径。谷歌 DeepMind 公司的 AlphaGo[①]系统就是其中最著名的例子之一，这个系统是为了下围棋这种极其复杂的桌面游戏而构建的。它的能力超越了人类，在 2016 年 3 月韩国首尔的现场直播比赛中，AlphaGo 以四比一战胜了围棋世界冠军李世石。与 Maluuba 系统将 Ms. Pac-Man 分解为多个复合任务一样，AlphaGo 的成功也是将围棋分解为大量机器学习问题："价值网络"用来评价不同的棋盘位置，"策略网络"则推荐下一步的走法。这里的关键之处在于，尽管复合机器学习任务可以通过相对通用的 DNN 来解决，但完整的组合系统是高度针对当前问题的特殊结构而构建的。

图 10-1 列出的第一个人工智能核心部件是**领域结构**（domain structure），这种结构用于将复杂问题分解为可以用机器学习解决的复合任务。人工智能厂商之所以选择游戏进行研究，就是因为它的这种结构非常明显：游戏规则都是清楚明确的。这暴露出在实际商业应用中用于代替人脑的系统与游戏的巨大差别。为了处理现实世界中的问题，你需要一种像游戏规则一样的理论。例如，如果你想建立一个能够与客户进行沟通的系统，就应该将客户需求和倾向清楚地描述出来，以便用于生成对话的不同机器学习程序能分别处理。或者，对于在零售环境中处理市场和价格的所有人工智能系统，都应该能使用经济需求系统结构来预测单个商品的价格变动（可能由某个 DNN 来负责）会如何影响其他商品的最优定价以及顾客（他们本身也可能是使用 DNN 建模的）的行为。

人工智能系统的成败与具体的环境密切相关，你需要以该环境的特殊结构为指导构建人工智能架构。对于想使用人工智能技术的商业公司以及试图预测人工智能影响力的经济学家来说，这一点非常重要。正如下面将详细介绍的，机器学习当前已成为一种**通用技术**[②]。由于机器学习本身以及人工智能技术栈上层和下层（如上层的商业系统改进连接器，下层的增强计算硬件，如 GPU）的不断革新，这些工具随着时间的推移变得越来越便宜，也越来越快速，机器学习有潜力成为一种云计算产品[③]。相反，将机器学习部件组合成端到端人工智能解决方案所必需的领域知识则不能商品化。只有具备了专业知识，能将复杂的人类商业问题分解为机器学习部件能解决的问题，才能让人工智能不只是能玩游戏，成功地发展出能用于商业的下一代人工智能技术。

[①] David Silver, Aja Huang, Chris J Maddison, et al. Mastering the game of go with deep neural networks and tree search. Nature, 2016.

[②] Timothy Bresnahan. General purpose technologies. Handbook of the Economics of Innovation, 2010.

[③] 亚马逊、微软和谷歌都开始提供基本的机器学习功能（如转录和图像分类）作为其云服务的一部分。这些服务的价格很低，而且在不同的供应商之间大多是匹配的。

在很多这样的情形中，社会科学占有一席之地。我们观察到一些极为复杂的现象，可以围绕这些现象利用科学建立结构和理论。与商业关系最为密切的社会科学，经常依靠经济学来为商业人工智能提供规则。由于机器学习驱动的人工智能依赖对回报和其内部参数的测量，因此在假定系统与用于反馈和学习的数据信号之间，**计量经济学**（econometrics）将会扮演关键的角色。工作不会直接转换，你需要建立允许机器学习算法中有一定误差的系统。那些只能在苛刻条件下应用的经济学理论（如刀刃均衡）对于人工智能来说太不稳定了，这就是图 10-1 中包含了松弛条件和启发式方法的原因。社会科学对推动人工智能设计大有可为，如果我们知道了在商业人工智能中哪些方法有效，哪些无效，那么人工智能和社会科学都能得到发展。

除了机器学习和领域结构，图 10-1 中人工智能的第三个核心部件是**数据生成**（data generation）。这里使用"生成"这个词而不是更加被动的"收集"等词，是为了强调人工智能系统需要一种积极的策略来保持一个稳定的信息流，使得新的、有用的信息能不断进入复合学习算法。在多数人工智能应用中，会有两种数据：一种是固定大小的数据资产，用于训练执行常见任务的模型，另一种数据则是系统在实验和提升性能时主动生成的。例如，在学习如何操作 Ms. Pac-Man 时，可以使用记录人类如何玩游戏的数据集来初始化模型，这就是固定大小的数据资产。然后，这种初始化系统开始操作 Ms. Pac-Man 这个游戏。还记得这个系统被分解为多个机器学习部件吗？随着游戏时间和次数的增加，每个部件都在不同情形下实验可能的移动方法。因为这些操作都是自动的，所以系统可以重复循环多次游戏，快速积累丰富的经验。

对于商业应用，绝不能低估有大量数据资产可以初始化人工智能系统所带来的优势。与桌面游戏或电子游戏不同，现实世界的系统可以传递出各种极其微妙的信号。例如，任何可以与人类进行对话沟通的系统都必须理解通用领域语言，然后才能处理具体问题。正是由于这个原因，那些拥有海量人类交互数据（如社交媒体和搜索引擎）的厂商在对话类人工智能系统上就占有技术优势。不过，这种数据只能在开始时使用，在这种"热启动"之后，系统就开始与现实世界的商业事件进行交互，特定情境的学习就开始了。

能主动选择自己所需数据的通用机器学习算法框架称为 RL（reinforcement learning，强化学习）[1]，它是由机器学习驱动的人工智能的一个极其重要的组成部分。在一些狭窄而且高度结构化的情形中，研究者建立了一种"零样本"学习系统，其中人工智能在不使用任何静态训练数据的情况下，启动之后就可以达到非常高的性能。例如，在之后的研究中，谷歌 DeepMind 开发出了 AlphaGoZero[2]系统，它使用零样本学习复制了之前 AlphaGo 的成功。请注意，RL 是发生在单个机器学习任务的级别之上的，我们可以把对人工智能的描述更新为：它是由 RL 驱动的多个机器学习部件组合而成的。

作为 RL 研究的补充，有很多关于人工智能系统的研究活动可以模拟"数据"，就好像它们来自现实世界的数据源。这些活动可以加速系统训练，复制人工智能在电子游戏和桌面游戏上的

---

① 这是统计学中的一个古老概念。前面讲到了关于 RL 的部分内容，包括实验的序列化设计、主动学习和贝叶斯优化。

② David Silver, Julian Schrittwieser, Karen Simonyan, et al. Mastering the game of go without human knowledge. Nature, 2017.

成功，这些情形中的实验成本几乎为零（就是玩游戏，没有金钱损失或人员受伤）。GAN（generative adversarial network，生成对抗网络）[1]就是这样一种模式，一个 DNN 模拟生成数据，另一个 DNN 去分辨哪些数据是真实的，哪些是模拟出来的。例如，在一个图像标注应用中，一个网络用来生成图像标题，另一个网络试图区分哪些标题是人工添加的，哪些是机器生成的。如果这种模式表现得足够好，你就可以构建一个图像标注器，将在训练时需要由人判断的标题数量减至最少。

最后，人工智能正在扩展到实际空间中。例如，Amazon Go 提出了一种概念，通过摄像头和传感器确定顾客从货架上拿了什么东西，并据此收费，从而提供无收银员的购物结账体验。这些系统和其他人工智能应用一样，都是数据密集的，但是增加了将实际空间的信息转换到数字空间的要求，它们需要能够识别人类和物体。在当前的一些实现中，既有通过传感器和设备网络（物联网）的基于物体的数据源，也有来自监控摄像头的视频数据，必须将这两者结合起来。基于物体的传感器数据与物体联系在一起，结构化非常好，这是它的优势，而视频数据更灵活，你可以观看现场，也可以查看事先不知道如何标注的物体。随着计算机视觉技术的进步以及成本不断降低的摄像设备的大量采用，研究重点正在向非结构化的视频数据转移。人工智能的发展也呈现同样的趋势，例如，随着机器的阅读能力不断提高，对原始对话记录的使用也在增加，这使得由机器学习驱动的人工智能向通用技术形式快速发展。

10.2 通用机器学习

通用机器学习是人工智能中最受关注的部分，甚至经常被误认为人工智能的全部。尽管有点过分强调，但近期兴起的 DNN 明显是人工智能大发展背后的主要推动力。DNN 可以在对话数据、图像数据和视频数据（以及更传统的结构化数据）中更快地学到模式，而且更加自动化。它提供了新的机器学习能力，彻底改变了机器学习设计的工作流。但是，这种技术只是现有机器学习能力的快速演化，而不是一种全新的技术。

正如前面一直在讨论的，机器学习是研究如何**自动化地**根据复杂数据做出稳健预测的领域。机器学习全心专注于在未知数据上最大化预测效果这一目标，这种明确的关注点，以及通过保留数据校验来测试性能的能力，使得机器学习快速地将性能、速度和自动化程度提高到了一个新的水平。具体可用的机器学习技术包括 lasso 正则化回归、树算法和树的集成（比如 RF），以及神经网络。这些技术贴着"数据挖掘"或者"预测性分析"的标签，在商业问题中找到了用武之地。很多政策和商业问题需要的不仅仅是预测，由于这一事实的驱动，从业者们开始重视统计推断，并从统计学中汲取了很多思想。这些工作与实际需求以及丰富的大数据结合在一起，就构成了一个定义松散的领域——数据科学，也就是本书的主题。

随着机器学习进入一般商业分析领域，公司可以从高维非结构化数据中获取知识。但只有机器学习工具和方法变得足够稳健和实用，连非计算机科学或统计学专家都可以对其进行部署时，

---

① Ian Goodfellow, Jean Pouget-Abadie, Mehdi Mirza, et al. Generative adversarial nets, 2014.

这才是可能的。也就是说，它们可以被各种背景的人员使用，这些人具有各自商业用例的领域知识。同样，经济学家和其他社会科学家也可以使用这些工具，利用新的数据研究那些激动人心的科研问题。这些工具的通用性使得它们被各种学科所采用，它们被包装成优质的软件，其中有各种经过检验的程序，可以让用户看到拟合出的模型在未来预测任务中有多么好的表现。

最新一代的机器学习算法，尤其是从 2012 年左右开始爆炸式发展的深度学习技术[①]，大大提高了预测模型拟合和应用过程中的**自动化**水平。这种新型机器学习就是 GPML（general-purpose ML，通用机器学习），也就是图 10-1 中最右侧展示的人工智能核心部件。GPML 中的第一个部件是 DNN：由**多层非线性**转换**节点**函数组成的模型，网络中每层的输出都是下一层的输入。稍后会详细介绍 DNN，现在只要知道它们可以比之前更快和更容易地在非结构化数据中发现模式就够了。它们也是高度模块化的，你可以让某一层对一种数据（如文本）进行优化，然后将它与优化了另一种数据（如图像）的另外一层结合起来。你还可以使用在一个数据集（如一般图像）上预训练完毕的层作为一个更专业化的模型（如一个具体的认知任务）的一部分。

专业化的 DNN 架构负责实现 GPML 的核心功能——处理人类水平的数据：视频、音频和文本。这是人工智能的必备功能，因为它可以使这些系统安装在人类可以理解的相同信息源之上。你不需要创建新的数据库系统（或者使用现有的标准形式）来为人工智能提供数据；相反，人工智能可以利用商业功能生成的混乱信息。这种功能有助于说明为什么基于 GPML 的新型人工智能比之前的人工智能尝试更有前景。传统人工智能依赖人工确定的逻辑规则来模拟一个理性的人如何处理特定问题[②]，这种方法有时被充满怀旧之情的人称为 GOFAI（good old-fashioned AI）。GOFAI 的问题非常明显：使用逻辑规则解决人类问题，需要对所有可能的情形和行动进行分类，但这种分类极其复杂，根本不可能实现，系统设计者必须事先知道如何将复杂的人类任务转换为确定的算法。

新的人工智能则没有这种局限。下面看一个创建虚拟代理来回答客户提问（如 "为什么我的计算机启动不了？"）的例子。GOFAI 系统解决这个问题的方式是基于人工编码的对话树：如果用户说的是 "甲"，那么回答 "乙"，以此类推。要安装这个系统，需要人类工程师理解客户的所有主要问题，并专门进行编码。而新型的由机器学习驱动的人工智能可以直接理解现有的全部客户支持记录，并学会复述人类代理过去是如何回答客户问题的。机器学习可以让系统根据人类对话推测出支持模式，安装工程师只需启动 DNN 拟合例程即可。

这就到了图 10-1 中 GPML 部分的最后一个重点——能在海量数据集上方便地拟合模型的工具：用于模型调优的样本外验证，用于参数优化的 SGD，还有 GPU 以及其他用于大规模并行优化的计算机硬件。这些都是大规模 GPML 的必备条件。尽管经常与深度学习和 DNN 联系在一起（尤其是 SGD 和 GPU），但这些工具是基于多种机器学习算法发展出来的。通过试错，DNN 成了机器学习建模的主流模式，部分原因就在于机器学习研究者发现神经网络模型特别适合与现有的

① Alex Krizhevsky, Ilya Sutskever, Geoffrey E. Hinton. Imagenet classification with deep convolutional neural networks, 2012.

② John Haugeland. Artificial Intelligence: The Very Idea. MIT Press, 1985.

工具协作[①]。

　　本书一直强调，样本外验证是一种基本思想：要选出最优的模型设定，应该在训练（拟合）时没有使用过的数据上对模型的预测表现进行比较。它可以规范化为一种交叉验证：你将数据分为 K 折，然后重复 K 次以下操作——在除第 K 折外的所有数据上拟合模型，并使用保留的第 K 折数据评价模型的预测效果（如均值平方误差或误分类率）。平均样本外预测效果最好（如误差率最小）的模型就可以实际部署了。

　　机器学习全面采用样本外验证作为模型质量的评价标准，将机器学习工程师从对模型质量的**理论说明**中解脱出来。当然，当你只能将"猜测和验证"作为模型选择方法时，总会有挫败感和时间延误。但是，这些必要的模型搜索越来越多地不是由人去执行：它可以通过其他机器学习例程来完成。这既可以显式进行，在 AutoML[②]框架中使用简单的辅助性机器学习预测更加复杂的目标模型的样本外表现，也可以隐式地通过在目标模型中增强灵活性来实现（如使调优参数成为优化目标的一部分）。样本外验证提供了明确的优化目标（这个目标与样本内验证似然不同，不会造成过拟合），这就非常便于自动化地进行模型调优，它可以将人从模型与特定数据集的适应过程中解脱出来。

　　多数读者可能对 SGD 优化不那么熟悉，它是 GPML 的一个关键环节。这种算法可以让模型通过一小部分数据来拟合：你可以使用一个数据**流**来训练模型，不必在整个数据集上进行**批量**计算，这样就可以在海量数据集上估计复杂模型。由于一些微妙的原因，SGD 算法的设计往往容易拟合出稳健、通用的模型（也就是说，SGD 不鼓励过拟合）。

　　最后，看看 GPU：这是一种专用的计算机处理器，它使大规模机器学习成为了现实，而持续的硬件革新也会将人工智能推向新的领域。使用 SGD 进行训练的 DNN 需要大规模**并行**计算：使用各种网络参数同时进行多种基本操作。GPU 就是为这种计算而设计的，用来处理视频和计算机图形显示，其中图像的所有像素都需要同时渲染。尽管 DNN 训练最初并不是 GPU 的主要用途（它主要用于计算机图形处理），但人工智能应用现在已经成了 GPU 制造商最重要的考虑。例如，随着人工智能的兴起，GPU 制造商 NVIDIA 的市值水涨船高。

　　前面介绍的这些技术并没有停止发展，GPU 几乎每天都在变得更快也更便宜。为了优化机器学习，很多新的芯片也开始从头设计。例如，微软和亚马逊在它们的数据中心使用了 FPGA（field-programmable gate array，现场可编程门阵列），这种芯片可以按照精确的要求动态地进行设置，为高精度操作有效地分配资源，也可以在只需要几位小数的计算时（如 DNN 参数的前期优化更新）节省计算资源。另一个例子，谷歌的 TPU（tensor processing unit，张量处理单元）是为张量代数而专门设计的，张量是机器学习中一种常用的数学对象[③]。

① Yann LeCun, Léon Bottou, Yoshua Bengio, et al. Gradientbased learning applied to document recognition, 1998.
② Matthias Feurer, Aaron Klein, Katharina Eggensperger, et al. Efficient and robust automated machine learning. In Advances in Neural Information Processing Systems, 2015.
③ 张量是矩阵的一种多维扩展，即矩阵是二维张量的另一个名称。

通用技术的一个标准特征是可以引发产业巨变，不论该技术在供应链中的上游还是下游，这也正是围绕新型通用机器学习发生的事情。在下游，芯片生产商正在改变他们的硬件类型来适应这些基于 DNN 的人工智能系统；在上游，GPML 催生了新型的由机器学习驱动的人工智能产品。随着现实中更多人工智能功能的出现，如自动驾驶汽车、可对话商业代理、智能经济市场，这些领域中的专家和学者需要找到在机器学习任务结构中解决复杂问题的方法。这正是经济学家和商业人士的任务，对用户更友好的 GPML 将成为他们必不可少的基本工具。

10.3　深度学习

前面讲了 DNN 是 GPML 的关键工具，但它到底是什么？"深度"是何含义呢？本节将从高层次概述这种模型。但这不是用户指南，如果需要用户指南，可以参考 Goodfellow、Bengio 和 Courville 的著作[①]。这是一个快速发展的研究领域，新型神经网络模型和估计算法以稳定的速度不断发展。领域内激动人心的成就以及媒体和商业不遗余力的鼓吹，使得我们很难跟上潮流。而且，机器学习公司和学术界总是将每一次小小的进步宣称为"彻底革新"，使得相关文献如一团乱麻，领域内的新人很难搞清楚来龙去脉。但深度学习有一种常规结构，抛开那些花里胡哨的宣传，透彻理解这种结构可以让你深刻领悟它能取得成功的原因。

神经网络是一种简单模型，实际上，这种简单性是一种优势，因为它的基本模式非常便于快速训练和计算。神经网络模型对输入进行线性组合，然后传递给称为**节点**（或参考人脑，也称为**神经元**）的非线性激活函数。对同一输入使用不同权重进行汇总的节点集合称为**层**（layer），某层节点的输出就是下一层的输入。神经网络的结构如图 10-3 所示，其中每个圆圈都是一个节点，输入层（最左边的层）节点通常有特殊结构，它们或者是原始数据，或者是通过一组额外的层（如即将介绍的卷积层）处理过。输出层给出预测结果。在简单回归中，这个输出就是 $\hat{y}$，即对某个随机变量 y 的预测值，但 DNN 可用于预测各种高维对象。与输入层中的节点一样，输出节点也往往在不同应用中表现出不同形式。

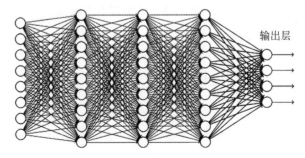

图 10-3　五层神经网络，摘自《深入浅出神经网络与深度学习》[②]

① Ian Goodfellow, Yoshua Bengio, Aaron Courville. Deep Learning. MIT Press, 2016.
② 此书已由人民邮电出版社出版，详见 ituring.cn/book/2789。——编者注

网络中间层的节点具有"经典的"神经网络结构。假设 $\eta_{hk}(\cdot)$ 是中间层 h 中的第 k 个节点，该节点使用网络中上一层（$h-1$ 层）输出的加权组合作为输入，并通过一个**非线性**变换来得到输出。例如，ReLU（rectified linear unit，修正线性单元）节点是迄今为止最常用的功能节点，它只是将输入值的最大值和 0 输出，如图 10-4 所示[①]。假设 z_{ij}^{h-1} 是观测 i 在 $h-1$ 层中第 j 个节点的输出，那么 h 层中第 k 个节点的相应输出就可以写作：

$$z_{ik}^{h} = \eta_{hk}\left(\boldsymbol{\omega}_h' z_i^{h-1}\right) = \max\left(0, \sum_j \omega_{hj} z_{ij}^{h-1}\right) \tag{10.1}$$

其中 ω_{hj} 是网络**权重**。对于一种给定的网络架构（节点和层的结构），这些权重是训练网络时需要更新的参数。

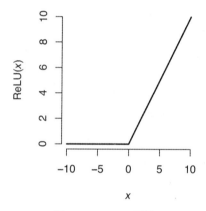

图 10-4　ReLU 函数

神经网络历史悠久，对这种模型的研究工作可以追溯到 20 世纪中叶，如 Rosenblatt 的感知机[②]，这种早期研究的重点在于将网络作为一种可以模拟人脑实际构造的模型。20 世纪 80 年代末，在神经网络**训练**算法上取得的进展[③]释放了这种模型的潜力，它不再仅仅是人脑的模拟模型，而是开始成为一种通用的模式识别工具。这带动了神经网络研究的一次大发展，20 世纪 90 年代开发出的方法奠定了现在多种深度学习技术的基础[④]。但这只是昙花一现，由于愿景与现实结果之间存在巨大差距（以及在大规模数据集上一直难以训练网络），从 20 世纪 90 年代末开始，神经网络在多种机器学习方法中"泯然众人"。在应用层面，它也被更稳健的方法所取代，如 RF、高

---

① 在 20 世纪 90 年代，人们将大量精力花在不同节点转换函数的选择上。近来人们的共识是可以使用一个简单的便于计算的转换函数（如 ReLU）。如果有足够多的节点和层，那么具体的转换函数并不重要，只要它是非线性的。

② Frank Rosenblatt. The perceptron: A probabilistic model for information storage and organization in the brain. Psychological review, 1958.

③ David E. Rumelhart, Geoffrey E. Hinton, Ronald J. Williams, et al. Learning representations by back-propagating errors. Cognitive Modeling, 1988.

④ Sepp Hochreiter, Jürgen Schmidhuber. Long short-term memory. Neural Computation, 1997; Yann LeCun, Léon Bottou, Yoshua Bengio, et al. Gradient-based learning applied to document recognition, 1998.

10

维正则化回归，以及各种贝叶斯随机过程模型。

在 20 世纪 90 年代，一种趋势是通过增大**宽度**来提高网络复杂度。一些具有大量节点的层（通常是一个隐藏层）被用来近似复杂函数。研究者构建了这种"宽"学习模型，如果能在足够多的数据上训练，它就能近似任意函数[①]。但问题在于，这被证明是一种低效的数据学习方法。宽网络是**灵活的**，但需要大量数据来控制这种灵活性。从这方面看，宽网络类似于序列估计器这样的传统**非参数**统计模型。实际上，在 20 世纪 90 年代末，Radford Neal 证明了对于特定的神经网络，当它某一层中的节点数趋于正无穷时，就会收敛于 GP，一种经典的统计回归模型[②]。似乎有理由盖棺论定，神经网络只是更加透明的统计模型的一种笨重版本。

转机是如何出现的呢？说来话长，但两件与研究方法无关的事情彻底扭转了局势：我们有了比以前多得多的数据（大数据），用于计算的硬件也变得更高效（GPU）。不过，研究方法的发展也极其重要：网络变深了。这种突破一般归功于 Geoff Hinton 及其合作者于 2006 年在网络架构方面的工作[③]，他们将多个**预先训练完毕的**层堆叠起来完成手写识别任务。在这种预训练中，网络中间层先使用一种**无监督**学习任务进行拟合（对输入进行降维），然后再用作监督学习系统的一部分。这种思想类似于 PCR：先拟合一个对 x 的低维表示，再使用这个低维表示来预测某个相关的 y。Hinton 的模式使得研究者可以训练比以前更深的网络。

这种特定类型的无监督预训练已经不再被看作深度学习的中心任务，但 Hinton 的论文让很多人看到了 DNN 的潜力：多层模型，其中每一层都可以有不同的结构并在整体系统中扮演不同的角色。于是，训练深度网络很快就变成了现实，即应该为模型增加深度。随后，多个研究团队都从实证和理论角度说明了深度对于从数据中高效学习是非常重要的[④]。深度网络的**模块度**（modularity）是关键：功能结构的每一层都扮演特定的角色，当转换数据应用时，你可以像玩乐高积木一样对层进行拼插。这样就可以快速开发出特定应用的模型，也可以在模型之间进行**迁移学习**（transfer learning）。一个网络的中间层，如果已经针对某种图像识别问题训练完毕的话，就可以用于热启动一个有不同计算机视觉任务的新网络。

随着 Krizhevsky、Sutskever 和 Hinton 于 2012 年发表的一篇论文[⑤]，深度学习成了机器学习的主流，他们证明了在著名的 ImageNet 计算机视觉竞赛中，DNN 能够碾压当前的性能标准。此后，比赛就开始了，例如，DNN 的图像分类表现已经超过了人类[⑥]，现在它不但能识别图像，还能生成恰当的标题[⑦]。

---

①　Kurt Hornik, Maxwell Stinchcombe, Halbert White. Multilayer feedforward networks are universal approximators. Neural Networks, 1989.

②　Radford M. Neal. Bayesian Learning for Neural Networks. Springer Science & Business Media, 2012.

③　Geoffrey E. Hinton, Simon Osindero, Yee-Whye Teh. A fast learning algorithm for deep belief nets. Neural Computation, 2006.

④　Yoshua Bengio, Yann LeCun. Scaling learning algorithms towards AI. Large-Scale Kernel Machines, 2007.

⑤　Alex Krizhevsky, Ilya Sutskever, Geoffrey E. Hinton. ImageNet classification with deep convolutional neural networks, 2012.

⑥　Kaiming He, Xiangyu Zhang, Shaoqing Ren, et al. Deep residual learning for image recognition, 2016.

⑦　Andrej Karpathy, Li Fei-Fei. Deep visual-semantic alignments for generating image descriptions, 2015.

这些计算机视觉进展背后的模型都使用了一种特定类型的**卷积**（convolution）转换。原始图像数据（像素）先经多个卷积层处理，然后这些卷积层的输出再输入到公式 10.1 和图 10-3 中更为经典的神经网络架构中。图 10-5 演示了一个基本的图像卷积操作：使用一个由权重组成的**核**（kernel）将图像局部区域的像素组合成一个（通常是）低维输出图像中的单个像素。这种所谓的**卷积神经网络**（convolutional neural network，CNN）[1]说明了使得深度学习如此成功的策略：它可以方便地将不同设定的层堆叠起来，使得专门的图像功能（卷积）可以注入擅长通用功能表示的层中。在现代 CNN 中，通常会有多个卷积层注入 ReLU 激活函数中，最后进入**最大池化**（max pooling）层，它由能输出每个输入矩阵的最大值的节点组成[2]。例如，图 10-6 给出了 Jason Hartford 等人[3]使用的简单架构，它可以完成（模拟的）商业数据与数字的混合识别。

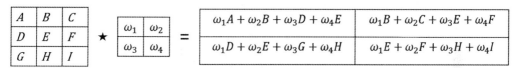

图 10-5　一个基本的卷积操作。像素 A、B 等和权重 ω_k 相乘并加总。这里的核会应用于"图像"中每个 2×2 子矩阵

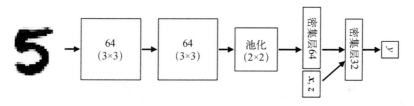

图 10-6　Jason Hartford 等人使用的简单架构。变量 x、z 中包含了结构化的商业信息（如商品 ID 和价格），它们与手写数字图像混合在网络中

这就是深度学习的一种模式：模型针对特定的输入数据类型在前面的层中使用转换。对于图像数据，可以使用 CNN。对于文本数据，需要将单词**嵌入**向量空间，这可以通过一个简单的 Word2vec 转换[4]来实现，第 8 章讨论过这个问题；也可以通过一个 LSTM 结构[5]（长短期记忆结构）来实现，这是一种用于单词和字母序列的模型，本质上是由一个隐马尔可夫模型（长）和一个自回归过程（短）混合而成的。它还有其他很多变种，几乎每天都有新架构问世[6]。

① Yann LeCun, Yoshua Bengio. Convolutional networks for images, speech, and time series. The Handbook of Brain Theory and Neural Networks, 1995.

② CNN 是一个巨大而有趣的领域。更多相关知识，可参考 Goodfellow 等人的著作。

③ Jason Hartford, Greg Lewis, Kevin Leyton-Brown, et al. Deep IV: A flexible approach for counterfactual prediction. In the proceedings of the International Conference on Machine Learning, 2017.

④ Tomas Mikolov, Ilya Sutskever, Kai Chen, et al. Distributed representations of words and phrases and their compositionality, 2013.

⑤ Sepp Hochreiter and Jürgen Schmidhuber. Long short-term memory, 1997.

⑥ 例如，Sara Sabour 等人在论文 "Dynamic routing between capsules" 中提出的胶囊网络使用更加结构化的摘要函数代替了 CNN 中的最大池化层。

需要说明一下：DNN 中有很多**结构**。这些模型与统计学家、计量经济学家和早期机器学习使用的非参数模型相同，它们是**半参数化**的。看看图 10-7 中的卡通 DNN，网络的前期阶段提供了巨大的、通常是线性的降维效果。这些前期阶段是高度参数化的：使用一个用于图像数据的卷积模型去处理客户交易数据是完全没有意义的。这些前期层的输出之后通过一系列传统的神经网络节点进行处理，就像公式 10.1 那样。这些后期的网络层就像传统的非参数回归一样：扩展前期层的输出来近似响应中的函数形式。这样，DNN 就结合了受限的数据降维和灵活的函数近似，关键在于这两部分是联合学习的。

图 10-7　一个卡通 DNN，使用图像、结构化数据 $x_1, \cdots, x_{\text{big}}$ 和原始的文本文档作为输入

这里仅仅介绍了深度学习这个领域的冰山一角，不论是工业界还是学术界，振奋人心的新成果都不断涌现。如果想了解该领域的最新进展，可以在 NeurIPS 官网查看最新的 NeurIPS（neural information processing system，神经信息处理系统）议程，它是机器学习领域的顶级会议，便于获知大量研究进展。当前的热点之一是 DNN 的不确定性量化，还有训练数据中的不平衡会如何导致预测有潜在偏差。随着 DNN 逐渐脱离学术竞赛进入实际应用阶段，这些问题会变得越来越重要。随着该领域的发展和 DNN 模型构建从科学进入工程领域，对这种研究的需求会越来越多，这将告诉我们何时以及在多大程度上可以信任 DNN。

10.4　◆SGD

为了展示深度学习的全貌，有必要介绍它所依赖的用于训练所有模型的算法：SGD。SGD优化是对 GD 方法的一种扩展，GD 曾是对任何可导函数求极小值的主要方法。给定一个最小化目标 $\mathcal{L}(\Omega)$，其中 Ω 是模型参数的完整集合，每次梯度下降迭代都会更新当前参数 Ω，如下所示：

$$\Omega_{t+1} = \Omega_t - \boldsymbol{C}_t \nabla \mathcal{L}\big|_{\Omega_t} \tag{10.2}$$

其中 $\nabla \mathcal{L}\big|_{\Omega_t}$ 是 $\mathcal{L}$ 的梯度在当前参数下的值，$\boldsymbol{C}_t$ 是一个投影矩阵，可以确定在由 $\nabla \mathcal{L}$ 确定的方向上

的步长①。C_t 有一个下标 t 是因为该投影矩阵在优化过程中可以更新。例如，牛顿法中使用等于目标矩阵二阶导数 $\nabla^2\mathcal{L}|_{\Omega_t}$ 的 C_t。

人们常说神经网络是通过"反向传播"进行训练的，这并不完全正确：它们是通过梯度下降的变种方法进行训练的。反向传播②是一种计算网络参数上的梯度的方法，具体地说，反向传播只是微积分中链式规则的算法实现。对于公式 10.1 中的简单神经元，单个权重 ω_{hj} 的梯度计算方法为：

$$\frac{\partial\mathcal{L}}{\partial\omega_{hj}} = \sum_{i=1}^{n}\frac{\partial\mathcal{L}}{\partial z_{ij}^{h}}\frac{\partial z_{ij}^{h}}{\partial\omega_{hj}} = \sum_{i=1}^{n}\frac{\partial\mathcal{L}}{\partial z_{ij}^{h}}z_{ij}^{h-1}\mathbb{1}_{\left[0<\Sigma_j\omega_{hj}z_{ij}^{h-1}\right]} \tag{10.3}$$

链式规则的另一种用法是将 $\partial\mathcal{L}/z_i^h$ 扩展为 $\partial\mathcal{L}/z_{ij}^{h+1}\times\partial z_{ij}^{h+1}/\partial z_{ij}^h$，以此类推，直到将完整的梯度写成各层上操作的乘积。网络中的定向结构可以高效地计算出所有梯度,方法是逐层地从后向前,从响应到输入。这种链式规则的递归应用以及相关计算方法就组成了一般的后向传播算法。

在统计估计和机器学习模型训练中，$\mathcal{L}$ 通常包含一个损失函数，它可以对数据观测进行某种形式的求和操作。例如，假设参数上有一个 ℓ_2（岭）正则化惩罚项，那么与 n 个独立观测 z_i（如在回归中 $z_i=[x_i,y_i]$）上的正则化最大似然对应的**最小化目标**就可以写作：

$$\mathcal{L}(\Omega) \equiv \mathcal{L}(\Omega;\{d_i\}_{i=1}^n) = \sum_{i=1}^{n}\left[-\log p(z_i\mid\Omega)+\lambda\|\Omega\|_2^2\right] \tag{10.4}$$

其中 $\|\Omega\|_2^2$ 是 Ω 中所有参数的平方和。一般说来，$\mathcal{L}(\Omega;\{z_i\}_{i=1}^n)$ 可以由任意包含了观测求和的损失函数组成。例如，要建模预测不确定性，我们经常使用分位数损失函数。定义 $\tau_q(x;\Omega)$ 为**分位函数**，用 Ω 进行参数化，就可以将协变量 x 映射为响应变量 y 的第 q 个分位数：

$$p(y<\tau_q(x;\Omega)\mid x)=q \tag{10.5}$$

然后拟合 τ_q 来最小化正则化的分位数损失函数（仍然假定岭惩罚项）：

$$\mathcal{L}(\Omega;\{d_i\}_{i=1}^n) = \sum_{i=1}^{n}\left[(y_i-\tau_q(x_i;\Omega))(q-\mathbb{1}_{\left[y_i<\tau_q(x_i;\Omega)\right]})+\lambda\|\Omega\|_2^2\right] \tag{10.6}$$

常用的"误差平方和"（也可能是正则化之后的）是另一种损失函数，它也符合观测求和这种模式。

对于以上所有情况，梯度计算都需要对公式 10.2 中与所有 n 个观测加总有关的部分进行更新。也就是说，每次对 $\nabla\mathcal{L}$ 的计算都需要 n 阶计算。例如，在一个岭惩罚的线性回归中，$\Omega=\beta$，即回归系数向量，第 j 个梯度分量是：

① 如果 $\Omega=[\omega_1,\cdots,\omega_p]$，则 $\nabla\mathcal{L}(\Omega)=[\partial\mathcal{L}/\partial\omega_1,\cdots,\partial\mathcal{L}/\partial\omega_p]$。黑塞矩阵 $\nabla^2\mathcal{L}$ 中的元素是 $\left[\nabla^2\mathcal{L}\right]_{jk}=\partial\mathcal{L}^2/\partial\omega_j\partial\omega_k$。

② David E. Rumelhart, Geoffrey E. Hinton, Ronald J. Williams, et al. Learning representations by back-propagating errors. Cognitive Modeling, 1988.

$$\frac{\partial \mathcal{L}}{\partial \beta_j} = \sum_{i=1}^{n} \left[\left(y_i - \boldsymbol{x}_i' \boldsymbol{\beta} \right) x_j + \lambda \beta_j \right] \tag{10.7}$$

海量数据集的问题是当 n 非常大时，这种计算的成本就变得难以接受了。对于 DNN，这个问题就更严重了，Ω 的维度非常高，每次梯度求和都需要复杂的计算。GD 是很好的优化工具，但对于海量数据集，它在计算上是不可行的。

解决方案是将公式 10.2 中的实际梯度替换为根据一个数据子集得出的梯度**估计**，这就是 SGD 算法。这种算法的历史非常悠久，可以追溯到 1951 年一些统计学家提出的 Robbins-Munro 算法[1]。在最常用的 SGD 版本中，全样本梯度被简单地替换为一个更小的子样本的梯度，我们不是在全样本损失函数 $\mathcal{L}\left(\Omega; \{d_i\}_{i=1}^{n}\right)$ 上计算梯度，而是退而求其次地根据子样本进行计算：

$$\Omega_{t+1} = \Omega_t - \boldsymbol{C}_t \nabla \mathcal{L}(\Omega; \{d_{i_b}\}_{b=1}^{B})|_{\Omega_t} \tag{10.8}$$

其中 $\{d_{i_b}\}_{b=1}^{B}$ 是观测的一个小型子样本，称为 mini-batch，其中 $B \ll n$。SGD 背后的关键数学结果是，只要 $\boldsymbol{C}_t$ 系列矩阵满足某种基本条件，SGD 算法就可以收敛到一个局部最优值，使得 $\nabla \mathcal{L}(\Omega; \{d_{i_b}\}_{b=1}^{B})$ 是全样本梯度的一个无偏估计[2]。也就是说，SGD 收敛依赖以下公式：

$$\mathbb{E}\left[\frac{1}{B} \nabla \mathcal{L}(\Omega; \{d_{i_b}\}_{b=1}^{B}) \right] = \mathbb{E}\left[\frac{1}{n} \nabla \mathcal{L}(\Omega; \{d_i\}_{i=1}^{n}) \right] = \mathbb{E} \nabla \mathcal{L}(\Omega; d) \tag{10.9}$$

其中最后一项是指**总体**预期梯度——从真实数据生成过程中提取的观测 d 的平均梯度。

为了理解为什么对于机器学习来说 SGD 如此优于 GD，我们应该讨论计算机科学家是如何看待估计上的**限制条件**的。统计学家和经济学家往往将样本容量（他们缺少数据）看作估计时必须考虑的限制条件，但在很多机器学习应用中，数据几乎是无限的，而且在系统部署过程中还会不断增加。尽管有如此丰富的数据，但计算能力有固定的限制（在近乎实时的流数据处理中也有更新的要求），所以在处理数据时，只能执行有限数量的操作。因此，在机器学习中，必须考虑的限制条件是计算能力，而非数据量。

SGD 实现了快速更新，代价是每次更新的收敛速度变慢了。按照 Bousquet 和 Boutteau 在 2008 年发表的论文中的解释[3]，如果快速更新可以让模型处理更多数据，那这种交换就是值得的。我们知道 mini-batch 梯度 $B^{-1}\nabla \mathcal{L}(\Omega; \{d_{i_b}\}_{b=1}^{B})$ 的方差远大于全样本梯度 $n^{-1}\nabla \mathcal{L}(\Omega; \{d_i\}_{i=1}^{n})$，这种方差会给优化更新过程引入噪声。结果就是，对于一个固定的数据样本 n，GD 算法以远少于 SGD 的迭

---

[1] Herbert Robbins, Sutton Monro. A stochastic approximation method. The Annals of Mathematical Statistics, 1951.

[2] 实际上可以不追求无偏的梯度，根据论文 "Deep IV: A flexible approach for counterfactual prediction"，用偏差换取方差确实可以改善效果；但这种事情很难把握，任何情况下都应该把偏差控制到很小。

[3] Olivier Bousquet, Léon Bottou. The tradeoffs of large scale learning, 2008.

代次数就可以得到**样本内损失函数** $\mathcal{L}(\Omega;\{d_i\}_{i=1}^n)$ 的最小值。但是，在 DNN 训练中，我们实际上并不关心样本内损失，而要最小化未来的预测损失。也就是说，要最小化总体损失函数 $\mathbb{E}\mathcal{L}(\Omega;d)$。而理解总体损失的最佳方法就是看到尽量多的数据，所以，如果 SGD 更新的方差不是太大，那么与最小化每次优化更新的方差相比，将计算能力用在处理更多数据上更有价值。

这与 SGD 的一种高层次要点是相关的：这种算法的本质就是，设计一种能提升**优化性能**的步骤，而这种步骤往往也能改善**估计效果**。减小每次 SGD 更新方差的技巧往往也能增强拟合出的模型的泛化能力，使其在预测未知数据时表现得更好。Hardt、Recht 和 Singer 的论文[1]在算法稳定性框架内解释了这种现象。对于 SGD，在更少的迭代次数内收敛意味着在新观测（新mini-batch）上的梯度更快地接近 0。也就是说，按照定义，更快的 SGD 收敛意味着拟合模型对未知数据的效果越好。与全样本 GD 进行比较，对于最大似然：更快的收敛只能表明在当前样本上拟合得更快，而在未来数据上可能出现过拟合。SGD 的可靠性使得深度学习能更容易地从科学研究转到工程领域。更快即更好，所以为 DNN 调优 SGD 算法的工程师可以只注重收敛速度。

对于 SGD 调优这个话题，实际性能对 C_t（公式 10.8 中的投影矩阵）的选择非常敏感。由于计算能力的原因，这个矩阵通常是对角矩阵（对角线之外的元素都是 0），这使得 C_t 中元素表示的就是每个参数梯度方向上的步长。SGD 算法经常使用同一步长进行理论研究，即 $C_t = \delta_t I$，其中 δ_t 是一个标量，I 是单位矩阵。然而这种简单设定会削弱性能，如果 δ_t 不是以精确的速度趋近于 0，SGD 甚至不会收敛[2]。而在实际使用的算法中，$C_t = [\delta_{1t}, \cdots, \delta_{pt}]I$，其中 p 是 Ω 的维度，选择每个 δ_{jt} 都是用来近似 $\partial^2 \mathcal{L} / \partial \omega_j^2$ 的，这是损失函数二阶导数黑塞矩阵对角线上的相应元素（牛顿法中使用的值）。AdaGrad 论文[3]为这种方法提供了理论基础，并提出了一种设定 δ_{jt} 的算法。多数深度学习系统使用受 AdaGrad 启发的算法，比如 ADAM[4]，它在原始算法中结合了启发式规则，实验证明它们确实可以提升性能。

最后，DNN 训练还有一个关键技巧：**丢弃**（dropout）。这个过程是由多伦多大学 Hinton 实验室的研究者[5]提出的，它在每次梯度计算中引入了随机噪声。例如，在伯努利丢弃中，使用 $\tilde{\omega}_{tj} = \omega_{tj}\xi_{tj}$ 代替当前估计 ω_{tj}，其中 ξ_{tj} 是一个伯努利随机变量，满足 $p(\xi_{tj}=1)=c$。公式 10.8 中的每次 SGD 更新都使用这个参数值来对梯度进行求值：

$$\Omega_{t+1} = \Omega_t - C_t \nabla f(\Omega;\{d_{i_b}\}_{b=1}^B)|_{\tilde{\Omega}_t} \tag{10.10}$$

[1] Moritz Hardt, Ben Recht, Yoram Singer. Train faster, generalize better: Stability of stochastic gradient descent, 2016.

[2] Panagiotis Toulis, Edoardo Airoldi, Jason Rennie. Statistical analysis of stochastic gradient methods for generalized linear models, 2014.

[3] John Duchi, Elad Hazan, Yoram Singer. Adaptive subgradient methods for online learning and stochastic optimization. Journal of Machine Learning Research, 2011.

[4] Diederik Kingma, Jimmy Ba. Adam:A method for stochastic optimization, 2015.

[5] Nitish Srivastava, Geoffrey E. Hinton, Alex Krizhevsky, et al. Dropout: A simple way to prevent neural networks from overfitting. Journal of Machine Learning Research, 2014.

10

这里，$\tilde{\Omega}_t$ 是加入了噪声的 Ω_t，其中的元素是 $\tilde{\omega}_{tj}$。

使用丢弃是因为它能得到样本外误差率低的模型拟合（只要将 c 调整到恰当的值）。为何会这样？非正式的解释是，丢弃相当于某种隐式正则化。显式正则化的一个例子是参数惩罚：为了避免过拟合，DNN 的最小化目标几乎总是包含一个 $\lambda\|\Omega\|_2^2$ 岭惩罚项，加在数据似然损失函数上。丢弃的作用与此类似，通过强制 SGD 更新随机忽略某些参数，它可以防止任意参数上的过拟合[①]。更严格的解释是，研究者最近确认了有丢弃的 SGD 对应某种"变分贝叶斯推断"[②]。这意味着有丢弃的 SGD 要找的是 Ω 上的后验**分布**，而不是点估计[③]。随着人们对 DNN 上不确定性量化的兴趣逐渐提高，这种对丢弃的解释也是将贝叶斯推断引入深度学习的一种方式。

10.5 强化学习

下面看看这些人工智能系统是如何通过实验与优化的混合方式生成自己的训练数据的。RL 是人工智能在这方面的常用词，它有时表示特殊的算法，但本书用它来指代主动数据收集这一完整领域。

普遍的问题可以归结为一个奖励最大化任务。你有某种策略或"行动"函数 $d(x_t; \Omega)$，表示系统对带有特征 x_t 的事件 t 做出的反应。事件可以是一位客户在特定时刻访问了你的网站，或者电子游戏中的一个场景，等等。在事件之后，你观测到了"响应" y_t，此时的奖励就计算为 $r(d(x_t; \Omega), y_t)$。在这个过程中，你积累了数据并**学习**了参数 Ω，所以可以将 Ω_t 写为事件 t 中使用的参数。我们的目标是在 T 个事件之后，这种学习过程收敛于某个最优的奖励最大化参数 Ω^*，而且 T 不是太大。这样，就可以将**遗憾**（regret）最小化：

$$\sum_{t=1}^{T}\left[r(d(x_t; \Omega^*), y_t) - r(d(x_t; \Omega_t), y_t)\right] \tag{10.11}$$

这是一个通用公式，可应用于一些熟悉的场景中。例如，假设事件 t 是用户登录了你的网站，你在登录页上显示了一条横幅广告，并想说明这条广告具有被客户点击的最高概率。假设你可以显示 J 条不同的广告，那么行动 $d_t = d(x_t; \Omega_t) \in \{1, \cdots, J\}$ 就是你选择显示的广告。最后的奖励是，如果用户点击了这条广告，那么 $y_t = 1$，否则 $y_t = 0$[④]。

这种特定情形是一种"强盗"问题，没有与每条广告和每位用户相关的协变量，这样你只要针对在所有用户中具有最高点击概率的单条广告进行优化就可以了。也就是说，ω_j 是 $p(y_t = 1 | d_t = j)$，对广告 j 的一般点击概率，你想对具有最高 ω_j 的广告设置 d_t。有多种算法可以进

[①] 这似乎与前面关于最小化梯度估计方差的讨论相矛盾。区别在于，我们要最小化方差是因为数据中有噪声，但这里是在与数据无关的参数中引入噪声。

[②] Alex Kendall, Yarin Gal. What uncertainties do we need in Bayesian deep learning for computer vision? 2017.

[③] 它是一种奇怪的变分分布，但 Ω 上的后验分布基本上是由 W 表示的，元素 ω_j 乘以随机伯努利噪声。

[④] 新闻网站 MSN 上的这种应用使用的不是广告，而是大字标题，这推动了论文 "Taming the monster: A fast and simple algorithm for contextual bandits" 中的多数 RL 研究。

行优化，它们使用不同的启发式规则来平衡**利用**（exploitation）和**探索**（exploration）。全利用算法是贪婪的：它总是采用当前估计出的最优选项，根本不考虑不确定性。在广告这个简单例子中，这意味着总是收敛到第一个被点击的广告。全探索算法总是将广告随机化，永远不会收敛到某个最优值。"强盗"学习的诀窍就是找到一种在这两个极端之间取得平衡的方法。

汤普森抽样[1]是一种经典的强盗算法，它也能让我们直观地理解 RL。和很多 RL 工具一样，汤普森抽样也使用贝叶斯推断来对随着时间累积起来的知识进行建模。它的基本思想非常简单：在优化过程的任意一点，都有一个在点击率向量 $\boldsymbol{\omega} = [\omega_1, \cdots, \omega_J]$ 上的概率分布，而你想说明的是每个广告 j 都与 ω_j 是最高点击率的概率成正比。也就是说，用 $y^t = \{y_s\}_{s=1}^t$ 表示在时刻 t 观测到的响应，你想让每条广告的选择概率都等于它是最佳选择的后验概率：

$$p(d_{t+1} = j) = p(\omega_j = \max\{\omega_k\}_{k=1}^J \mid y^t) \tag{10.12}$$

因为公式 10.12 中的概率在实际中很难计算（最大化概率不是容易分析的对象），所以汤普森抽样使用了蒙特卡洛估计。从时刻 t 的后验分布中抽取广告点击概率的一个样本，

$$\boldsymbol{\omega}_{t+1} \sim p(\boldsymbol{\omega} \mid y^t) \tag{10.13}$$

并设置 $d_{t+1} = \arg\max_j \omega_{t+1j}$。例如，假设每个广告点击率上的先验分布都是 Beta(1, 1)（介于 0~1 的均匀分布），则在时刻 t，第 j 个广告点击率的后验分布为：

$$p(\omega_j \mid d^t, y^t) = \text{Beta}\left(1 + \sum_{s=1}^t \mathbb{1}_{[d_s=j]} y_s, 1 + \sum_{s=1}^t \mathbb{1}_{[d_s=j]}(1 - y_s)\right) \tag{10.14}$$

汤普森抽样算法为每个广告 j 从公式 10.14 中抽取 ω_{t+1j}，然后显示具有最高抽样点击率的广告。

为何可以这样做？考虑在时刻 t 显示广告 j 的情形，换言之，当抽出的 ω_{tj} 最大时。这可能在以下两种情况下发生：ω_j 有很大的不确定性，此时高概率具有非平凡的后验权重，或者 ω_j 的期望值很大。因此，汤普森抽样会自然地在利用和探索之间进行平衡。还有很多其他算法可以达到这种平衡。例如，Agarwal 等人的论文[2]概述了一些在**与背景相关**的强盗问题中有良好效果的方法，这时有协变量附加在事件上（行动报酬概率是由具体事件确定的）。这些方法考虑并使用了 ε-贪婪搜索，它先通过预测找到一个最优选择，然后在这个最优值的邻近区域进行探索；还使用了一种基于 bootstrap 的算法，这是汤普森抽样的一种高效的非参数版本。

还有大量文献研究了所谓的贝叶斯优化[3]。在这些算法中，有一个需要最大化的未知函数 $r(x)$，这个函数是使用某种灵活贝叶斯回归模型（如一个 GP）进行建模的。随着数据的积累，你对 $r(x)$

[1] William R. Thompson. On the likelihood that one unknown probability exceeds another in view of the evidence of two samples. Biometrika, 1933.

[2] Alekh Agarwal, Daniel Hsu, Satyen Kale, et al. Taming the monster: A fast and simple algorithm for contextual bandits, 2014.

[3] Matt Taddy, Herbert K. H. Lee, Genetha A. Gray, et al. Bayesian guided pattern search for robust local optimization. Technometrics, 2009.

所有可能输入位置上的"响应表面"都有一个后验概率。假设在 t 次函数实现之后，你观测到了一个最大值 $r_{\max}$，这是当前最优选择，但你想继续探索，看看能否找到一个更大的值。贝叶斯优化更新是基于**期望改进**（expected improvement）这个统计量的：

$$\mathbb{E}\big[\max(0, r(x) - r_{\max})\big] \tag{10.15}$$

这是在新位置 x 改进的后验期望，它至少应该大于 0。算法在 x 潜在位置的一个网格上对公式 10.15 进行求值，然后选择在位置 x_{t+1} 具有最大期望改进的 $r(x_{t+1})$。这同样可以平衡利用与探索：如果 $r(x)$ 有大方差或大均值（或二者兼有），公式 10.15 中统计量的值都会比较大。

　　RL 算法都是用优化的语言进行描述的，而很多学习任务可以映射为优化问题。例如，**主动学习**（active learning）这个名词通常用于表示选择数据来最小化某种估计方差（如在一个固定输入分布上的回归函数的平均预测误差）的算法。假设 $f(x; \Omega)$ 是回归函数，它试图预测响应变量 y。行动函数就是预测函数，$d(x; \Omega) = f(x; \Omega)$，优化目标是使误差平方和最小，即最大化 $r(d(x; \Omega), y) = -(y - f(x; \Omega))^2$。这样，主动学习问题就是 RL 框架的一种特殊情况。

　　从商业和经济的角度看，除了明显的用途，RL 还可以为新数据点分配一个**值**。在很多情况下，奖励可以映射为实际的货币价值（例如，在网络广告的例子中，网站可以按点击收费）。RL 算法为数据观测分配 1 美元的价值。关于数据市场的文献越来越多，包括 Jaron Lanier 的著作 *Who Owns the Future* 中"数据就是劳动力"的提议。对该领域的未来研究来说，考虑当前已部署的人工智能系统如何分配数据价值似乎是非常有用的。从更高的层次来看，RL 中的数据估值依赖**行动**选项以及与这些行动相关的潜在**奖励**。只有在特定的环境中，数据价值才能确定。

　　与作为深度学习系统的一部分而部署的 RL 相比，前面讨论过的强盗算法被明显简化了。在实际工作中，当使用带有像 DNN 这样复杂、灵活函数的 RL 时，需要注意避免过度利用和过早收敛[1]。对于 DNN 的参数 Ω，我们还可以在它可能取值的超高维空间中进行全面搜索。不过，Harm van Seijen 等人的论文[2]和 David Silver 等人的论文[3]中给出的方法表明，如果将**结构**强加在完整的学习问题上，那么它可以分解为多个简单的复合任务，每个任务都可以用 RL 解决。如前所述，具有可用于热启动人工智能系统的大量固定数据资产（如来自搜索引擎或社交媒体平台的数据）是巨大的优势，但要在具体环境中将人工智能系统调整成功，RL 的探索和主动收集数据也必不可少。这些系统要在充满不确定性的动态世界中采取行动和制定策略。统计学家、科学家和经济学家都非常清楚，如果不通过持续的实验，这些系统是不可能学习和提高的。

---

[1] Volodymyr Mnih, Koray Kavukcuoglu, David Silver, et al. Human-level control through deep reinforcement learning. Nature, 2015.

[2] Harm van Seijen, Mehdi Fatemi, Joshua Romoff, et al. Hybrid reward architecture for reinforcement learning, 2017.

[3] David Silver, Julian Schrittwieser, Karen Simonyan, et al. Mastering the game of go without human knowledge. Nature, 2017.

10.6 商业环境中的人工智能

本章简要介绍了人工智能要素并提出了一些要点。首先，可以把当前机器学习驱动的人工智能看作一种新型产品，它是围绕一种新的通用技术发展起来的，这就是大规模、快速而又稳健的机器学习。人工智能不是机器学习，但通用机器学习——具体地说，深度学习——是人工智能的发动机。这些机器学习工具正变得更好、更快和更廉价。硬件和大数据资源正在适应 DNN 的需求，所有主流云计算平台都提供了自服务机器学习解决方案，训练好的 DNN 在不远的将来将成为基本配置，深度学习在云计算服务中将占据重要地位。

其次，我们还在等待真正的端到端的商业人工智能解决方案，它可以切实提高生产力。人工智能现阶段的"胜利"还多局限在具有大量明显结构的情况下，比如桌面游戏和电子游戏[①]。这种情况正在改变，微软和亚马逊都开发出了一些半自治系统，可以处理实际的商业问题[②]。但仍有很多工作要做，那些可以将结构强加在复杂商业问题上的工作将会取得进展。也就是说，要想让商业人工智能取得成功，需要将 GPML 和大数据与那些深谙商业领域游戏规则的人们结合起来。

最后，这些系统将显著影响科学在实业界的角色。经济学家、社会科学家和金融专业人员能够为混乱的商业情形提供结构和规则。例如，优秀的结构计量经济学家[③]可以利用经济理论将复杂问题分解为一组**可测量**（可识别）的带有参数的公式，这些参数可以通过数据进行估计。在很多情况下，这正是人工智能所需要的那种工作流程。差别在于，它并不局限于基础的线性回归，这些可测量的系统部分可以通过 DNN 建模，它们可以主动进行实验并生成自己的训练数据。下一代经济学家和商业科学家需要自觉地掌握如何利用经济理论来获取这种结构，以及如何将这种结构转换为能使用机器学习和 RL 自动化执行的方法。就像大数据催生了数据科学一样，一门由统计学和计算机科学组合而成、正在从商业数据科学进化为商业人工智能的学科会需要很多跨学科的先行者，需要他们将经济学、统计学和机器学习结合在一起。

---

① Web 搜索是个例外，这是通过人工智能有效解决的一个非常令人信服的实例。

② 人工智能走向新领域的另一个例子是，2017 年末，卡内基–梅隆大学的研究者建立了一个人工智能系统，击败了德州扑克的人类冠军。扑克有明确的规则，但与围棋或 Ms. Pac-Man 不同，它是一种具有不确定性和非完美信息的游戏。Brown 和 Sandholm 使用博弈论将扑克游戏分解为多个子问题。

③ Daniel McFadden. Econometric models for probabilistic choice among products. Journal of Business, 1980; James J. Heckman. Sample selection bias as a specification error (with an application to the estimation of labor supply functions), 1977; Angus Deaton, John Muellbauer. An almost ideal demand system. The American Economic Review, 1980.

图灵教育

站在巨人的肩上

Standing on the Shoulders of Giants

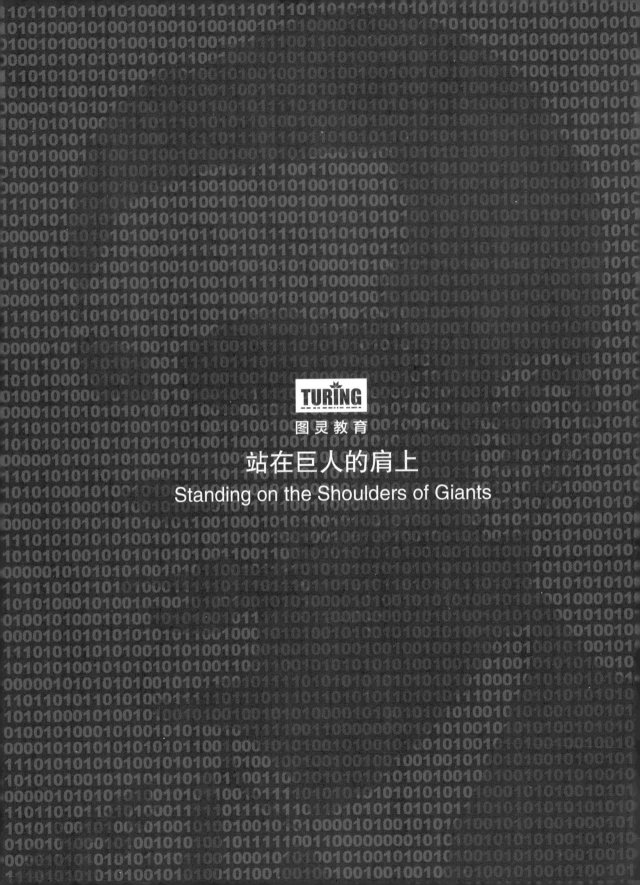

TURING

图灵教育

站在巨人的肩上
Standing on the Shoulders of Giants